高等教育城市与房地产管理系列教材

市政工程统筹规划与管理

刘亚臣　汤铭潭　编著

中国建筑工业出版社

图书在版编目（CIP）数据

市政工程统筹规划与管理/刘亚臣，汤铭潭编著.
北京：中国建筑工业出版社，2015.6
高等教育城市与房地产管理系列教材
ISBN 978-7-112-17762-2

Ⅰ.①市… Ⅱ.①刘…②汤… Ⅲ.①市政工程-城
市规划-高等学校-教材②市政工程-综合管理-高等学校-
教材 Ⅳ.①TU99

中国版本图书馆 CIP 数据核字（2015）第 029428 号

　　本书内容包括绪论、工程系统统筹规划理论基础与技术要求、市政工程需求预测、城市及城市带城市群的区域工程系统设施统筹、跨镇小城镇密集地区的区域性工程系统设施统筹及案例分析、市政工程规划管理、综合防灾及市政工程应急管理等内容。全书融合市政工程统筹规划与综合管理的理论与应用知识，渗透相关的技巧与方法，同时突出全书结构的系统性与完整性、独立性与统一性以及规范化与先进性，以有利于学生在理解和掌握相关知识的同时，强化创新思维方法的培养与训练。

　　本书可作为高等学校城市管理、工程管理、城乡规划、市政工程等专业的教材，也可作为区域规划、城市防灾、环境与资源等专业的选修课教学用书，也可作为相关基础理论应用技术研究人员、工程项目技术人员的参考用书与培训教材。

责任编辑：胡明安　姚荣华
责任设计：李志立
责任校对：陈晶晶　赵　颖

高等教育城市与房地产管理系列教材
市政工程统筹规划与管理
刘亚臣　汤铭潭　编著
*
中国建筑工业出版社出版、发行（北京西郊百万庄）
各地新华书店、建筑书店经销
霸州市顺浩图文科技发展有限公司制版
北京盈盛恒通印刷有限公司印刷
*
开本：787×1092 毫米　1/16　印张：16½　字数：388 千字
2015 年 5 月第一版　2015 年 5 月第一次印刷
定价：45.00 元
ISBN 978-7-112-17762-2
（27022）

高等教育城市与房地产管理系列教材

编写委员会

　主任委员：刘亚臣

　委　员（按姓氏笔画）：

　　　　于　瑾　王　军（沈阳理工大学）　王　静

　　　　王雅莉（东北财经大学）　包红霏　任家强

　　　　毕天平　刘亚臣　汤铭潭　李丽红　战　松

　　　　薛　立

编审委员会

　主任委员：王　军

　副主任委员：韩　毅（辽宁大学）

　　　　　　　　汤铭潭

　　　　　　　　李忠富（大连理工大学）

　委　员（按姓氏笔画）：

　　　　于　瑾　马延玉　王　军　王立国（东北财经大学）

　　　　刘亚臣　刘志虹　汤铭潭　李忠富（大连理工大学）

　　　　陈起俊（山东建筑大学）　周静海　韩　毅

系列教材序

沈阳建筑大学是我国最早独立设置房地产开发与管理（房地产经营与管理、房地产经营管理）本科专业的高等院校之一。早在1993年沈阳建筑大学管理学院就与大连理工大学出版社共同策划出版了《房地产开发与管理系列教材》。

随着我国房地产业发展，以及学校相关教学理论研究与实践的不断深入，至2013年这套精品教材已经6版，已成为我国高校中颇具影响力的房地产经营管理系列经典教材，并于2013年整体列入辽宁省"十二五"首批规划教材。

教材与时俱进和不断创新是学校学科发展的重要基础。这次沈阳建筑大学又与中国建筑工业出版社共同策划了本套《高等教育房地产与城市管理系列教材》，使这一领域教材进一步创新与完善。

教材，是高等教育的重要资源，在高等专业教育、人才培养等各个方面都有着举足轻重的地位和作用。目前，在教材建设中同质化、空洞化和陈旧化现象非常严重，对于有些直接面向社会生产实际的应用人才培养的高等学校和专业来说更缺乏合适的教材，为不同层次的专业和不同类型的高校提供适合优质的教材一直是我们多年追求的目标，正是基于以上的思考和认识，本着面向应用、把握核心、力求优质、适度创新的思想原则，本套教材力求体现以下特点：

1. 突出基础性。系列教材以城镇化为大背景，以城市管理和城市房地产开发与管理专业基础知识为基础，精选专业基础课和专业课，既着眼于关键知识点、基本方法和基本技能，又照顾知识结构体系的系统。

2. 突出实用性。系列教材的每本书除介绍大量案例外，并在每章的课后都安排了针对性很强的思考题和实训题，旨在让读者学习理论知识的同时，启发读者对房地产以及城市管理的若干热点问题和未来发展方向加以分析，提高学生认识现实问题、解决实际问题的能力。

3. 突出普适性。系列教材很多知识点及其阐述方式都源于实践或实际需要。并以基础性和核心性为出发点，尽力增加教材在应用上的普遍性和广泛适用性。教材编者在多年从事房地产和城市管理类专业教学和专业实践指导的基础上，力求内容深入浅出、图文并茂。本系列教材适合作为普通高等院校管理类本科生教材及相关专业选修教材，还可作为基层房地产开发及管理人员研修学习用书。

本套系列教材一共包括13本，它们是《住宅与房地产概论》、《房地产配套设施工程》、《城市管理概论》、《工程项目咨询》、《城市信息化管理》、《高层住区物业管理与服务》、《社区发展与管理》、《市政工程统筹规划与管理》、《生态地产》、《城市公共管理概论》、《城市公共经济管理》、《城市给水排水基础与实务》、《地籍管理与地籍测量简介》。

本套系列教材在编写过程中参考了大量的文献资料，借鉴和吸收了国内外众多学者的研究成果，对他们的辛勤工作深表谢意。由于编写时间仓促，编者水平有限，错漏之处在所难免，恳请广大读者批评指正。

前　　言

　　市政工程是城市生存、发展、运行必须具备的工程基础设施，是城市的生命线工程。因而，市政管理是政府城市管理的重要组成部分。

　　通常市政工程包括道路交通（含桥梁）、给水、排水、电力、燃气、供热、通信、防灾、环卫及园林绿化工程，本教材包括除桥梁、园林绿化外的上述一系列工程。

　　市政工程管理指市政工程规划建设与运行管理。就政府而言，侧重于市政工程的规划建设管理与综合防灾应急管理。

　　一方面规划管理与规划编制紧密相关。规划是规划管理的基础，规划管理是规划实施的保障；而规划编制本身就是规划管理的组成之一。

　　另一方面，随着城市与区域社会经济发展，区域大型工程系统设施与城镇市政工程设施统筹、优化配置与联建共享日益重要，而市政工程管理越来越突出以统筹规划为基础的综合性管理。

　　本书基于上述考虑，融合市政规划与管理的理论与应用知识，渗透统筹规划与综合管理的技巧与方法，以更有利于学用结合、学以致用和不同专业在城乡规划建设管理同一应用领域的跨学科人才培养与发展。

　　本书结构还基于以下考虑：

　　1. 系统性与完整性。市政工程系统，包括各专项工程系统都是一个复杂的完整系统。对于特大城市及以特大城市为核心的城市密集区域而言，区域工程系统及设施统筹更为重要，而从区域工程系统统筹的完整性考虑，也包括以一般中心城市为核心的跨镇小城镇密集地区的区域性工程系统统筹。市政工程统筹还包括侧重规划要素、方法及专项之间的规划统筹，从专业知识面完整考虑这一章内容比较多，不同适用专业可根据不同的相关知识及深度的要求把握，作不同教学（含自学）内容的侧重选择。

　　2. 独立性与统一性。上述市政各专项工程系统既是整个市政工程系统的组成，又是由其自身要素单独组成的独立系统。不但有其独立性，而且有统一于整个市政工程系统的统一性。一些关系更为紧密的专项如给水、排水、电力、燃气、供热还分别统一于水与能源分项。统筹规划充分考虑了上述独立与统一的特点与要求。

　　3. 规范化与先进性。市政工程规划建设管理既要满足城镇整体和专项功能要求、经济运行要求和安全防护要求，又要符合城乡规划法规与各专项规划规范、技术规程要求。本书知识结构注重融合各工程规范包括通信工程规划规范等新规范要求，有利于知识应用规范化，增强可操作性；同时注重统筹理论基础知识与代表性实际应用案例结合，注重新概念、新技术应用，如区域能源统筹规划及分布式能源应用要求等章节，有利于学生创新思维方法的培养与训练。

　　本书由沈阳建筑大学刘亚臣、汤铭潭教授策划、编写。作为高等教育城市与房地产管理系列经典、创新教材的重要组成之一，本书编写一直得到沈阳建筑大学与中国建筑工业出版社的大力支持。同时本书参考和引用了大量相关文献资料，编者在此一并致谢！

　　本书涉及城乡规划、市政工程、城市管理、工程管理诸多不同专业，知识面宽广，加上信息通信等专业技术发展与更新快，相关技术资料分散，系统性、统筹规划著作更为缺乏，因而编写难度较大，加上编者知识水平有限，书中问题与疏漏在所难免，敬请读者不吝赐教。

编　者

目　　录

1 绪 论

提要： 本章内容包括市政设施与城镇发展建设、市政工程系统和工程系统的统筹规划与协调，以及相关规划与管理。

重点要求厘清与掌握各相关规划之间的内在关联。

1.1 市政设施与城镇发展建设概述

1.1.1 基础设施与市政工程

城镇基础设施是城镇生存和发展所必须具备的工程基础设施和社会基础设施的总称。

基础设施指能源供应、给水、排水、交通运输、邮电通信、环境保护、防灾安全等工程设施；社会基础设施包含行政管理、金融保险、商业服务、文化娱乐、体育运动、医疗卫生、教育、科研、宗教、社会福利等公共设施和公众住宅。

通常基础设施工程指工程基础设施及其建设相关工程。

基础设施就其涉及的规划建设范围而言，可分为区域基础设施与城乡基础设施。城乡基础设施包括城市基础设施与小城镇（镇乡）基础设施。

在城市的城区与小城镇的镇区，城镇基础设施工程中的道路交通、给水、排水、燃气、供热、供电、通信、环卫、防灾的规划设计，施工建设的筹划和监督管理是由当地城镇政府及其职能部门直接负责的。因而，这部分基础设施工程，也称市政公用设施工程或市政工程。

1.1.2 市政工程与城镇发展建设

城镇特别是城市高度聚集着大量的人口、产业和财富，是现代社会经济活动最为活跃的核心地域，也是市政设施需求和分布最为集中的地域。

城镇能高效正常地进行生产、生活等各项经济社会活动，取决于城镇市政设施的保障。

城镇交通工程系统担负着保障城镇日常的内外交通、货物运输、居民出行等活动的职能；城镇给水工程系统承担供给城镇各类用水，城市排水工程系统担负排涝除渍、治污环保功能，给水排水工程系统提供城镇生命保障；城镇能源工程系统提供城镇高能、高效、卫生、方便、可靠的能源供给，保障生活生产照明、空调、供暖及电力、燃气、蒸汽等动力；城镇通信工程系统保障城镇各种信息交流与物品传递畅通；城镇环境卫生工程系统保障城镇污废物处理和城镇环境洁净；城镇防灾工程系统承担防抗主要自然灾害和人为危害功能，保障避免或减少城镇灾害损失。

市政建设是城镇工程建设的重要组成部分。同时，市政设施又是城镇发展和城镇体系形成及完善的基本要素。

市政设施支撑城镇发展，而且交通、通信、水、电等城镇区域基础设施（市政设施）的合理布局和建设，形成城镇间集聚和扩散活动赖以进行的区域基础设施网络，其节点和连线也促进城镇体系的形成与完善。

区域基础设施（工程系统设施）促进城镇沿其轴线密集分布和高度发展，也促进小城镇与大中小城市协调发展。

世界上发达国家在20世纪80年代初城市化水平大多已达70%~80%，城镇的高度发展无不与其基础设施高度完善和现代化密切相关。

城市化发展水平很高的美国东海岸、欧洲北部、英格兰中部、日本东海道的太平洋沿海、韩国的京釜沿线以及美国、加拿大的五大湖区，数量众多的城镇依托区域内的重要综合交通走廊和基础设施呈带状分布的城市连绵区，已成为区域经济重心和枢纽地区，成为工业化发展的先导区域。

上述综合交通走廊往往成为城镇密集发展的经济轴线，如韩国的京釜经济轴、日本的京阪经济轴，通过推进大城市之间的高速综合交通系统，促使大城市地区的人口和经济的高度集聚，城镇沿轴线密集分布和高度发展。

同时，由于交通和通信基础设施的高度发展，城镇时空距离缩短，以及各类基础设施、配套服务设施的高度完备，许多发达国家小城市或小城镇建设与较大城市已没有明显区别。

日本在20世纪80年代中后期全国村镇的基础设施已达到城市水平，日本、意大利、法国、西班牙、荷兰等国的小城市或小城镇，多数为环境优雅的田园城市。因而，在推动城镇化进程，缓解大中城市在人口、土地和环境问题等方面的压力上发挥重要作用。

美国在20世纪80年代建设"都市化的村庄"，发展景观优美、环境优雅、设施齐备的小城市或小城镇，同样离不开现代化基础设施的促进作用，基础设施高度现代化，实现了小城镇的高度现代化。都市化小城市或小城镇的吸引力使美国已有50%的人口居住在小城市或小城镇。

我国长三角、珠三角、环渤海及长江经济带也是依托区域内的重要交通走廊和区域基础设施网络，在促进城镇沿轴线密集分布和高度发展的同时，也促进区域小城镇与大中小城市协调发展。

1.2 市政工程系统

市政工程系统由城镇道路交通、给水排水（给水、雨水、污水）、能源（电力、燃气、供热）、通信（电信、广电、邮政）、环卫、防灾等专项工程系统组成。

1.2.1 交通工程系统

交通工程系统包括航空交通、水运交通、轨道交通、道路交通等分项工程系统。具有城市对外交通、城市内部交通两大功能。

1.2.1.1　航空交通工程系统

主要包括航空港、直升机场，以及军用机场等设施。航空港具有区域与城市客流、物流快速、远程运送的功能，是快速远程客运的主体工程设施；直升机场具有便捷快速、短程运送客、货物流和游览、紧急救护、救援功能，是山区、海岛一般交通不便城市的航空主体工程设施；军用机场具有军事相关功能，有时也作为军民两用机场，兼有民用航空港功能。

1.2.1.2　轨道交通工程系统

主要包括市际铁路交通、城际轨道交通与市内轨道交通。

市际铁路交通包括相关客运站、货运站（场）、编组场、列检场以及铁路、桥涵等设施；城际与市内轨道交通有地铁站、轻轨站、调度中心、车辆场（库）和地下、地面、架空轨道以及桥涵等设施。

市际铁路交通具有城市对外中、远程客运和大宗货运功能，兼市际旅游交通功能；城际与市内轻轨交通具有快速运载城际、城市客流的功能，是一定区域（城市圈范围）城际与大城市公共交通的主体工程设施。

1.2.1.3　道路交通工程系统

主要包括公路交通与城区道路交通。

公路交通包括长途汽车站、货运站、高速公路、汽车专用道、公路和桥涵设施以及加油站、停车场等配套设施。具有区域和城市对外中、近程客货运功能，兼有区域旅游交通功能。

城区道路交通有各类公交站场、车辆保养场、加油站、停车场、城区道路，以及桥涵、隧道等设施，城区道路交通具有城区客货交通运输主体功能。

1.2.1.4　水运交通工程系统

水运交通包括海运交通、内河交通。

海运交通包括海上客运站、海港等设施。具有区域及城市对外近、远海的客运和大宗货物运输功能，也兼有区域沿海与城市近海、海岸旅游功能。

内河水运交通有内河（包括湖泊）客运站、内河货运摊区、码头等设施。具有区域及城市内外江河、湖泊客运和大宗货运与旅游交通之功能。

1.2.2　给水排水工程系统

给水排水工程系统包括给水工程系统和排水工程系统。其中排水工程系统又分雨水排放工程系统及污水处理和排放工程系统。

1.2.2.1　给水工程系统

城镇给水工程系统由城市取水工程、净水工程、输配水工程等组成。

（1）取水工程

取水工程包括城镇或城镇密集区域水源（含地表水、地下水）、取水口、取水构筑物、提升原水的一级泵站，以及输送原水到净水工程的输水管等设施，此外还包括在特殊情况下为蓄、引城镇或城镇密集区域水源所筑的水闸、堤坝等设施。取水工程的功能是将原水取送到城镇，为城镇或城镇密集区域提供足够的水源。

（2）净水工程

净水工程包括城镇自来水厂、清水库、输送净水的二级泵站等设施。净水工程的功能是将原水净化处理成符合城镇用水水质标准的净水，并加压输入城镇供水管网。

（3）输配水工程

输配水工程包括从净水工程输入城镇供配水管网的输水管道、供配水管网，以及调节水量、水压的高压水池、水塔、清水增压泵站等设施。

输配水工程的功能是将净水保质、保量、稳压地输送至用户。

1.2.2.2　雨水排放工程系统

城镇雨水排放工程系统由雨水管渠、雨水收集口、检查井、提升泵站、排涝泵站及雨水排放口等设施工程，也包括确保雨水排放所建的水闸、堤坝等设施工程组成。

城镇雨水排放工程的功能是及时收集与排放城区、镇区雨水等降水，抗御洪水、潮汛水侵袭，避免和迅速排除城区、镇区渍水。

1.2.2.3　污水处理与排放工程

污水处理与排放工程系统由污水处理厂（站）、污水管道、污水检查井、污水提升泵站、污水排放口等设施工程组成。

污水处理与排放工程的功能是收集与处理城镇各种生活污水、生产废水，妥善排放和综合利用处理达标后的污水，控制与治理城镇水污染，保护区域与城镇水环境。

1.2.3　能源工程系统

能源工程系统包括电力工程系统、燃气工程系统、供热工程系统。

1.2.3.1　电力工程系统（或供电工程系统）

电力工程系统是由发电、输电、配电工程系统，同时包括输配电中的变电工程系统组成的工程系统。按电力安全、可靠、经济的生产运行特点，电力系统一般是跨省、市、行政区的大区域范围联网的区域电力系统。

区域电力工程系统的发电工程设施主要包括大规模的区域火力发电厂、水力发电厂（站）、核能发电厂（站）等；输变电工程设施主要包括220kV、500kV及以上电压等级区域变电站和输电线路设施，同时包括远距离直流输电相关设施；配电工程主要是城镇110kV为主高压配电网络工程。

城镇供电工程系统由城镇电源工程和输配电网络工程组成。

（1）电源工程

大城市电源工程包括主供大城市电力的区域电厂，含城市远郊电厂、城市备用电厂、热电厂，以及提供大城市变电电源的220kV以上区域变电站和深入大城市的220kV变电站。

一般城镇电源工程主要是从区域电力系统供电的城镇110kV、220kV变电站，同时包括主供一般城镇较小规模的水力、风力、地热等电厂。

城镇电源工程具有从区域电力系统和自身发电提供电源的功能。

（2）输配电网络工程

城市输配电网络工程是电力系统城市规划范围的输电网络与配电网络工程。前者主要是220kV及以上输电线路，后者包括城市高压、中压、低压配电网，高压配电网一般为110kV电压等级，中压配电网一般为10kV电压等级，低压配电网一般为220/380V电压等级。配电网包括上述不同电压等级的变配电站、开关（闭）站（所）、配电线路。

小城镇高压配电网也包括 35kV 电压等级。

配电网具有直接为城镇用户供电的功能。

1.2.3.2 燃气工程系统

城镇燃气工程系统由燃气气源工程系统与燃气输配工程系统组成。

（1）燃气气源工程

城镇燃气气源工程包括煤气厂、石油液化气气化站、天然气门站等设施。其中煤气厂主要有炼焦煤气厂、直立炉煤气厂、水煤气厂、油制气煤气厂，石油液化气气化站是尚无天然气等气源条件选用的液化气管道燃气气源，天然气门站收集当地或远距离输送来的天然气气源，是城镇主要应用气源方向。

气源工程具有为城镇提供可靠的燃气气源的功能。

（2）燃气输配工程

城镇燃气输配工程包括燃气储配站、调压站和液化石油气瓶装供应站等燃气输送和分配储存设施，以及不同压力等级的燃气输送管道和配气管道设施。

输配管网按压力不同分为高压管网、中压管网和低压管网；按输配气种类不同分为天然气管道、液化石油气管道和人工煤气管道。

燃气输送管网具有中、长距离输送燃气的功能；配气管道具有直接供给用户使用燃气的功能；燃气调压站具有升降管道燃气压力的功能，以便燃气远距离输送，或由高压燃气降至低压后向用户供气。

1.2.3.3 供热工程系统

城镇供热工程系统由供热热源工程系统和供热管网工程系统组成。

（1）供热热源工程

供热热源工程主要包括城市热电厂（站）、区域锅炉房等设施。城市热电厂（站）是以城市供热为主要功能的火力发电厂（站）；区域锅炉房是城市地区性集中供热的热源之一或备用热源，供热形式主要是采暖热水或供近距离的高压蒸汽。

（2）供热管网工程

供热管网是指由热源向热用户输送和分配供热介质的管线系统，包括输送热媒的管道及其沿线的管路附件和热力站或三联供冷暖站等附属建筑物。

供热管网工程包括热力泵站、热力调压站和不同压力等级的蒸汽管道、热水管道等设施。

热力泵站主要用于远距离输送蒸汽和热水；热力调压站调节蒸汽管道的压力。

1.2.4 通信工程系统

城市通信工程系统包括电信工程、广播电视工程及邮政工程系统。

1.2.4.1 电信工程系统

电信工程系统包括电信设施工程和电信网工程。从通信方式上可分为有线通信和无线通信。

（1）电信局站设施工程

电信局站设施包括电信局站与无线通信设施。前者可分为位于城域网汇聚层及以上的大中型电信机房的二类局站（包括电信枢纽楼、电信生产楼等）和位于城域网接入层的小型电信机房的一类局站（包括小区电信接入机房及移动通信基站）；后者包括以发射信号为主的发射塔（台、站）、以接收信号为主的监测站（场、台）、发射或（和）接收信号的卫星地球站、以传输信号为主的微波站等。

电信局站具有各种电信量的收发、交换、中继等功能。

（2）电信网工程

电信网工程包括固定电话网（含长途电话网、本地电话网）、移动通信网、数据通信网、传输网、接入网等工程。

电信网络将由分组交换来承载语言、数据、视频、传真业务，下一代网络（Next Generation Network，NGN）以软交换（Softswitch）为核心，以综合、开放的网络构架为特征，提供语音、数据和多媒体等多种业务。

1.2.4.2 广播电视工程系统

（1）广播工程系统

广播系统有无线和有线两种广播方式。广播工程系统含广播台站工程和广播线路工程。前者有无线广播电台、有线广播电台、广播节目制作中心等设施。广播线路工程主要有有线广播的光缆、电缆以及光电缆管道等。

（2）电视工程系统

电视系统有无线、有线（含闭路）电视两种发播方式。电视工程系统由电视台站工程和线路工程组成。前者有无线电视台、电视节目制作中心、电视转播台、电视差转台以及有线电视台等设施。线路工程主要有有线电视及闭路电视的光缆、电缆、光接点等设施。

一般广播电视台有线无线设置在一起，资源经济高效利用。

有线电视网本身具有宽带特征并向数字化双向化发展。电信网、有线电视网和计算机网的数字化逐步趋同，导致三网融合。

1.2.4.3 邮政工程系统

邮政工程系统主要包括邮件处理中心和提供邮政普通服务的邮政营业场所。前者还包括邮件储存转运中心等单功能邮件处理中心；后者含邮政支局和邮政所。

1.2.5 环境卫生工程系统

城镇环境卫生工程系统包括环境卫生公共设施、环境卫生工程设施及其他环境卫生设施工程系统。

（1）环境卫生公共设施

环境卫生公共设施是指设置在城镇公共场所为社会公众提供直接服务的环境卫生设施。

环境卫生公共设施包括公共厕所、生活垃圾收集点、废物箱、粪便污水前端处理设施等。

（2）环境卫生工程设施

环境卫生工程设施是指具有生活废弃物转运、处理及处置功能的较大规模的环境卫生设施。

环境卫生工程设施包括生活垃圾转运站、垃圾码头、粪便码头、粪便处理厂、生活垃圾卫生填埋场、焚烧厂、堆肥厂、建筑垃圾填埋场及其他固体废弃物处理厂、处置场等设施。

（3）其他环境卫生设施

其他环境卫生设施包括车辆清洗站、环境卫生车辆停车场、环境卫生车辆通道及洒水车供水器等。

1.2.6　防灾工程系统

城镇防灾工程系统主要包括城镇消防工程、防洪工程、抗震工程、人防工程（一般县城以上）及救灾生命线工程系统。

1.2.6.1　消防工程系统

消防工程系统设施包括消防站、消防给水工程设施（消防给水管网、消火栓）以及消防通信设施。

消防工程系统的功能是日常防范火灾，及时发现和迅速扑灭各种火灾，避免或减少火灾损失。

1.2.6.2　防洪（潮、汛）工程系统

防洪（潮、汛）工程系统设施包括挡洪工程、泄洪工程、蓄（滞）洪工程、排涝工程及泥石流防治工程等设施。

（1）挡洪工程

挡洪工程含防洪堤防、防洪闸等工程设施。

（2）泄洪工程

泄洪工程含河道整治、排洪河道、截洪沟等工程设施。

（3）蓄（滞）洪工程

蓄（滞）洪工程含分蓄洪区、调洪水库等工程设施。

（4）排涝工程

排涝工程含排水沟渠、调蓄水体、排涝泵站等工程设施。

（5）泥石流防治工程

泥石流防治工程含拦挡坝、排导沟、停淤场等工程设施。

1.2.6.3　抗震工程系统

抗震工程系统含满足设防要求的建（构）筑物、生命线工程设施、避震疏散场地、避震疏散道路等，抗震工程系统主要在于加强建筑物、构筑物等抗震强度，合理布置避震疏散场地与疏散道路及救援生命线工程设施。

1.2.6.4　人防工程系统（人民防空袭工程系统）

人防工程系统含防空袭指挥中心、专业防空设施、防空掩体工事、地下建筑、地下通道以及战时所需的地下仓库、水厂、变电站、医院等设施。

人防工程平战结合、合理利用，在确保其安全要求的前提下尽可能为平时所用。

人防工程系统主要功能是提供战时市民防御空袭、核战争的安全空间和物资供应。

1.2.6.5　救灾生命线工程系统

救灾生命线工程系统由急救中心、疏运通道以及给水、供电、燃气、通信等设施组成。

救灾生命线工程系统的功能是在发生各种灾害时，提供医疗救护、运输以及供水、电、通信调度等物质条件。

1.3　市政工程系统规划的相关统筹与协调

1.3.1　工程系统规划与城镇规划的关联与协调

城镇工程系统规划是城镇规划的重要组成部分。城镇工程系统规划与城镇规划有以下密切关系：

（1）规划范围与期限

城镇工程系统规划范围一般同城镇规划区范围。考虑工程系统特点，根据工程（系统）规划标准要求，必要时，工程系统规划内容与图纸可酌情考虑规划范围的适当延伸，以正确表述（示）系统规划内容。

规划期限一般指区域规划，城镇体系规划与城镇总体规划，其工程系统规划期限同上述相应规划的规划期限。

（2）工程设施需求预测与建设标准选择的依据

工程设施需求预测是工程系统规划的基础。而工程系统设施远期需求预测的依据主要是城镇规划的相关规划要素，即规划的人口规模、社会经济发展水平、用地布局、用地性质、用地规模、开发强度，以及历年相关统计资料等。

工程设施建设标准的选择还直接取决于城镇规划的社会经济发展水平，工程设施需求与规划建设都要满足城镇社会经济发展的需要。

（3）工程设施布局与系统优化

工程设施布局与工程系统优化取决于工程设施需求预测与城镇及用地的布局、城镇及用地的性质、用地规模等诸多相关因素，也即取决于相关城镇规划。

（4）工程设施的联建共享

工程设施的联建共享是城镇基础设施工程规划的一条重要原则。

工程设施特别是区域工程设施的联建共享与城镇、城镇群的空间分布及其用地布局规划直接相关。工程设施的联建共享需要工程系统的统筹规划，工程系统统筹规划与工程设施的联建共享都与相应的城镇群区域规划及城镇规划有密切的关系。

1.3.2　工程系统规划之间的相关统筹与协调

1.3.2.1　交通工程系统规划与用地规划及其他工程系统规划的关系

交通工程系统的城镇道路是行人和车辆交通来往的通道，城镇道路网规划是城镇各用地地块的联系网络，是整个城镇的骨架和"动脉"；同时，也是布置城镇公用管线、街道绿化，安排沿街建筑、消防、卫生设施和划分街坊的基础，并在一定程度上关系到临街建筑的日照、通风和建筑艺术的处理，并对城镇布局、发展方向以及城镇的集聚和辐射作用均起重要作用。城镇道路网规划是各项工程系统网络规划的基础。城镇道路网是联系各项工程设施的纽带，是给水、排水、供电、燃气、供热、通信等工程管线敷设的载体。城镇大部分工程管线敷设于道路下面，也有部分沿道路上空架设；城镇道路的坡向、坡度、标高将直接影响给水排水热水等重力流方式工程管线的敷设。因此，城镇道路的走向、纵坡、标高的规划与确定需要和相关的其他工程系统规划统筹考虑，相互协调、共同确定。

同时，城镇道路的路幅宽度、横断面形式等除了满足交通需求外，还要满足各种工程管线水平敷设的安全距离、防灾疏散的安全距离等要求。

城市航空港用地布局规划，为保证航空港通信、导航的安全，在机场周围应划定一定范围的电磁环境保护区，禁止或限制布置强磁场的电力设施和其他无线电通信设施。

1.3.2.2 给水排水工程系统规划之间的关系

城镇给水排水工程系统或水工程系统，其给水、雨水、污水工程规划需要整体考虑，也需要根据不同的功能要求考虑其间的制约关系。根据水质和卫生要求，城镇取水口、自来水厂必须布置在远离污水处理厂、雨水排放口的地表水或地下水源的上游位置。而且，原则上给水管道与污水管道规划不宜布置在道路的同一侧，实在困难情况下，上述管线道路同侧布置应有足够安全防护距离，以确保管道事故情况下用水安全。

1.3.2.3 电力（供电）工程系统与通信工程系统规划之间及与用地布局规划的关系

电力与通信相互间存在电磁干扰。相关工程规划原则上电信线路与电力线路不能在道路同侧敷设，在有困难的情况下，优先考虑通信光缆管道敷设并保证有足够的安全距离，保证电信线路与设备的运行安全。

110kV及以上高压电力变电站、电力输配电线路与电信局所等相互存在电磁干扰的设施选址规划必须考虑足够的安全距离。

上述工程系统专项规划要分别提出高压电力线路走廊和微波通道保护，以及收信区发信区、微波站、移动通信基站等电磁防护要求，以便与用地布局及其他工程系统专项规划之间的协调。

1.3.2.4 燃气、电力工程系统规划之间及与用地布局规划的关系

燃气、电力工程系统规划应考虑易燃、易爆工程设施、工程管线之间足够的安全防护距离。特别是发电厂、变电所、各类燃气气源厂、天然气门站、燃气储配站、液化石油气储灌站、供应站等均应有足够的安全防护范围，必须与城镇用地布局规划协调。而且，原则上电力设施与燃气设施不应布置在相邻地域，电力设施、燃气设施还应远离易燃易爆物品的仓储区、化学品仓库等。

电力线路与燃气管道及输油管道等其他易燃易爆管道不得在道路同侧布置，各类易燃易爆管道应有足够的安全防护距离。

1.3.2.5 环境卫生、污水工程系统与给水工程系统规划关系

城镇垃圾转运站、填埋场、处理场等环境卫生工程系统设施不得靠近水源，更不能接近取水口、自来水厂等给水工程设施。

地表水源保护。河流取水点上游1000m至下游100m的水域内不得排入工业废水和生活污水，其沿岸防护范围内不得堆放废渣，不得设立有害化学物品的仓库，堆栈或装卸垃圾、粪便和有毒物品的码头；不得使用工业废水和生活污水灌溉及施用有持久性毒性或剧毒的农药，并不得从事放牧等有可能污染该段水域水质的活动。

供饮用水水源的水库和湖泊，应根据不同情况将取水点周围部分水域或整个水域及其沿岸防护范围列入此范围，并按上述要求执行。

水处理厂生产区范围应明确划定并设立明显标志，在生产区外围不小于10m的范围

内，不得设立生活住区和修建禽畜饲养场、渗水厕所、渗水坑；不得堆放垃圾、粪便、废渣或铺设污水渠道；应保持良好的卫生状况与绿化。单独设立的泵站、沉淀池和清水池的外围不小于 10m 的区域内，其卫生要求与水厂生产区相同。

地下水源卫生防护。取水构筑物的防护范围应根据水文地质条件、取水构筑物形式和附近地区的卫生状况进行确定，其防护措施应按地表水水厂生产区要求执行。

在单井或井群影响半径范围内，不得使用工业废水或生活污水灌溉和施用有持久性毒性或剧毒的农药，不得修建渗水厕所、渗水坑，堆放垃圾、粪便、废渣或铺设污水渠道，并不得从事破坏深层土质的活动。如取水层在水井影响半径内不露出地面或取水层与地面水没有互相补充关系时，可根据具体情况设置较小的防护范围。

1.3.2.6 工程管线综合与相关各工程系统规划关系

城镇各项工程管线是连通本工程系统相关设施与用户的纽带。大部分工程管线都在道路上方、下方架设敷设，城镇地上地下工程设施空间资源有限，工程管线综合规划在水平方向和垂直方向，根据各项工程管线的运行安全及技术、材料等相关因素，合理综合布置各类工程管线，既要保证本项工程系统管线的衔接，又要便于各项工程管线彼此的交叉安全，既要保证本项工程系统管线在道路路段上和道路交叉口处的连接，又要保证各项工程系统管线在路段和交叉口处的水平交叉时，能在竖向标高方面通过。

1.4 市政工程规划统筹与管理综合的共性

1.4.1 规划编制与规划管理的关系

城镇建设离不开城镇规划，城镇规划是城镇建设的龙头。城镇规划管理要保障城镇各项建设纳入城镇规划的轨道，促进城镇规划的实施，城镇规划作为一个实践过程，它包括编制、审批和实施三个环节。而城镇规划管理也正是对上述规划三个环节的法定程序管理，是组织编制和审批城镇规划，并依法对城镇土地的使用和各项建设的安排实施控制、引导和监督的行政管理活动。

城镇规划编制所提供的城镇规划方案和文本，只有经过法定的程序批准方能成为具有法律效力的城镇规划，才能成为城镇规划实施管理的依据；城镇规划作为一项城镇政府的职能，规划的编制成果必须体现政府的意志，其编制工作须置于政府的组织之下，也即必须加强城市规划组织编制和审批管理工作。同时还必须通过城镇规划实施管理，使各项建设遵循城镇规划的要求组织实施。城镇规划的实施受到各种因素和条件的制约，这就需要通过城镇规划管理协调处理好各种各样的问题。由于各种因素和条件的发展、变化，在城镇规划实施过程中，还需要通过城镇规划管理对城镇规划不断加以完善、补充和优化。因此城镇规划管理既是城镇规划的具体化，也是城镇规划不断完善、深化的过程。城镇规划与城镇规划管理是相辅相成的。

1.4.2 市政工程统筹规划与综合管理共性分析

市政工程规划是城镇规划的重要组成部分，市政工程规划管理是城镇规划管理的主要组成部分。因而市政工程规划与市政工程规划管理同样是相辅相成的。

市政工程系统优化配置与联建共享是一条重要的规划原则，而对于工程系统规划优化与共享来说，统筹规划是不可或缺的主要方法和重要手段。工程系统设施规划的优化与共享需要相关规划多方面的综合与协调，也需要多个相关部门的沟通与协调，这是由于工程系统之间及工程系统规划与用地布局等相关规划之间的相互依存与制约关系决定的。

而市政工程规划管理作为城镇规划管理的重要组成部分，就管理内容而言，规划管理都具有专业和综合的双重性。工程系统与城市系统作为系统综合体本身具有多功能、多层次、多因素、错综复杂、动态关联的本质决定的。一项建设工程如市政污水处理排放工程的设计方案除城市规划要求外，还会涉及环境保护、环境卫生、卫生防疫、排水、河道、道路、工程管线等多个方面、多个部门的管理要求，需要城镇规划、市政规划管理部门作为综合部门来进行系统分析与统筹、综合、协调。

市政工程统筹规划与市政规划综合管理，具有统筹综合共性，而统筹综合本身就紧密相关，相互促进。

思考题：

1. 基础设施与市政工程有何不同？
2. 市政设施与城镇发展建设有何关系？
3. 市政工程系统规划有哪些制约关系？
4. 如何理解统筹规划与综合管理？

2 工程系统统筹规划理论基础与技术要求

提要：本章内容包括不同类别工程系统统筹规划的主要相关分析和工程系统设施规划统筹的主要原则，以及统筹规划范围、依据和基础资料收集。

重点要求掌握特大城市、大城市为核心的城市群区域工程系统统筹规划的特点和基本要求，以及城镇密集地区跨镇工程系统统筹规划的不同特点与要求。

2.1 特大城市、大城市及以其为核心的城市带城市群区域工程系统统筹分析

2.1.1 工程系统统筹——区域统筹与城乡统筹的重要组成部分

科学发展观的城乡统筹规划理念本身贯穿城乡规划的诸多方面：城镇空间布局、产业结构调整、区域经济协调、生态功能区划、基础设施优化配置与资源共享等。工程系统及设施统筹是科学发展观区域统筹与城乡统筹的重要组成部分。

2.1.1.1 区域统筹与城乡统筹为区域经济协调发展和工程系统设施区域统筹奠定基础

长江三角洲区域城市群规划、珠江三角洲区域城市群规划和近些年北京城市总体规划、天津城市总体规划以及京津冀一体化协调发展规划等，上述规划理念在区域规划和城乡规划中都有其显明统筹规划特色。

区域统筹城乡统筹使京津唐区域空间布局、产业结构、区域经济协调、工程系统设施配置更为合理，生态环境更加良好

首钢搬迁曹妃甸是京津唐环渤海区域规划和大北京空间布局产业结构调整的重要举措，集中体现科学发展观区域统筹规划理念。首钢原厂地址于北京城市上风上水位置的石景山地区，首钢搬迁产业结构调整，环境改善，不仅腾出 4 个多平方公里的城市上风上水宝地而且对周边地区城市地价升值也产生很大影响，而曹妃甸是我国北方第一深水良港，首钢搬迁与唐钢在此合建，从进口铁矿运输等建厂条件生产工艺、区域环境影响、产业布局都将深刻变化。唐山随着京津冀区域统筹、经济一体化步伐的加快，"金三角"的作用更加凸现，唐山形成了钢铁、建材、煤炭、陶瓷、港口物流等主导产业，经济发展和财政实力居河北省首位，综合经济实力列全国大中城市第 22 位；区域统筹，也给天津的发展提供了前所未有的良好契机和开阔空间，未来 10 多年天津将描绘我国北方地区经济中心的宏伟蓝图；北京则集中体现政治、文化中心，并在创建宜居城市方面迈开更大步伐，区域统筹城乡统筹使京津唐区域空间布局、产业结构与区域经济更加协调。

同时，区域统筹与城乡统筹也为工程系统在区域范围统筹奠定基础，使工程系统根据区域城市群发展布局和社会经济发展需求，设施配置更为合理，区域生态环境也更加良好。

2.1.1.2 区域工程系统统筹促进城市群密集地区区域统筹发展目标实现

1）区域工程系统设施是城镇密集地区区域经济、城镇经济发展的重要依托

交通、通信、水、电等区域工程系统设施的合理布局和建设，形成城镇发展联系的经济与工程系统设施的轴线、走廊与网络，是城镇体系形成与完善的不可缺少因素。是城镇密集地区区域经济、城镇经济发展的重要依托。

世界上城镇之间的集聚和扩散活动总是通过城镇间的交通、通信、供水、供电等联系的工程系统设施网络进行的。依据城市间交通、通信、给水、供电等联系勾画出的城市间网络线，按其重要程度划分节点和连线，分析城市间通过网络的集聚与扩散作用的网络法是城市地理的经典研究方法之一。

城市化发展水平很高的美国东海岸、欧洲北部、英格兰中部、日本东海道的太平洋沿海、韩国的京釜沿线以及美国、加拿大的五大湖区，数量众多的城镇依托区域内的重要综合交通走廊和其他工程系统设施呈带状分布的城市连绵区，已成为区域经济重心和枢纽地区，工业化发展的先导区域。

上述综合交通走廊往往成为城镇密集发展的经济轴线，如韩国的京釜经济轴、日本和京阪经济轴，通过推进大城市之间的高速综合交通系统，促使大城市地区的人口和经济的高度集聚，城镇沿轴线密集分布和高度发展。

2）城镇密集地区特大城市市政设施建设的"溢出效应"强化以其为中心的城镇群统筹规划的实施

特大城市大型市政设施建设的"溢出效应"，彻底改变了以其为中心的城镇群外部空间条件，不仅使以其为中心城镇群的区位优势得到真正体现，更为其提供了难得的外在发展优势，使城镇群的跨越式发展成为可能。

上海已建设、正在建设和即将建设的洋山国际深水港、浦东国际机场扩建、浦东铁路、沪杭磁悬浮高速铁路、沪宁高速铁路、长江口越江交通等现代交通设施都在其周边地区和沪杭、沪宁城镇密集地区。无疑，上述市政设施建设的"溢出效应"强化了以其为中心的城镇群区域统筹规划的实施。

2.1.2 工程系统大型设施规划建设区域统筹日趋必要

1）全球经济下，区域城镇之间、区域与区域之间经济协作与联系加强，要求为其密切联系和配套服务的工程系统设施能在更大区域范围统筹安排。

2）区域与城市的交通、通信、电力、给水、燃气、防灾系统大型化、设施网网联片，突出城镇市政设施规划以其区域工程系统大系统规划指导的迫切性和必要性。

近年我国工程系统设施建设出现大的飞跃。航空网络、铁路网络、省、市际的高速公路网络发展都很快；三峡水电站等大型电力设施建设促进全国大电网之间的联网；光纤技术、卫星通信、宽带网、互联网技术实现通信系统全国大联网；西电东送、西气东输、南水北调，实现城市能源和水资源跨区调剂和分配；此外，三峡工程还直接关联长江中下游城市防灾与流域防灾等等区域工程系统设施的优化配置。

上述都说明相关城市市政设施规划以区域工程系统大系统规划为依据和指导的区域统筹日趋必要。

3）适应我国区域经济发展不平衡和有利区域资源合理开发利用的需要

一般来说,我国东、中、西部地区分别属经济发达地区、经济发展一般地区和经济欠发达地区,我国经济发展这种很不平衡性决定能源等工程系统设施配套需求存在很大地区差异性,但是我国相关的能源、矿产资源、水力资源地域分布同样存在地区高度集中和很不均衡性,从动能经济和资源合理开发利用考虑、区域统筹规划是唯一合理解决的有效途径。

4) 避免重复建设有利环境保护

我国城乡规划相当长一段时期,区域规划指导作用未能放在重要位置。以工程规划来说,电厂电源建设布局考虑城市范围多、城市各自为政考虑多、区域统筹考虑少,因而导致重复建设和对城市环境污染加重。例如,某大城市市政府和总体规划都提出山水园林城市的规划建设目标,可部门的专项规划却以规划区城市近郊为主布局1400多千瓦的燃煤火电电站群。在城市总体规划中寻找的解决办法,一是城市总体规划坚持相关区域环境评价和战略环境评价,把城市生态建设环境保护放在首要位置,处理好经济建设与城市环境的关系;二是坚持区域统筹、城乡统筹,城区与近郊除热电厂外原则上不新建、扩建电厂,电厂电源建设以远郊和区域合理布局协调规划建设为主。

又如某大城市燃气工程规划气源选择虽然具备以西气东输天然气气源为主的条件,但从区域和城市相关工业布局实际出发,从区域城乡规划统筹考虑,工程规划选择以就地消化本区大焦化厂煤气为主的煤气和天然气混合气气源对合理利用本区相关资源和保护环境来说都是更为有利的。

2.2　以中心城镇为核心小城镇密集区域工程系统统筹分析——以跨镇区域性工程系统为例

2.2.1　跨镇区域性工程系统设施统筹与小城镇分布形态相关性

我国小城镇按其不同空间分布划分,大体可分为三类:

第一类是位于大中城市规划区范围内,紧临其中心城区的郊区小城镇,即"近郊紧临型"小城镇。

第二类是距中心城市相对较近,沿主要交通干线等较集中分布的小城镇,即"远郊集中分布型"小城镇。

第三类距离中心城市相对较远或偏远,没有连片发展可能,相对独立、分散分布的小城镇,即"独立、偏远分布型"小城镇。

按不同空间形态划分,大体也可分为三类,即可分为"密集型"、"线轴型"及"点状(分散)型"三类小城镇。

前一分类的第一类小城镇多为"城镇密集型",第二类小城镇多为"城镇线轴型",也有"城镇密集型",而第三类则为"小城镇点状(分散)型"。

就紧临大中城市中心城,城市规划区范围内的郊区建制镇一类小城镇而言,由于能依托和共享城市市政设施,以及具备城市发展的其他一些有利条件,小城镇经济、社会发展较快,特别是沿海经济发展地区这类小城镇发展更快,与城市差别较小,其中较多发展成为大、中城市的卫星镇。

就距中心城相对较近，沿主要交通干线等较集中分布的小城镇而言，如东部长江三角洲、珠光三角洲、京、津、唐、辽东半岛、山东半岛、闽东南和浙江沿海等城镇密集地区小城镇；中部江汉平原、湘中地区、中原地区等城镇密集区小城镇和长春——吉林、石家庄——保定、呼和浩特——包头等省域城镇发展核心区小城镇；西部四川盆地、关中地区等城镇密集区的小城镇，这类小城镇处于城镇发展核心区、密集区或连绵区，一般位于城镇发展历史较长、发育程度较高的沿海地区、平原地区，因能依托区域内重要综合交通走廊和水、电、通信等重要区域工程系统设施，区位条件优越，本身市政设施也有一定基础，而小城镇经济、社会发展较快，其主要地带将逐步形成省、市农村区域经济发展中心，其东部地带将成为小城镇区域城镇化和现代化推进最快的地区。

上述分析可见，跨镇区域性工程系统统筹主要与第一类、第二类密集分布形态小城镇相关。

2.2.2 密集分布小城镇跨镇区域性工程系统统筹分析

2.2.2.1 统筹规划、优化配置、联合建设、资源共享是城镇密集地区工程系统设施规划建设的一条重要原则

小城镇跨镇区域性工程系统设施区域统筹规划及其优化配置与联建共享是小城镇规划建设重要原则。

大量调查研究和实践证明，这也是克服目前小城镇市政设施滞后，不配套，规模小，运行成本高，效益低，资源浪费，重复建设等弊病，并有利经营管理、资源共享、降低运行成本和生态环境保护的一条重要规划原则。

以小城镇给水排水主要工程设施为例，浙江省湖州市 23 个建制镇原来有 20 多个镇级自来水厂、规模都很小，其中最小仅 0.2 万 m^3/d，运行成本高、效益低，水源也难以保护。而在市域范围城镇体系工程系统设施区域统筹规划优化基础上，跨镇区域统筹考虑只需建 7 个区域性水厂，其余水厂均改成配水厂；排水工程规划各小城镇单独考虑污水处理，需建污水处理厂 27 个，且每个规模小，最小仅 0.3 万 m^3/d，而跨镇统筹规划的区域性污水处理厂仅需 7 个。由于小城镇跨镇区域性工程系统设施规划科学、布局合理，不但做到优化配置，资源共享，投资和经营效益高，而且便于采用先进技术，有利经营管理，有利与城市工程系统设施并网、接轨，同时避免重复建设，减少资源、资金浪费，有利于生态环境保护和可持续发展。

以电源电厂规划建设为例，改革开放后的 20 世纪 80 年代末、90 年代初、珠江三角洲城镇密集区经济发展很快，乡镇企业蓬勃发展，电力供应紧张，当时由于缺乏区域统筹规划，不但每个城市都规划建设大电厂，而且每个镇、很多乡镇企业也都自建、自备小型电厂，包括许多柴油发电机自备电源，结果不但资源浪费，成本高、效益与效率低，而且加剧整个地区大气污染，造成这一地区酸雨十分严重。20 世纪 90 年代中期广东加强区域工程系统设施统筹规划和区域整治、协调，电源建设严格审批，强调优化布局、合理配置、集中建设、区域共享，开始步入有序规划建设轨道，城镇环境污染得到有效控制，不但经济效益、社会效益、环境效益明显提高，而且确保工程系统设施和城镇建设的可持续发展。

2.2.2.2 跨镇区域性工程系统设施与城镇群网络统筹

如同前述分析，城市间通过网络的集聚与扩散作用的网络法是城市地理的经典研究方法之一。按照这一方法城镇群网络布局与城镇群区域工程系统网络设施布局都可以按其不同角度的重要程度划分节点和连线。由于城镇群城镇间的集聚与扩散活动总是通过其间的交通、通信、供水、供电等联系的工程系统设施网络进行，交通、通信、供水、供电等区域工程系统设施合理布局和建设形成的城镇经济轴线、走廊与网络往往与跨镇区域工程系统的轴线、走廊与网络是一致的，因此上述跨镇区域性工程系统（设施）应主要考虑与城镇群布局相关的统筹因素。同时，从区域工程系统服务于城镇群，促进城镇群发展考虑，跨镇城镇群区域性工程系统设施应统筹考虑最佳区域共享范围，并结合最佳区域共享范围考虑优化配置。

2.2.2.3 跨镇区域性工程系统设施统筹规划考虑的区域范围

跨镇区域性工程系统统筹规划范围与小城镇的空间分布、空间形态密切相关；也和为城市与小城镇、小城镇与小城镇之间经济集聚、扩散、辐射服务的区域性工程系统及其网络密切相关；同时也与基础设施不同专项的特点和要求有关。

（1）"近郊紧临型"跨镇工程系统设施统筹规划的区域范围

紧临大中城市中心城，位于大中城市规划区范围内的城市近郊小城镇，其发展依托城市基础设施，依托的城市市政设施条件较好，且小城镇市政设施本身是城市市政设施的组成部分，应在城市总体规划中一并考虑。其统筹规划区域范围即城市规划区范围。但其以下工程系统设施应依据相关区域规划和城市总体规划，在相关区域规划范围中协调和统筹规划。

1）涉及城市对外交通，机场、铁路、高速公路与其他过境交通；

2）涉及大区电力系统的大型电站、500kV变电站、220kV变电站；

3）涉及城市间长途通信干线，包括光缆与微波通信干线；

4）涉及流域水资源城市规划区外供水水源及输水干管；

5）涉及西气东输等天然气长输高压管道；

6）涉及相关流域防洪设施。

（2）"远郊、密集分布型"小城镇跨镇区域性工程系统设施统筹规划的区域范围

这类跨镇工程系统设施统筹规划的区域范围讨论，包括空间分布形态划分的"密集型"和"线轴线"两类小城镇。

由于这类小城镇距中心城相对较近，并处于主要交通干线等较集中分布的城镇密集群之中，区域工程系统设施现状与规划联建共享条件较好，能在区域城镇群经济社会发展中起着重要作用。其统筹规划的区域范围应按以下原则考虑：

1）涉及以下较大规模共享工程系统设施统筹规划的区域范围为相关城镇群所属大中城市的行政区市域范围，并在市域城镇体系工程系统设施规划中统筹规划。

① 涉及市域城镇体系规划主要道路交通的小城镇对外交通，包括公路、铁路、水路，机场、港口；

② 涉及市域城镇体系规划工程系统设施规划的200kV以上变电站、电源电站（水、火电厂等）、220kV以上高压电力线路走廊；

③ 涉及市域城镇体系规划工程系统设施规划的城镇间长途通信干线，包括光缆与微波通信干线；

④ 涉及市域城镇体系规划工程系统设施规划的水源保护地、较大规模自来水厂；

⑤ 涉及市域城镇体系工程系统设施规划较大规模污水处理厂、垃圾卫生填埋场或其他垃圾处理设施;

⑥ 涉及西气东输等的区域天然气长输高压管道;

⑦ 涉及市域城镇体系规划的防洪设施。

上述工程系统设施当涉及跨行政区域的相关城镇群时,其统筹规划范围应为划定跨行政区域的相关城镇群规划区范围。

2) 涉及以下较小规模共享工程系统设施统筹规划的区域范围为相关城镇群所在中小城市行政区域或划定其中的相关区域范围,并在上述的区域城镇体系规划或在区域规划中统筹规划。

① 上一层次相关规划指导下的镇际道路交通;

② 上一层次相关规划指导下的 110kV 变电站、35kV 变电站、35～110kV 高压电力线路;

③ 10 万 m^3/d 供水规模以下的水厂及输水管道;

④ 10 万 m^3/d 处理水量以下规模的污水处理厂;

⑤ 较小规模热电厂;

⑥ 相关城镇群防洪设施及其他防灾设施;

⑦ 较小规模垃圾卫生填埋场。

2.2.2.4 小城镇及跨镇区域性工程系统设施适宜共享范围

跨镇区域性工程系统设施统筹规划的适宜共享范围,一般即统筹规划区域范围,但其中共享范围较小的小城镇工程设施的共享则应按规划范围的专项要求,在专项统筹规划设施布局与服务范围优化的基础上,根据项目技术要求,经项目技术经济论证确定。此外,从工程系统设施的配备经济和经营运作合理的角度分析,小城镇工程系统设施配备与共享,对小城镇本身也有一个合适规模的要求。

表 2.2.2 为小城镇及其跨镇区域工程系统设施统筹规划适宜共享范围。

小城镇及其跨镇区域工程系统设施统筹规划适宜共享范围 表 2.2.2

工程系统设施		统筹规划的可共享范围	
分类	专项	近郊紧临型小城镇及跨镇区域	远郊、密集分布型(密集型、线轴型)小城镇及跨镇区域
道路交通系统工程	区域交通干线、综合交通走廊	以中心城区为核心的城镇核心区域、密集区域	跨镇的城镇密集区域、核心区域
	县域镇际交通		镇际范围
电力系统工程	区域电力系统、区域大型电厂、500kV 变电站	以中心城区为核心的城镇核心区域、密集区域、大中城市市域	跨镇的城镇密集区域、核心区域、大中城市市域
	25 万 kW 以下中、小型电厂、220kV 变电站	含镇城市规划区分区范围(220kV 变电站)	城镇群的相邻镇、较大负荷的县城镇、中心镇、大型一般镇
	35～110kV 变电站、小型水电站		镇范围镇及毗邻范围
通信系统工程	城市间骨干传输网(含光缆、微波等骨干传输网)	以中心城区为核心的城镇核心密集区域	跨镇的城镇密集区域、核心区域、大中城市市域
	本地网	大中城市规划区及其行政区域	大、中城市行政区域

续表

工程系统设施		统筹规划的可共享范围	
分类	专项	近郊紧临型小城镇及跨镇区域	远郊、密集分布型(密集型、线轴型)小城镇及跨镇区域
给水系统工程	大、中型水厂及其输水工程	含镇城市规划区	跨镇城镇密集区域、核心区域中的水厂供水范围
	10万 m³/d 供水规模以下的小型水厂		镇范围毗邻镇范围
排水系统工程	大、中型污水处理厂及排水工程	含镇在内城市规划区统筹范围	跨镇城镇密集区域、核心区域中的污水处理厂集污水范围
	10万 m³/d 处理水量以下规模污水处理厂及排水工程		镇范围毗邻镇范围
供热系统工程	含大中型热电厂锅炉房等热源在内的集中供热系统设施	含镇在内城市规划区统筹供热范围	热水管道距热源可供距离以内城镇密集区域、核心区域
	含小型热电厂、锅炉房等热源在内的集中供热系统设施		热源热水管道可供距离范围
燃气系统工程	西气东输等的天然气长输高压管道、门站、储气站等设施	城市规划区	跨镇城镇密集区域、核心区域
防火工程	流域防洪设施、区域消防等设施	流域防洪等可共享设施相关的城市规划区	流域防洪等可共享设施相关城镇密集区域、核心区域
	防洪、消防等防灾指挥中心	城市规划区	大中城市同一行政属地区域的跨镇区域
环境卫生工程	大中型垃圾卫生填埋场	城市规划区	工程项目相关城镇密集区域、核心区域、跨镇区域

2.3 非城镇密集地区的镇工程系统设施统筹分析

2.3.1 分散独立分布型小城镇及其市政工程特点

分散独立分布型小城镇距离中心城市较远或偏远,没有连片发展可能的非城镇密集地区小城镇,部分为偏远,边远小城镇。

这类小城镇由于距中心城市远、分散独立分布,依托大中城市交通、水、电等市政设施较困难,除可依托部分相关区域工程系统设施外,主要依据县域市政设施和本身市政设施;除其中县城镇和经济发达地区小城镇市政设施条件相对较好,经济、社会发展相对较快外,其他小城镇市政设施相对基础都较薄弱,小城镇经济社会发展相对较慢;其中位于偏远山区、西部边远地区小城镇可依托的县域工程系统设施和其本身市政设施基础则更为薄弱或很落后,经济发展缓慢,城镇化和现代化水平较低。

2.3.2 分散独立分布型小城镇市政工程统筹

分散独立分布型小城镇市政工程统筹主要以县域工程系统规划为指导，统筹市政工程。市政工程设施的合理水平应区分不同地区不同小城镇的发展潜力与趋势分析，适当超前科学比较选择。其相关工程系统设施统筹的区域范围应按以下原则考虑：

1）涉及以下共享基础设施的统筹规划区域范围为县行政区域规划范围，并在县域城镇体系规划中统筹规划。

① 镇际道路交通，包括公路、水路；

② 涉及电力系统供电的35～110kV变电站，经技术经济方案比较和项目可行性论证并审批的电源电站、35～110kV高压电力线路走廊；

③ 镇际通信线路；

④ 10万m³/d供水规模以下的水厂及输水管道；

⑤ 10万m³/d处理水量以下规模的污水处理厂；

⑥ 相关防洪设施、消防设施；

⑦ 较小规模的垃圾卫生填埋场。

2）涉及以下较大区域相关的市政设施统筹规划区域范围，宜为上一级所属行政地区或跨行政地区城镇体系规划划定范围。

① 过境道路交通，包括铁路、高速公路、省道；

② 电力系统220kV变电站及其高压电力线路、大中型水电站；

③ 过境城镇长途通信干线，包括光缆与微波干线；

④ 涉及外供水源保护地；

⑤ 涉及西气东输等的天然气长输高压管道；

⑥ 涉及的流域防洪设施。

2.4 工程系统统筹规划主要原则

2.4.1 优化配置与联建共享原则

对于工程系统规划优化来说，工程系统统筹规划是不可或缺的主要方法和重要手段。而优化配置与联建共享是区域和城镇工程系统规划的一条重要原则，也是工程系统统筹规划的一条重要原则，也是工程系统统筹规划的主要目的和任务所在。

工程系统规划优化、设施优化和联建共享主要基于以下方面：

（1）设施布局与用地协调

市政工程设施要满足城镇建设发展需求，区域规划、城乡规划要在设施用地上给予保证：一是合理的用地选址，二是合理的用地规模。城镇用地紧张，地下空间资源有限，特别是老城区，更需要统筹合理安排，节约用地；另一方面，如同前述工程系统规划与城镇用地布局规划、不同专项工程系统规划之间的依存与制约关系，决定市政工程设施的用地布局需要多方面多个部门的综合与协调。

市政工程设施优化配置有利于节约用地、规划协调及统筹安排。

（2）工程系统设施的高效率与高效益要求

工程系统设施的运行效率与效益发挥主要与工程系统设施的合理规模，以及技术与管理有关。

工程系统设施规模小，不但单位建设费用高，而且运行效率低，自然也影响效益。工程系统设施需要有一个合理的规模，需要统筹与集约规划，优化配置与联建共享。

（3）避免重复建设及造成资源与投资浪费

由于地域、行政等权属关系，市政设施建设各自为政重复建设，造成资源与建设资金浪费，这是市政设施现状缺乏统筹规划和行政体制障碍存在的主要问题之一。

避免与克服重复建设及其造成的资源与建设资金浪费，区域统筹规划是不可或缺的重要手段与方法。

2.4.2 工程系统专项规划与用地规划的协调与优化原则

工程系统规划不同专项有不同的特点，工程系统规划首先考虑本专项工程系统的特点与要求，优化专项设施的不同配置；同时，如同前述，由于专项工程系统与用地布局、空间布局规划以及不同专项工程系统之间的依存与制约关系，工程系统设施规划的优化还需要相关规划多方面的综合与协调，涉及多个管理部门的规划与管理的沟通与协调。工程系统专项统筹规划的综合与协调是工程系统统筹规划优化的重要环节，也是工程系统统筹规划优化的延续。

2.4.3 上位规划指导及与专业部门规划协调等原则

工程系统统筹规划的上位规划指导下位规划的原则要求是基于城镇规划的分级指导、逐层深化和工程系统特点确定的。

城镇规划及工程系统规划逐层深化、完善，从上而下主要是相应层次的城镇体系规划、城市总体规划、大城市分区规划和详细规划（含控制性详细规划和修建性详细规划），及其中对应的工程系统规划。城镇体系规划工程系统规划（或区域工程系统规划）指导城市总体规划的工程系统规划，总体规划的工程系统规划指导分区规划和详细规划的工程系统规划；而上述后者规划是对前者规划的深化、完善和具体落实。对于区域性工程系统设施而言主要在前者规划中统筹，而在后者规划中进一步深化、完善和具体落实。

同时工程系统规划除考虑本身专业规划相关因素外，主要依据和结合同一层次城市发展规划及用地布局规划，依据与协调专业部门规划并考虑相关规划的协调。

2.5 工程系统统筹规划基础资料

工程系统统筹规划的基础资料包括相应区域规划、城镇体系规划、城市总体规划及镇总体规划的相关基础资料。

2.5.1 综合资料

（1）相关社会经济发展规划、区域规划及其主体功能区规划、城镇体系规划、城市总体规划、镇总体规划；

（2）城市（镇）群及城市（镇）经济带、相邻城市的总体规划；

（3）相关县（市）域规划、城镇体系规划、县（市）、乡（镇）总体规划；

（4）土地利用总体规划以及区域城镇空间结构、用地布局、公共设施、产业、生态、环境、交通、水利、旅游、物流、市政设施、综合防灾、矿产资源开发等相关规划；

（5）相关行政区划图、规划范围图。

2.5.2　自然环境资料

（1）相关地形图、航片图、卫星遥感图

地形图：市域 1：10000～1：500000，中心城区 1：1000～1：20000。

（2）气象资料

1）气温：平均气温、极端最高与最低气温、最大冻土层深度及分布、暴雨强度公式；

2）风：风玫瑰图、四季主导风向、风频、平均风速、最大风速、静风频率、台风；

3）降水：平均与最大年降水量、降水强度公式、蒸发量；

4）日照：平均年日照时数、四季日照情况、雷电日数。

（3）水文与水文地质资料

1）水系：江、河、湖、海、水库分布，平均年径流量、年平均流量、最大流量、最小流量、平均水位、最高最低水位、河流断面、河床演变、泥沙运动、湖汐影响等；

2）水源：水资源总量、地表水量、地下水量；地表水量分布、过境容水量、水质、水温、大流域水源补给情况、水库储量；地下水种类（潜水、自流水、泉水等）、储量、流向、分布、水质、水温、硬度、可开发量、回灌情况、地表渗透、漏斗区变化、地面沉降等。

（4）地质资料

1）地质：地质构造与特征；

2）土壤：地耐力、腐蚀程度、土质等；

3）地震：断裂带、基本烈度及滑坡、泥石流等情况。

（5）其他资料

相关植被、湿地、森林、海滩及生物状况。

2.5.3　城镇及规划资料

（1）城镇现状

1）区域、市域、城镇经济：国民生产总值、国内生产总值、各行业产值、城镇建设投资、城镇建设维护费用，以及历年增长状况；

2）城镇人口：人口数量与构成、分布状况、历年增长情况、流动人口资料等。

3）城镇用地：范围、面积、各类建设用地分布及历年用地增长；

4）城镇布局：公共设施、市政设施、工业企业分布、道路交通设施分布；

5）城镇环境

大气、水体、噪声的环境质量以及固体废弃物状况。

（2）城镇总体规划

1）规划年限、城镇性质和规划人口规模；

2）经济社会发展目标、产业结构、行业产值、大型工业项目规模、产值与分布；

3）用地规模、用地布局、道路网和各类基础设施规划分布；

4）居住人口分布；

5）城镇体系规划图、城镇总体规划图。

2.5.4　专项工程系统规划资料

2.5.4.1　交通专项工程系统

1）分类交通工具发展及预测；

2）交通设施：不同级城镇道路布局建设，公共停车布局、配建指标，公共交通设施（枢纽、场站）布局与规模、综合交通、专项交通、交通设施建设管理规划；

3）交通组织与管理：停车特征、货运交通管理、重点地区交通组织研究、交通管理规划；

4）交通运行：道路交通流分布、主要堵塞路段、路口分布、道路流量观测、车速调查报告、事故分布报告；

5）对外交通发展（含相关区域与邻近城市）：公路、铁路、港口、航空、航运设施规模、布局与运营，对外交通需求现状分布与特征，对外交通与城镇交通衔接；对外交通方式与物流组织，重点对外交通设施规划建设可行性研究报告，区域公路、铁路、港口、航空、航运、物流发展规划。

6）公共交通（含城镇密集地区跨界公共交通）；

公共交通车辆、公交设施（场站、枢纽、公交专用道、快速公共汽车系统等），轨道交通、公共汽车交通、出租车交通，公共交通系统客运量及分布、主要集散点分布；

7）旅游交通：特征、分布与设施发展；

8）相关交通发展规划与规划图纸。

2.5.4.2　给水排水专项工程系统

（1）给水专项

1）水资源：分布图，可利用的地下水、地表水资源量与开发条件，水库设计容量、死库容量、总蓄水量，引水工程分布规模，取水口位置，取水条件与水质状况，水资源勘察或分析研究报告、相关区域流域水资源规划；

2）现状供水设施：给水系统现状图，水厂分布、规模，供水压力，给水管网分布、走向、管径、管材、管网水质；

3）供水水质；

4）自备水源分布、规模；

5）总用水量、各类用水量、用水增长情况；

6）供水普及率、用水重复利用率及分质供水情况。

（2）排水专项

1）排水现状

排水体制、排水流域分区图、分区排水体系；

总污水量，生活污水、工业废水量，历年污水增长情况；

主要污水源、工业废水源分布状况；雨水利用和污水处理回用，以及渍水排涝情况。

2）排水设施

排水系统现状图；污水处理厂分布，数量规模、处理工艺、处理后水质等；雨、污水管网分布、管径、排水口位置；排涝泵站、水面、污水泵站的分布、数量、排除能力；江、河堤标高、防洪标准。

2.5.4.3 能源专项工程系统

区域动力资源：水力资源的蕴藏量、可开发量、分布地点及其经济指标；热能资源、煤、石油、燃气（天然气、煤气、液化石油气、沼气等）以及地热等热能资源分布、储量、可开采量、可供量经济指标等；太阳能、风能等可再生能源和新能源开发前景。

（1）电力专项

1）电源现状

区域电力地理接线图；电源电厂、变电站、分布、容量、电压等级；输变电线路分布电压等级，敷设方式。

2）配电网现状

高压、中压配电网现状图；变配电站分布电压等级、容量、现状负荷；配电线路分布、电压等级、敷设方式。

3）电力负荷

分类用电负荷以及增长趋势，以及生活用电水平等。

（2）燃气专项

1）燃气气源设施的供气规模、气源性质、质量及调峰情况；

2）燃气输配系统及用气统计、技术经济指标；

3）燃气系统现状图。

（3）供热专项

1）供热面积，集中供热普及率；

2）采暖供热方式、比重、生活热水供应、热能利用状况；

3）热源：热电厂、集中供热锅炉房分布、供热能力，以及余热资源供热能力与开发前景。

2.5.4.4 通信专项工程系统

（1）电信专项

1）电话普及率；

2）电信局所分布、数量、规模、局所总容量；

3）城域网与接入网、宽带网与互联网；

4）移动通信局所、基站；

5）微波通信微波站、主要微波通道保护宽度与控制高度；

6）收信区发信区；

7）通信管道。

（2）广播电视专项

1）无线有线广播电台、电视台分布等现状资料；

2）有线电视、有线广播线路路由与敷设方式；

3）有线电视网现状图。

（3）邮政专项

1）邮政局、邮政支局分布及规模；

2）邮件处理中心位置及规模。

2.5.4.5 环境卫生专项工程系统

（1）城镇废弃物

1）生活垃圾、建筑垃圾、工业固体废弃物、危险固体废弃物的产生量与产生源；

2）垃圾收集、运输及处理方式等资料。

（2）环境卫生设施

1）垃圾处理场、填埋场、中转站、收集点等现状，环卫设施分布、数量与处理能力；

2）公共厕所分布、数量、设置标准等；

3）环卫管理机构资料；

4）环卫设施分布现状图。

2.5.4.6 综合防灾专项工程系统

（1）防洪专项

1）上游河流流域与城镇河流两岸导治线位置、走向及相关水土保持、河床断面、过水面积等；

2）水库位置、蓄水标高、库容、各种频率下泄流量；

3）其他水利工程设施分布、规模、容量；

4）城镇现有防洪工程设施的分布规模，抗洪能力，防供标准。

（2）消防专项

1）消防设施：消防站布局、位置、用地、配备，消防水源、管网、水压、消火栓布局；

2）消防组织；

3）易燃易爆品的生产、储运设施与管道设施及其分布；

4）旧城区与高密度建筑区的分布与建筑耐火等级。

（3）抗震专项

1）地震历史记载；

2）现状抗震设施等级、抗震能力、建筑状况、工程设施设防情况，以及危险和重点设防单位；

3）抗震设防标准与等级。

（4）人防专项

1）城市战略地位与设防标准、重要军事、民用目标分布；

2）现状人防布局与标准，防空洞、人防地下室、坑道防空指挥中心布局，隧道、地下综合管沟等可作人防工事设施分布；

3）现状人防工程系统的使用、管理、救灾方法等；

4）重点防护地区疏散通道、疏散场地。

（5）生命线工程

1）现状与规划道路、供电、燃气、供水、通信等设施与管线的分布，地下交通通道、地下发电厂、变电站、水厂、通信中心等设施分布、规模及安全措施；

2）急救中心、中心血站、中心医院的分布与规模；

3）综合防灾指挥机构等情况。

思考题：

1. 如何分析不同类工程系统统筹规划的特点与基本要求，试述特大城市及以其为核心的城市带城市群区域工程系统统筹重要性。

2. 工程系统统筹规划的主要原则要求是什么？

3. 工程系统统筹规划资料收集的重点是什么？

3 市政工程需求预测

提要：预测是规划的基础，是规划不可或缺的前期工作。

本章内容包括预测与统筹规划的内在关系及基本要求、交通量预测、用水量预测、排水量预测、电力负荷预测、电信用户预测、燃气用量预测、热负荷预测及固体废物量预测。

重点要求掌握城镇总体规划阶段的相关工程系统多方法预测。

3.1 工程需求预测与工程系统统筹规划

3.1.1 预测与统筹规划的关系

预测是根据人们历史资料和现状，通过定性和定量的科学分析与计算方法，推测、判断事物未来的发展趋势和规律的一种过程。简单地说，预测是试图预见（预言）事物未来的变化。

国外，把预测分为推测（Prediction）和预测（Forecast）。前者是指对未曾观察到的所有事件（包括同一时期内的事件）的推测；后者是指对未来事件的预测。

预测是规划不可缺少的前期工作，也是规划的一个重要准备阶段。预测提供的信息和数据是正确规划和决策的科学依据，规划的好坏在很大程度上取决于通过预测能准确预见城镇未来的变化，包括城镇规划基本要素：城镇人口、资源、环境的未来变化和城镇社会、经济的发展变化，以及城镇基础设施需求的变化。

就城镇人口、资源、环境的预测来说，由于当代可持续发展问题，已转变为明显地以人口、资源与生态环境之间的紧密关系为基础，预测直接关系到城镇社会与经济的可持续发展规划，而对城镇基础设施需求预测而言，预测数量不足，将不能满足城镇社会、经济发展对基础设施的需求，同时给人们生活会带来很大的不便；而需求预测过多，则以其为依据的规划和建设会造成严重的资源滥用和不必要的资源浪费。

城镇工程系统设施需要共享，只有共享，才能发挥工程系统设施建设的最大效益；而工程系统设施共享必须统筹规划。由于工程系统设施统筹规划是建立在工程需求预测基础上的，也就是说，工程需求预测是工程系统设施统筹规划的重要基础和共享范围、内容等相关确定的重要依据之一。

工程系统统筹规划相关的工程需求预测侧重于总体规划阶段相关预测。

3.1.2 需求量的多种方法与多方案预测

城镇市政工程系统是复杂的系统工程，而城镇规划本身是涉及多学科、多门类的综合复杂的系统工程。特别是在市场经济条件下，城镇中远期规划还经常有许多不定因素，一个好的规划往往要做多个方案的比较和多次反复。预测作为城镇总体规划或配套工程规划的前期工作更无例外。另一方面，大多数预测方法都是有一定的假设条件，实际情况与假设条件总有或大或小的差距，预测方法本身存在的缺陷，只能通过预测方法的选择和多种方法预测的比较，加以弥补和修正；而预测过程中，各种原因造成的误差，如资料收集的时间序列数据可能会有抄写的错误，行政决定、随机变化、历史原因等异常情况产生的无法按规律解释的数据，由此造成的误差，除采用数据分析、残差分析等方法减小预测误差外，多种方法的预测比较也是不可缺少的。

前述城镇人口、资源、环境的预测，无疑会涉及现在城市规划尚很少进行的人口密度和工业布局适度水平、用地极限与环境容量等的动态预测，随着对城镇可持续发展与生态环境规划的日益重视，开展相关实用多方法动态预测也是必然。而工程系统需求量预测在城镇规划中问题更多、更突出的是单一方法预测。而仅采用一种方法预测，往往缺乏预测的比较与修正，预测准确度低，加上预测依据缺乏科学性或方法粗线，很容易造成预测进而规划的严重失误。

以某市总体规划电力负荷预测一例分析说明。该例仅选用市政生活综合用电指标、工业用电量按上述指标 100％考虑一种方法预测得全市预测期用电负荷为 11.2 万 kW，而采用多种方法预测结果为 16.5 万～18.2 万 kW，前者较后者预测结果减少，差 32.1％～38.5％。前者预测缺乏科学性，主要在于：

1）预测方法缺乏理论依据，方法过于简单

工业用电负荷与工业产值相关，而与生活用电负荷并不一定相关，某一特殊情况下可能的两者静态比值（如上述的 100％）不可能支持预测不相关的动态未来变化。

2）预测方法单一，没有预测检验、修正的比较，难以衡量预测的准确性，而预测方案单一，又难以适应规划未定因素等的可能变化。

一般来说，城镇总体规划工业用电负荷的预测，可根据历史资料收集和工业发展规划等的不同情况，选用时序预测方法、相关回归分析方法，弹性系数法、单位耗电指标法预测比较科学，而用不同用地分类用电指标法或更能适应城镇用地规划的各种不同变化。本例后一预测结果就是在弹性系数法、用地分类用电指标法、用地用电密度法等 3 种方法预测比较和考虑相关规划多变化因素的高、低方案预测综合比较下取定的。无疑更能适应规划的可能变化与调整，进而确保规划的科学性与合理性。

3.2 交通量预测

3.2.1 城市航空交通航空客运量预测

城市航空交通需求量侧重于航空客运量预测。

根据城市特点，分析市场需求与民航运输供给能力多种相关因素，采用定量定性综合比较预测。

（1）定量预测

1）趋势分析法

趋势分析法是利用历年民航客运量统计资料研究客运量变化的时间过程。适用于客运量的历史影响因素的变化规律在未来预测年份中不发生大的改变的情况。

采用的方法一般有修正指数曲线法、波布加门公式法及与国民经济增长率类比法。

① 修正指数曲线法

$$Y_i = a \times e^{b(T-T_i)}$$

式中 Y_i——预测年 T_i 的客运量；

T_i、T——预测的年份和基年；

a、b——系数。

② 波布加门公式法

$$Y_i = Y_s[(T_i-T_o)/(T_s-T_o)]^2$$

式中 Y_i——预测年 T_i 的客运量；

Y_s——T_s 年的客运量；

T_i——预测的年份；

T_o——开始具有适当正常运行频率的年份。

③ 与国民经济增长率类比法

根据国内外有关资料统计，航空运输增长率一般为国民经济增长率的 2～2.5 倍。

2）计量经济法

计量经济法是在历史资料基础上来确定各社会经济因素与航空运量之间的定量关系，并确定某些对运量有重要影响的变量，然后用它们与运量之间的关系进行测定和试验。

通常与计量经济法预测航空客运量有关的参数有：人口或家庭户数、地区国内生产总值、人均可随意支配的收入、地区对外贸易及旅游事业的发展等。

具体做法是将地区航空客运量与该地区与航空客运量有关的参数进行对比及相关分析，得出航空客运量与各参数的相关系数，找出相关系数较好的参数（一般相关系数＞0.9），经一元和多元逐步回归得出定量关系式。

① 一元回归曲线

$$Y_m = a \times E^b$$

式中 Y_m——与 E 指标相应的第 m 年交通量；

E——某年份某一经济指标，远景年份的指标需预测；

a、b——系数。

② 多元回归曲线

$$Y_m = K \times T^a \times u^B \times r^c \cdots$$

式中 Y_m——与 E 指标相应的第 m 年交通量；

T、u、r——m 年的各个经济指标，远景年份的指标需预测；

K、a、b、c——系数。

（2）定性分析预测

航空客运量定性分析一般可以从下列几方面进行分析：

1）城市所在区域航空业的现状和前景；

2）城市机场在城市所在区域中的地位；

3）经济发展对该地区的航空客运量的影响程度；

4）与该城市所在区域内的相关机场之间的关系分析。

当无城市航空客运量的历年统计资料时，可利用城市对外交通运量的统计资料，用上述方法确定运量。

3.2.2 城市水运交通客货运量预测

城市水运交通客货运量预测通常采用 3.2.1 城市航空交通航空客运量的定量趋势分析法和计量经济法预测方法预测，同时进行定性预测分析、综合比较判断。

城市水运交通客货运量预测，侧重货运量预测。

3.2.3 城市铁路交通客货量预测

3.2.3.1 客运量

（1）旅客发送量

旅客发送量系指车站始发的旅客人数。铁路局的旅客发送量为所辖范围内各站始发旅客人数的总和。它是编制旅客列车对数、确定旅客站房规模及其客运设备的基础。

旅客发送量有直通旅客量、管内旅客量、市郊旅客量。根据我国历年统计资料，全国旅客发送量中，管内旅客的比重占 70% 左右、市郊旅客占 20% 左右，直通旅客占 10% 左右。

（2）旅客发送量的计算方法

铁路设计中以乘车系数法为计算旅客发送量的基本方法，其计算公式为：

设计年度旅客发送量＝设计年度吸引范围人口×设计年度旅客乘车率

旅客吸引范围分直接吸引范围和间接吸引范围，直接吸引范围系指旅客可步行或乘短途公共交通工具上火车者；间接吸引范围系指旅客乘长途汽车或内河船舶方能上火车者。

旅客乘车率，系指车站或枢纽吸引范围内平均每个居民在一年内乘火车的次数，其公式为：

旅客乘车率＝全年旅客发送人数/当年吸引范围内人口数

在确定车站旅客乘车率时应考虑以下因素：

1）人口组成及变化；

2）人民物质文化生活水平的提高；

3）国民经济的发展水平；

4）新兴城镇的形成；

5）全国和各地的节假日；

6）各地区的疗养、旅游事业的发展；

7）其他交通工具的发展及新建铁路后吸引范围的变化，并考虑旅客返程因素。

既有线改建及增建第二线时，旅客乘车率要分析最近两个统计年度的资料，并参照上述因素确定。新建铁路的旅客乘车率，可采用类比法，并结合上述因素确定。

（3）中转旅客的计算

既有线改建及增建第二线时，采用递增率法，即根据车站历年中转旅客人数的增长规律，在分析统计年度增长变化原因及设计年度增长趋势的基础上，确定设计年度的年平均递增率。其计算公式为：

中转旅客人数＝统计年度旅客中转人数×（年平均递增率×

统计年度至设计年度所经过年数）

新线设计采用类比法，即参照类似的既有站直接确定中转人数，类比的因素主要是车站在铁路网中的位置，接轨方向多少，以及车站所在地在政治、经济、文化方面的地位和作用。其计算公式为：

中转客流量＝旅客发送量×中转旅客与发送旅客的比值

（4）旅客列车对数

旅客列车对数＝（日均区段客流密度×波动系数）/列车平均定员

（5）车站旅客最高集聚人数

车站旅客最高集聚人数是确定旅客站房规模的主要依据。旅客最高集聚人数是指全年上车旅客最多月份中，平均一昼夜内最大的同时在站旅客人数（包括该站发送旅客、中转旅客及送客者）。但通勤、通学的旅客一般不计算在内。

1）旅客最高集聚人数计算方法

计算车站旅客最高集聚人数的方法有：计算系数法、列车对数法、类比法等。由于影响车站旅客最高集聚人数的因素很多，各种计算方法各有侧重点，因而必须综合考虑，当前多采用计算系数法。其计算公式为：

车站旅客最高集聚人数＝设计年度最大月日均上车人数×采用计算系数

设计年度最大月日均上车人数＝（设计年度旅客上车人数×旅客波动系数）/365

计算系数是旅客最高集聚人数与最大月日均上车人数的比值。

2）旅客波动系数的采用

旅客波动系数＝（最大月旅客发送人数×12）/年发送旅客人数

根据我国的统计资料，我国旅客波动系数可采用表 3.2.3-1 的数值。

旅客发送波动系数

表 3.2.3-1

年发送人数及地区性质		大城市及省会所在地	100 万人口以上	50 万～100 万人	10 万～50 万人	1 万～10 万人	1 万人以下	工矿地区	风景游览区
波动系数	范围	1.10～1.25	1.10～1.35	1.10～1.40	1.30～1.55	1.30～1.75	1.50～2.05	1.10～1.40	1.15～1.45
	平均值	1.18	1.23	1.25	1.35	1.53	1.78	1.25	1.30

3）计算系数的采用

根据我国有关车站的综合统计分析，归纳计算系数如表 3.2.3-2 所示。

计算系数

表 3.2.3-2

计算年度最高月日平均旅客上车人数（人）	计算系数平均值（%）	计算系数选择区（%）	计算年度最高月日平均旅客上车人数（人）	计算系数平均值（%）	计算系数选择区（%）
100 以下	52	44～60	1001～2000	36	29～46
101～200	50	43～59	2001～3000	31	25～38
201～300	49	42～57	3001～4000	27	22～33
301～400	47	41～55	4001～5000	25	21～30
401～500	46	39～54	5001～6000	23	19～28
501～600	44	38～52	6001～7000	22	18～26
601～700	43	37～51	7001～8000	21	18～25
701～800	42	36～49	8001～9000	20	17～24
801～900	41	36～48	9001～10000	20	17～23
901～1000	40	35～47	10000 以上	19	16～23

3.2.3.2 货运量

铁路货运量一般有地方货运量和直接货运量。

（1）地方货运量

地方货运量是指铁路或枢纽范围内，各站发送或到达的货运量。其计算方法一般有产销平衡方法、定额计算法、产运系数法、递增率法、比重法、类比法等。

（2）直接货运量

直接货运量是指通过铁路或枢纽的货物交流量。直接货运量计算方法一般依据线路（枢纽）分流原则，先分析经由本线（枢纽）的按分品名通过运量的统计资料。然后按地方货运量的计算方法得出直接货运量。

3.2.4 城市轨道交通客流量预测

城市轨道交通包括市郊铁路、地铁、轻轨、有轨电车。

城市轨道客流量预测应考虑路线网总体。

3.2.4.1 预测阶段

城市轨道客流量预测分以下四个阶段：

（1）常住人口和流动人口出行预测

通过预测得到三个预测年度常住人口和流动人口共六张全方式出行 OD 表。

（2）常住人口和流动人口出行方式选择

通过出行方式选择得到常住人口全日城市轨道交通站间 OD 表、流动人口全日城市轨道交通站间 OD 表及总城市轨道交通站间 OD 表。

（3）总站间 OD 表处理

通过总站间 OD 表处理，确定全日城市轨道交通客流表，早高峰小时和晚高峰小时的客流表。

（4）确定规划客流量

通过综合分析，得出城市轨道交通全年客流量、高峰月客流量、日均客流量和城市轨道交通各站预测客流量。

3.2.4.2 城市轨道交通客流预测

图 3.2.4 为城市轨道交通客流预测总框图。

（1）关于出行预测

该内容应属于城市交通规划，由于规划期限不同，所以在轨道交通客流预测时，往往要进行这项工作，但必须注意与城市交通规划协调。考虑到流动人口与常住人口的出行特征区别较大，所以出行预测应分别进行。

（2）关于交通方式的选择

这项工作是客流预测的核心，模型选择和参数标定的难度都很大，一般要经过多次试算，才能满足宏观要求。人们出行意愿是多目标的，一般应考虑下列目标：

1）迅速——出行时间；

2）经济——票价和时间价值；

3）方便——车外时间、等车时间和换乘次数；

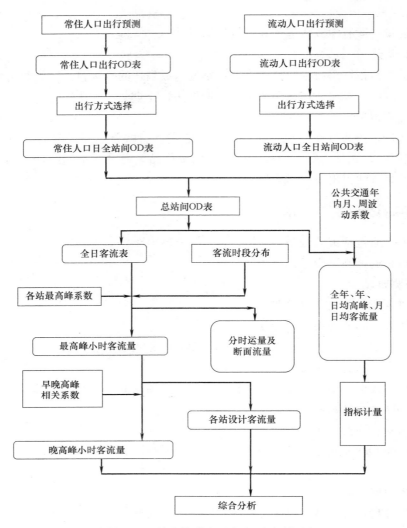

图 3.2.4　城市轨道交通客流预测总框图

4）舒适、准时、安全等。

3.2.5　城市道路交通量预测

城市道路交通量预测通常按以下方面预测：

（1）交通发生预测

交通发生预测通常按回归分析法、发生率法等方法预测。

1）回归分析法预测

$$Y=\alpha+\beta_1 x_1+\beta_2 x_2+\cdots+\beta_n x_n$$

式中　　　　　　Y——出行生成量（吸引量）；

α、β_1、β_2、$\cdots$、β_n——回归分析参数；

x_1、x_2、$\cdots$、x_n——与土地相关参量。

2）发生率法预测

32

一般由起讫点调查统计得出的发生率（吸引率）乘以相应的土地使用量，求取出行总量。

（2）交通分布预测

交通分布是指区域与区域之间的交通流分布。一般采用平均增长系数法和重力模型法预测。

（3）交通方式划分预测

交通方式划分是指把总的交通量分配到各种交通方式。交通方式是指交通工具的选择。一般分为公共交通、小汽车交通、自行车交通和步行四大类。可根据各种交通工具的特点从不同角度考虑交通方式的选择问题，建立各种各样的交通方式划分模型。常用的是出行交换模型。

（4）交通分配预测

交通预测的最后阶段是交通分配预测，是把各区域的不同交通方式的交通量分布到各个具体的道路网络中去。常用全有全无分配法（或称最短路径法）、容量限制法、多路径概率分配法等分配方法。

3.2.6 城市公路网交通量预测

公路交通需求预测是公路交通规划的关键，城市公路网交通量预测一般采用"四阶段法"。"四阶段法"就是将交通量预测的全过程，划分成交通发生与吸引、交通分布、交通方式分担与交通分配四个阶段进行预测。

（1）发生、吸引交通量预测

发生、吸引交通量预测是："四阶段法"的第一阶段。在这个阶段主要进行规划区域总交通量预测和各分区生成、集中交通量预测（交通量也可用运输量替代）。预测方法主要有：增长率法、生成率法、回归分析法。

（2）分布交通量预测

ⅰ区与j区之间的交通量称分布交通量或称OD分布交通量。分布交通量预测是在生成、集中交通量预测基础上进行。主要预测方法有现在状态法、重力模型法、概率模型法和系统平衡法。

（3）交通方式划分预测

方式划分是确定各种运输方式承担的运量。在公路网规划中主要是在分布交通量预测的基础上，确定公路与铁路、公路与水运、公路与航空的分流数量。一般采用转移曲线法、概率模型法等方法预测。

（4）分配交通量预测

分配交通量是确定公路网中各路段的交通量，是"四阶段法"中理论研究最成熟的部分。主要采用全有全无法、容量限制法和多路径概率分配法预测。

3.2.7 小城镇交通量预测

3.2.7.1 小城镇交通需求分析

（1）对外交通需求分析

小城镇的对外交通需求与小城镇性质、地位、类别以及规模、区位条件有密切关系。不同类别、不同区位条件和不同经济、社会发展的小城镇对外交通需求各不相同。

对于县（市）域政治、经济、文化中心的县城镇和县（市）域中一定农村区域经济、文化中心的中心镇来说，由于其中心集聚、辐射作用和城镇间政治、经济、文化往来的需要，无论对外客运和货运交通都有较大需求。

对于交通型、流通型和口岸型小城镇，由于其交通区位优势往往是一定城镇区域内的客流、物流中心，其对外交通需求显然也比较大。

对于商贸流通型小城镇，其对外交通需求与其商贸活动的物流、人流密切相关。

对于工业型、特色产业型小城镇和工矿型小城镇，其对外交通需求与生产、销售等的物流、人流密切相关。

对于旅游观光型小城镇和历史文化名镇，观光人流是其对外、对内交通需求的一大特点。

对于交通区位条件较好的"密集型"、"线轴型"小城镇，由于多在主要交通干线等交通便利地方集中分布，城镇之间联系紧密、便捷，同时多为处在经济发达、较发达地区，小城镇对外交通需求较大，其交通需求分析应结合较大区域相关因素分析。

对于点状（分散型）小城镇，则一般在县（市）域范围，结合县（市）域城镇体系规划和小城镇实际具体分析，其中经济欠发达地区、偏远地区和山区小城镇，受其相关交通基础和经济发展基础薄弱的影响，对外交通需求相对较小。

（2）镇区交通需求分析

小城镇的镇区交通需求与小城镇的性质、地位、规模及居民交通方式选择直接相关。

小城镇居民的交通方式按采用的交通工具分为机动车交通、非机动车交通和步行交通三种。

小城镇居民在考虑交通方式时的基本要素是交通距离。影响交通距离与交通方式的相关因素有体能、交通时间和交通费用三项。不同的人在其选择时对三类因素考虑的侧重点是不同的。对老年人、儿童和青少年来说，选择交通方式时体能是最主要的考虑因素；对低收入者来说，费用是其选择交通方式的主要方面；对高收入者来说，可能时间对他来说价值最高。但是，在绝大部分情况下，在比较短的距离内（一般为 $500 \sim 1000m$）步行是大部分小城镇居民首选的交通方式，因为其方便、体力能够承受、而且不发生任何费用。对距离较长的出行（一般在 7km 以上），应采取机动车作为交通工具。在 $1 \sim 7km$ 的范围内，自行车交通将会是大部分小城镇居民的主要交通方式。

我国小城镇、中小型一般镇的规模一般在 $3.5 \sim 1.5km^2$，县城镇、中心镇规模一般也在 $15km^2$ 以内。居民出行交通方式还是以自行车和步行为主，小城镇镇区道路交通规划，应特别重视步行交通系统和自行车交通系统的规划；对于大型的县城镇、中心镇和一般镇应考虑镇区公共交通需求，县城镇、中心镇应根据小城镇经济社会发展和居民生活水平提高，同时考虑出租车的公共交通需求。

小城镇机动车交通需求，应注意摩托车的迅速发展。因为摩托车价格便宜，其行驶速度、出行距离范围都较为适合小城镇，随着我国经济的发展，小城镇内摩托车的数量必然会有较快速度的增长。由于摩托车有极强的机动性，在安全性上比小汽车等其他机动车差，在进行小城镇道路规划时，需要对摩托车交通进行特别考虑，否则容易引起交通混乱和交通事故上升。

小城镇的私人小汽车发展速度相对摩托车来说比较缓慢，镇区交通中汽车的增长量主要受小城镇工业发展的刺激，属于生产性需要，除与镇区交通相关外，与对外交通关系更大。在道路规划时，应考虑小城镇的经济发展速度，工业类别等因素，重点规划好对外的货运交通系统。

随着小城镇经济和乡镇企业发展，小城镇居民和迅速增多的"离土不离乡"亦工亦农的暂住人口和流动人口对交通需求，使得小城镇中行人和车辆的流量大小在各个季节、一周和一天中均变化很大，各类车辆流向均不固定，在早、中、晚上下班时造成人流、车流集中，形成流量高峰时段。小城镇经济的不断繁荣，车流、人流、物流增长很快，各类生产性交通流量、旅游出行人流和各类物资集散的物流交通在小城镇交通需求和预测中都是必须考虑的因素。

3.2.7.2 小城镇交通量预测方法

在原有小城镇道路的规划改造设计中，道路的远期交通量一般可按现有道路的交通量进行预测；对新建的小城镇，道路的远期交通量可参考规模相当的同级小城镇进行预测。对小城镇，目前一般还没有条件进行复杂的理论推算，通常可采用以下预测方法。

（1）按年平均增长量估算

按小城镇道路上机动车历年高峰小时（或平均日）交通量，来预测若干年后高峰小时（或平均日）交通量。该方法考虑了不同交通区的不同交通发生量的增长情况，并假定各区之间远景的出行分布模式与现在是一样的。该方法适用于用地性质等因素变化不大的小城镇。

$$N_{远} = N_0 + n \times \Delta N \qquad (3.2.7-1)$$

式中　$N_{远}$——远期 n 年高峰小时（平均日）交通量；

$\quad$ N_0——最后统计年度的高峰小时（平均日）交通量；

$\quad$ ΔN——年平均增长量；

$\quad$ n——预测年数（年）。

（2）按年平均增长率估算

在缺少历年高峰小时（或平均日）交通量的观测资料的情况下，可以采用按年平均增长率来估算远期交通量。年平均增长率可以参照规模相当的同级小城镇的观测资料，并分析考虑随着经济发展及小城镇、道路网和扩充后可能引起该道路上交通量的变化，来选择确定一个合适的年平均增长率，也可以参照工农业生产值的年平均增长率（一般来说，交通量的年平均增长率与工农业生产值的年平均增长率是相一致的）来确定。

$$N_{远} = N_0(1 + nK) \qquad (3.2.7-2)$$

式中　$N_{远}$——远期 n 年高峰小时（平均日）交通量；

$\quad$ N_0——最后统计年度的高峰小时（平均日）交通量；

$\quad$ K——年平均增长率（%）；

$\quad$ n——预测年数（年）。

应该指出，上述两种方法算出的远期高峰小时交通量，不能直接用于道路的横断面设计。因为按高峰小时交通量设计的路面宽度，对其他时间的交通量来说，路面就显得过宽，尤其当有些道路的高峰小时交通量与其他小时交通量相差悬殊的情况下，更要注意，否则将使路面设计过宽，造成浪费。一般做法是将此数据乘上一个折减系数作为设计高峰小时交通量。系数的大小，视高峰小时交通量与其他时间交通量的相差幅度而定，相差大的取小值，相差小的取大值，一般为 0.8～0.93。

（3）按车辆的年平均增长数估算

小城镇一般都有机动车辆增长的历史资料，可以用来估算道路交通量的增长。但车辆增长与交通量增长不成正比，因为车辆多了，车辆的利用率就低，因此，估算时可将车辆增长率打折扣，作为交通增长率。

以上介绍的三种方法，只是把交通量的增长看成单纯的数字比率，而均未很好地考虑小城镇的性质，以及经济发展的方向和速度的不同在小城镇规划中对道路设计所起的影响，因而不能全面地反映客观的实际情况。不过，在没有详细的小城镇各用地出行调查资料和交通运输规划的情况下，这种根据现况观测资料，考虑可能的发展趋势来确定一定的增长率，从宏观角度应用于小城镇道路交通规划相关交通需求预测，同时作相关因素调查分析比较修正和其他预测方法比较修正。

（4）按生成率估算

根据出行生成率计算新增交通量。

对非机动车的交通量也可以参照机动车的方法来估算。但对自行车的利用率，却不会随自行车的增长而降低，这同它的使用特点有关。自行车的增长量同交通增长量是一致的，在小城镇道路规划中，应特别注意自行车的增长趋势，因为这是小城镇镇区的主要交通工具。

三轮车、板车、兽力车目前还是小城镇重要的运输工具，它们在小城镇交通运输中所占比例与小城镇的性质、地理位置、自然条件、经济发展程度等有关。目前我国有些小城镇的某些路段上这些车辆所占比重还很大，在一定时期内仍有增长的趋势，在进行远期交通量预测时，应根据实际情况正确估算。

在商业街、居住小区道路等生活性道路上，行人是主要的交通量，因此在远期交通量预测时应注意到，一是随着小城镇居民物质文化水平的提高，出行次数将会增加，二是农民进入小城镇，增加了行人数量。行人交通量的估算，应结合调查观测资料及人口增长数来计算。

3.3　城镇用水量预测

用水量预测是选择给水水源和确定给水系统各部分规模的基础。

城镇总体规划用水量预测和计算的常用方法，主要考虑以下方法。

3.3.1　人均综合指标法

本方法预测合理确定规划期内人均用水量指标是准确预测的关键。通常根据国家有关规范、综合当地历年人均综合用水量的情况和未来发展趋势，参照同类城镇人均用水指标确定。

值得指出，用水量指标应保持一定的弹性变化幅度，以提高规划的适应性。

表 3.3.1 为城市单位人口综合用水量指标。

城市单位人口综合用水量指标 [万 m³/(万人·d)]　　　表 3.3.1

区　域	城 市 规 模			
	特大城市	大城市	中等城市	小城市
一区	0.8~1.2	0.7~1.1	0.6~1.0	0.4~0.8
二区	0.6~1.0	0.5~0.8	0.35~0.7	0.3~0.6
三区	0.5~0.8	0.4~0.7	0.3~0.6	0.25~0.5

注：1. 特大城市指市区和近郊区非农业人口 100 万及以上的城市；大城市指市区和近郊区非农业人口 50 万及以上不满 100 万的城市；中等城市指市区和近郊区非农业人口 20 万及以上不满 50 万的城市；小城市指市区和近郊区非农业人口不满 20 万的城市（下同）。
　　2. 一区包括：贵州、四川、湖北、湖南、江西、浙江、福建、广东、广西、海南、上海、云南、江苏、安徽、重庆；
　　　二区包括：黑龙江、吉林、辽宁、北京、天津、河北、山西、河南、山东，宁夏、陕西、内蒙古河套以东和甘肃黄河以东的地区；
　　　三区包括：新疆，青海、西藏、内蒙古河套以西和甘肃黄河以西的地区（下同）。
　　3. 经济特区及其他有特殊情况的城市，应根据用水实际情况，用水指标可酌情增减（下同）。
　　4. 用水人口为城市总体规划确定的规划人口数（下同）。
　　5. 本表指标为规划期最高日用水量指标（下同）。
　　6. 本表指标已包括管网漏失水量。

$$Q = NqK \tag{3.3.1}$$

式中　Q——城市用水量；

　　　N——规划期末人口数；

　　　q——规划期内的人均综合用水量标准；

　　　K——规划期内用水量普及率。

3.3.2　单位用地用水量法

依据城镇总体规划用地平衡不同类建设用地规模及其单位建设用地综合用水指标或单位分类用地用水指标，综合测算或分类测算求和得出城镇最高用水需求。

$$Q = q_0 F$$

$$Q = \sum q_i f_i$$

式中　q_0——单位建设用地面积综合用水量指标 [万 m³/(km²·d)]；

　　　F——城市规划建设用地面积（km²）；

　　　q_i——不同性质用地的用水量指标 [m³/(hm²·d)]；

　　　f_i——不同性质用地面积（hm²）。

表 3.3.2-1、表 3.3.2-2a、表 3.3.2-2b、表 3.3.2-3、表 3.3.2-4、表 3.3.2-5 分别为城市单位建设用地综合用水指标、城市与小城镇单位居住用地、单位公共设施用地、单位工业用地及其他用地用水指标；小城镇单位工业用地指标主要取决于规划区主体工业的性质等相关因素，考虑小城镇企业多以加工型轻工业为主，参照相关研究一般选择 0.8~1.5 [万 m³/(km²·d)]，公共设施及其他用地参照表 3.3.2-2、表 3.3.2-4，结合小城镇实际选用相关指标。

城市单位建设用地综合用水量指标 [万 m³/(km²·d)]　　　表 3.3.2-1

区域	城市规模			
	特大城市	大城市	中等城市	小城市
一区	1.0～1.6	0.8～1.4	0.6～1.0	0.4～0.8
二区	0.8～1.2	0.6～1.0	0.4～0.7	0.3～0.6
三区	0.6～1.0	0.5～0.8	0.3～0.6	0.25～0.5

注：本表指标已包括管网漏失水量。

单位居住用地用水量指标 [万 m³/(km²·d)]　　　表 3.3.2-2a

用地代号	区域	城市规模			
		特大城市	大地市	中等城市	小城市
R	一区	1.70～2.50	1.50～2.30	1.30～2.10	1.10～1.90
	二区	1.40～2.10	1.25～1.90	1.10～1.70	0.95～1.50
	三区	1.25～1.80	1.10～1.60	0.95～1.40	0.80～1.30

注：1. 本表指标已包括管网漏失水量。
　　2. 用地代号引用现行国家标准《城市用地分类与规划建设用地标准》GB 50137—2011。

单位居住用地用水量指标 [万 m³/(km²·d)]　　　表 3.3.2-2b

地区区划	小城镇规模		
	一	二	三
一区	1.00～1.95	0.90～1.74	0.80～1.50
二区	0.85～1.55	0.80～1.38	0.70～1.15
三区	0.70～1.34	0.65～1.16	0.55～0.90

注：1. 表中指标为规划期内最高日用水量指标，使用年限延伸 2020 年，即远期规划指标，近期规划使用应酌情减少，指标已含管网漏失水量。
　　2. 表中小城镇规模按以下划分。
　　一级镇：县驻地镇，经济发达地区 3 万人以上镇区人口的中心镇，经济发展一般地区 2.5 万人以上镇区人口的中心镇；
　　二级镇：经济发达地区一级镇外的中心镇和 2.5 万人以上镇区人口的一般镇，经济发展一般地区一级镇外的中心镇，2 万人以上镇区人口的一般镇，经济欠发达地区 1 万人以上镇区人口县城镇外的其他镇；
　　三级镇：二级镇以外的一般镇和在规划期将发展为建制镇的乡镇。
　　其中：经济发达地区主要是东部沿海地区，京、津、唐地区，2000 年的现状农民人均年纯收入一般大于 3300 元左右，第三产业占总产值比例大于 30%。
　　经济发展介于经济发达地区、欠发达地区之间的经济发展一般地区，主要是中、西部地区，2000 年的现状农民人均年纯收入一般在 1800～3300 元左右，第二产业占总产值比例约 20%～30%。
　　经济欠发达地区主要是西部、边远地区，2000 年的现状农民人均年纯收入一般在 1800 元以下，第三产业占总产值比例小于 20%。
　　3. 表中地区区划同表 3.3.1（下同）。

单位公共设施用地用水量指标 [万 m³/(km²·d)]　　　表 3.3.2-3

用地代号	用地名称	用水量指标
C	行政办公用地	0.50～1.00
	商贸金融用地	0.50～1.00
	体育、文化娱乐用地	0.50～1.00
	旅馆、服务业用地	1.00～1.50

用地代号	用地名称	用水量指标
C	教育用地	1.00～1.50
	医疗、休疗养用地	1.00～1.50
	其他公共设施用地	0.80～1.20

注：本表指标已包括管网漏失水量。

单位工业用地用水指标〔万 $m^3/(km^2 \cdot d)$〕　　　　　　表 3.3.2-4

用地代号	工业用地类型	用水量指标
M1	一类工业用地	1.20～2.00
M2	二类工业用地	2.00～3.50
M3	三类工业用地	3.00～5.00

注：本表指标包括了工业用地中职工生活用水及管网漏失水量。

单位其他用地用水量指标〔万 $m^3/(km^2 \cdot d)$〕　　　　　　表 3.3.2-5

用地代号	用地名称	用水量指标
W	仓储用地	0.20～0.50
T	对外交通用地	0.30～0.60
S	道路广场用地	0.20～0.30
U	市政公用设施用地	0.25～0.50
G	绿地	0.10～0.30
D	特殊用地	0.50～0.90

注：本表指标已包括管网漏失水量。

3.3.3 年递增率法

$$Q=Q_0(1+\gamma)^n \tag{3.3.3}$$

式中　Q——规划期末城镇用水总量；

　　　Q_0——基准年（起始年）城镇用水总量；

　　　γ——城镇用水总量的规划时段内平均增长率；

　　　n——预测规划时段年限。

年递增率法预测关键是依据历史资料等比较分析选用合理的平均年递增速率。年递增率法实际是一种拟合指数曲线的外推模型，预测时限过长，可能影响预测精度，3.3.3 式可酌情选用不同时段 γ，分段求取 Q 值。

3.3.4 分类求和法

$$Q=\sum Q_i \tag{3.3.4-1}$$

式中　Q——城镇规划期末用水总量；

　　　Q_i——城镇规划期末各类用水量预测值。

预测用水量可按以下基本分类：

综合生活用水（居民生活用水和公建用水）；

工业企业用水（供给工业生产用水）；

市政用水；

消防用水；

未预见及管网漏失用水。

（1）综合生活用水量

表 3.3.4-1、表 3.3.4-2 分别为城市与小城镇人均综合生活用水量指标。

人均综合生活用水量指标〔L/（人·d）〕 表 3.3.4-1

区域	城 市 规 模			
	特大城市	大城市	中等城市	小城市
一区	300～540	290～530	580～520	240～450
二区	230～400	210～380	190～360	190～350
三区	190～330	180～320	170～310	170～300

注：综合生活用水为城市居民日常生活用水和公共建筑用水之和，不包括浇洒道路、绿地、市政用水和管网漏失水量。

小城镇人均综合生活用水量指标〔L/（人·d）〕 表 3.3.4-2

地区区划	小城镇规模分级					
	一		二		三	
	近期	远期	近期	远期	近期	远期
一区	190～370	220～450	180～340	200～400	150～300	170～350
二区	150～280	170～350	140～250	160～310	120～210	140～260
三区	130～240	150～300	120～210	140～260	100～160	120～200

1. 综合生活用水为小城镇居民日常生活用水和公共建筑用水之和，不包括浇洒道路、绿地、市政用水和管网漏失量。

2. 指标为规划期最高日用水量指标。

3. 特殊情况的小城镇，应根据实际情况，用水量指标酌情增减。

在选定了综合生活用水量标准后，可按下式计算城镇综合生活用水量：

$$Q_1 = \frac{qN}{1000} \tag{3.3.4-2}$$

式中 Q_1——城镇综合生活用水量（万 m^3/d）；

q——城镇综合生活用水量标准〔L/（人·d）〕；

N——城镇规划人口数（万人）。

（2）工业用水量

工业用水量预测方法有万元产值用水量法、单位工业用地用水量指标法、单位产品耗水量法等。在一般情况下应由工业企业生产部门提供工业生产用水量，在缺乏资料情况下，可参照有关同类型工业、企业的技术经济指标，也可参考表 3.3.4-3 部分工业单位产品用水量指标估算。

工业生产用水量指标 表 3.3.4-3

工业分类	用水性质	单位产品用水量（m^3/t）	
		国内资料	国外资料
水力发电	冷却、水力、锅炉	直流 140～470	160～800
		循环 7.6～33	1.7～17
洗煤	工艺、冲洗、水力	0.3～4	0.5～0.8
石油加工	冷却、锅炉、工艺、冲洗	1.6～93	1～120
钢铁	冷却、锅炉、工艺、冲洗	42～386	4.8～765
机械	冷却、锅炉、工艺、冲洗	1.5～107	10～185

工业分类	用水性质	单位产品用水量(m³/t)	
		国内资料	国外资料
硫酸	冷却、锅炉、工艺、冲洗	30～200	2.0～70
制碱	冷却、锅炉、工艺、冲洗	10～300	50～434
氮肥	冷却、锅炉、工艺、冲洗	35～1000	50～1200
塑料	冷却、锅炉、工艺、冲洗	14～4230	50～90
合成纤维	冷却、工艺、锅炉、冲洗、空调	36～7500	375～4000
制药	工艺、冷却、冲洗、空调、锅炉	140～40000	—
水泥	冷却、工艺	0.7～7	2.5～4.2
玻璃	冷却、锅炉、工艺、冲洗	12～320	0.45～68
木材	冷却、锅炉、工艺、水力	0.1～61	—
造纸	工艺、水力、锅炉、冲洗、冷却	1000～1760	11～500
棉纺织	空调、锅炉、工艺、冷却	7～44m³/km 布	28～50m³/km 布
印染	工艺、空调、冲洗、锅炉、冷却	15～75m³/hm 布	19～50m³/km 布
皮革	工艺、冲洗、冷却、锅炉	100～200	30～180
制糖	冲洗、冷却、工艺、水力	18～121	40～100
肉类加工	冲洗、工艺、冷却、锅炉	6～59	0.2～35
乳制品	冷却、锅炉、工艺、冲洗	35～239	9～200
罐头	原料、冷却、锅炉、工艺、冲洗	9～64	0.4～0.7
酒、饮料	原料、冷却、锅炉、工艺、冲洗	2.6～120	3.5～30

万元工业产值取水量是指工业企业在某段时间内，每生产一万元产值的产品所使用的生产新水量。

$$Q=WA \tag{3.3.4-3}$$

式中　Q——规划期工业用水量；

　　　W——规划期工业万元产值取水量；

　　　A——规划期工业总产值。

工业生产所需的总用水量为所取新水与重复利用水量之和。工业用水量重复利用率是指一定时间内（如年），生产过程中使用的重复利用水量与总用水量之比。科技进步和节水使水的重复利用率逐渐提高，而万元产值取水量不断减少。到了一定程度上再提高就比较困难，表 3.3.4-4 为各种工业用水重复利用率合理值。

各种工业用水重复利用率合理值　　　　表 3.3.4-4

行业	钢铁	有色金属	石油工业	一般化工	造纸	食品	纺织	印染	机械	火力发电
重复利用率(%)	90～98	80～95	85～95	80～90	60～70	40～60	60～80	30～50	50～60	90～95

（3）市政用水量

街道洒水、绿地浇水等市政用水量随城镇发展不断增加，应根据路面种类、绿化、气候、土质以及当地条件等实际情况和有关部门规定进行计算。通常街道洒水量取 1～

1.5L/(m^2·次)，洒水次数按气候条件以 2～3 次/d 计，浇洒绿地用水量通常采用 1～2L (m^2·d)。市政用水量也可按相关单位用地用水量指标测算。

（4）消防用水量

消防用水量是按城镇中同一时间发生的火灾次数及一次灭火的用水量确定。其用水量指标主要取决于城镇规模、建筑物耐火等级、火灾危险性类别等因素。消防用水量应参照《建筑设计防火规范》的有关规定执行（表 3.3.4-5、表 3.3.4-6）。

城镇、居住区室外消防用水量标准 表 3.3.4-5

人数（万人）	同一时间内的火灾次数（次）	一次灭火用水量（L/s）	人数（万人）	同一时间内的火灾次数（次）	一次灭火用水量（L/s）
≤1	1	10	≤50	3	75
≤2.5	1	15	≤60	3	85
≤5	2	25	≤70	3	90
≤10	2	35	≤80	3	95
≤20	2	45	≤90	3	95
≤30	2	55	≤100	3	100
≤40	2	65			

厂房、库房建筑物室外消防用水量 表 3.3.4-6

耐火等级	建筑物名称	一次灭火用水量(L/s) 建筑物体积(m^3)	<1500	1501～3000	3001～5000	5001～2000	2001～50000	>50000
一、二级	厂房	甲、乙	10	15	20	25	30	35
		丙	10	15	20	25	30	40
		丁、戊	10	10	10	15	15	20
	库房	甲、乙	15	15	25	25	—	—
		丙	15	15	25	25	35	45
		丁、戊	10	10	10	15	15	20
	民用建筑		10	15	15	20	25	30
三级	厂房或库房	乙、丙	15	20	30	40	45	—
		丁、戊	10	10	15	20	25	35
	民用建筑		10	15	20	25	30	—
四级	丁、戊类厂房或库房		10	15	20	25	—	—
	民用建筑		10	15	20	25	—	—

注：1. 消防用水量应按消防需水量最大的一座建筑物或防火墙间最大的一段计算。成组布置的建筑物应按消防需水量较大的相邻峡谷座计算。

2. 车站和码头的库房外消防用水量，应按相应耐火等级的丙类库房确定。

城市中的工业与民用建筑物，其室外消防用水量，应根据建筑物的耐火等级、火灾危险性类别和建筑物的体积等因素确定。

（5）未预见用水量估算

根据《室外给水设计规范》规定，城市未预见用水量及管网渗漏损失按最高用水量的15%～25%计算。

在进行城镇水资源供需平衡分析时，城镇给水工程统一供水部分所要求的水资源供水量为城镇最高日用水量除以日变化系数，再乘以供水天数。

城镇日变化系数 k_a 通常为 1.1～1.5、1.6～2.0 规划可取：特大城市 1.1～1.2，大城市 1.15～1.3，中小城市 1.2～1.5，小城镇 1.6～2.0。

自备水源供水的工业企业和公共设施的用水量应纳入城镇用水量中，在城镇给水工程中统一规划。

3.4 城镇排水量预测

3.4.1 污水量预测

污水量与用水量密切相关。通常根据用水量乘以污水排除率即可得污水量。规划阶段可用排放系数代替排除率计算。城镇污水量宜根据城镇综合用水量（平均日）乘以城镇污水排放系数确定。

上述城镇污水排放系数应根据城镇综合生活用水量和工业用水量之和和城镇供水总量的比例确定。城镇综合生活污水排放系数应根据其居住水平，给排水设施完善程度，第三产业比重等分析比较确定。工业废水排放系数应根据其工业结构、工业分类、生产设备和工艺水平、城镇排水设施普及率等分析比较。

当规划城市供水量、排水量统计分析资料缺乏时，城市分类污水排放系数可根据城市居住、公建设施和分类工业用地布局，结合以下因素，按表 3.4.1-1 的规定确定：

城市分类污水排放系数 表 3.4.1-1

城市污水分类	污水排放系数	城市污水分类	污水排放系数
城市污水	0.70～0.80	城市工业废水	0.70～0.90
城市综合生活污水	0.80～0.90		

注：城市工业废水排放系数不含石油、天然气开采业和煤炭与其他矿采选业以及电力蒸汽热水产供业废水排放系数，其数据应按厂、矿区的气候、水文地质条件和废水利用、排放方式确定。

在城市总体规划阶段城市不同性质用地污水量也可按照《城市给水工程规划规范》中不同性质用地用水量乘以相应的分类污水排放系数确定。

小城镇可同时结合表 3.4.1-2 考虑。

小城镇污水排除率 表 3.4.1-2

污水性质		排除率
小城镇污水		0.70～0.80
小城镇综合生活污水		0.75～0.90
工业废水	一类工业	0.80～0.90
	二类工业	0.80～0.90
	三类工业	0.70～0.95

注：① 排水系统完善的地区取大值，一般地区取小值。
　　② 工业分类按《城市用地分类与规划建设用地标准》GB 50137—2011 中对工业用地的分类。

简单考虑污水排放系数特大或大型城市按 0.9，中小城市按 0.8 计算。

城市生活污水量也像城市生活用水量一样，也逐年、逐月、逐日、逐时变化。在一年之内，冬季和夏季不同；一日之中，白天和夜晚不一样；每个小时也有变化，即使在一小时内污水量也是不均匀的。这种变化常给污水管道规划设计带来诸多不便。在城市污水管道规划设计中，通常都是假定在一小时内污水流量是均匀的。因为管道有一定容量，这样假定不至于影响运转。但对这种变化的幅度应给予计算，以保证管网的正常运行。污水量的变化情况通常用变化系数表示。变化系数有日变化系数、时变化系数和总变化系数。在数值上，总变化系数等于日变化系数与时变化系数的乘积。污水量变化系数随污水流量的大小而不同。污水流量愈大，其变化幅度愈小，变化系数亦较小；反之则变化系数较大。生活污水量总变化系数可按表 3.4.1-3 采用。当污水平均日流量为表中所列污水平均日流量中间数值时，其总变化系数可用内插法求得。

生活污水量总变化系数　　　　　　　　表 3.4.1-3

污水平均日流量(L/s)	≤5	15	40	70	100	200	500	≥1000
日变化系数	2.3	2.0	1.8	1.7	1.6	1.5	1.4	1.3

3.4.2　雨水量计算

城填雨水量计算应与小城镇防洪、排涝系统规划相协调，宜按当地城市或地理环境、气候相似的城市或邻近城市的标准，按降雨强度公式计算确定。

（1）雨水流量公式

雨水设计流量按下式计算：

$$Q = \psi q F = 167 i \psi F \tag{3.4.2-1}$$

式中　Q——雨水量（L/s）；

$\quad\quad q$——暴雨强度[L/(s·ha)]；

$\quad\quad \psi$——径流系数，其数值小于1；

$\quad\quad F$——汇水面积（ha）；

$\quad\quad i$——降雨量（mm/min）。

雨水设计流量公式是根据一定假设条件，由雨水径流成因加以推导而得出的，是半经验半理论的公式，通常称为推理公式。当有生产废水排入雨水管道时，应将其水量计算在内。

（2）雨量设计参数

1）降雨量

降雨量是指降雨的绝对深度。用 H 表示，单位以 mm 计。也可用单位面积上降雨体积（L/ha）表示某场雨的降雨量是指这场雨降落在不透水平面上的深度，可以用雨量计测定。

2）降雨历时

降雨历时是指连续降雨的时段，可以指一场雨全部降雨的时间，也可以指其中个别的连续时段。用 t 表示，单位以 min 或 h 计，从自计雨量记录纸上读得。

3）暴雨强度

暴雨强度是指某一连续降雨时段内的平均降雨量，即：

$$i = \frac{H}{t} \text{（mm/min）} \tag{3.4.2-2}$$

暴雨强度是描述暴雨特征的重要指标，也是决定雨水设计流量的主要因素。

4）降雨面积和汇水面积

降雨面积是指降雨所笼罩的面积，汇水面积是指雨水管渠汇集雨水的面积。用 F 表示，单位以公顷 ha 或 km^2 计。

5）暴雨强度的频率和重现期

暴雨强度的频率是指等于或超过某指定暴雨强度值出现的次数与观测资料总项之比。其中有经验频率和理论频率之分，在水文统计中，常采用以下公式计算经验频率。

$$P_n = \frac{m}{n+1} 100\% \qquad (3.4.2-3)$$

式中　m——出现的次数（序号）；

　　　n——资料的总项数。

暴雨强度重现期是指等于或超过它的暴雨强度值出现一次的平均间隔时间，单位以年 a 表示。在水文统计中，常采用以下公式计算重现期。

$$T = \frac{N+1}{m} \qquad (3.4.2-4)$$

式中　N——统计资料的年数。

（3）暴雨强度公式

暴雨强度公式是在各地的自计雨量记录分析整理的基础上，按一定的方法推求出来的。暴雨强度公式是暴雨强度—降雨历时—重现期 P 三者间关系的数学表达式，是设计雨水管渠的依据。我国常用的暴雨强度公式形式为：

$$q = \frac{167 A_1 (1 + c \lg P)}{(t+b)^n} \qquad (3.4.2-5)$$

式中　　　q——设计暴雨强度 $[L/(s \cdot ha)]$；

　　　　　P——设计重现期（a）；

　　　　　t——降雨历时（min）；

A_1，c，b，n——地方参数，根据统计方法进行确定。

由于我国小城镇尚无暴雨强度公式，小城镇相关规划中选用附近地区的暴雨强度公式。或在当地气象部门收集自计雨量记录（一般不少于 10 年），确定计算地方参数及当地的暴雨强度公式。

（4）径流系数 ψ

径流量与降雨量的比值称为径流系数 ψ，其值常小于 1。径流系数的值因汇水面积的覆盖情况、地面坡度、地貌、建筑密度的分布、路面铺砌等情况的不同而异。由于影响因素很多，要精确地求出其值很困难，目前在雨水管渠设计中，径流系数提出采用按地面覆盖种类确定的经验值（见表 3.4.2-1）。

径流系数 ψ 值　　　　　　　　　　　　　　　　　　　表 3.4.2-1

地面种类	ψ 值
各种屋面、混凝土和沥青路面	0.85～0.95
大块石铺砌路面和沥青表面处理的碎石路面	0.55～0.65
级配碎石路面	0.40～0.50

地面种类	ϕ值
干砌砖石和碎石路面	0.35~0.40
非铺砌土路面	0.25~0.35
公园和绿地	0.10~0.20

注：引自《室外排水设计规范》（CB 50014—2006）（2011版）

通常汇水面积是由各种性质的地面覆盖组成，随着它们占有的面积比例变化，径流系数ϕ值也各异，所以，整个汇水面积上的平均径流系数ϕ值是按各类地面面积用加权平均法计算而得到的。

在设计中也可以采用区域综合径流系数，综合径流系数按表3.4.2-2规定取值。

综合径流系数 表3.4.2-2

区域情况	综合径流系数
城镇建筑密集区	0.60~0.70
城镇建筑较密集区	0.45~0.60
城镇建筑稀疏区	0.20~0.45

（5）设计重现期P

降雨重现期是指等于或大于该值的暴雨强度可能出现一次的平均间隔时间，一般以年为单位。设计重现期如表3.4.2-3。

雨水管渠的设计重现期的选用，应根据汇水地区建设性质（广场、干道、厂区、居住区）、地形特点、汇水面积和气象特点等因素确定。一般选用0.5~3年。对于重要的干道、重要地区或短期积水即能引起较严重损失的地区，宜采用较高的设计重现期，一般选用2~5年，并应和道路设计相协调，表列有降雨重现期的取值要求，可供规划时参考。对于特别重要的地区可酌情增加，而且在同一雨水排水系统中也可采用同一设计重现期或不同的设计重现期。

设计重现期（年） 表3.4.2-3

地形		地区使用重要性		
地形分级	地面坡度	一般居住区 一般道路	中心区、使馆区、工厂区、 仓库区、干道、广场	特殊重要地区
有两向地面排水出路的平缓地形	<0.002	0.333~0.5	0.5~1	1~2
有一向地面排水出路的谷线	0.002~0.01	0.5~1	1~2	2~3
无地面排水出路的封闭洼地	>0.01	1~2	2~3	3~5

注："地形分级"与"地面坡度"是地形条件的两种分类标准，符合其中的一种情况，即可按表选用。两种不同情况同时占有，则宜选表内数据的高值。

（6）集水时间t

$$t = t_1 + mt_2$$

$$t_2 = \frac{L}{60v}(\min)$$

式中 m——折减系数，我国《室外排水设计规范》建议折减系数的采用为：暗管$m=2$，

明渠 $m=1.2$，陡坡地区暗管 $m=1.2\sim2$；

t_1——地面集水时间（min）；

t_2——雨水在管渠内的流行时间（min）；

L——各管段的长度（m）；

v——各管段满流时的水流速度（m/s）；

60——单位换算系数，1min=60s。

《室外排水设计规范》GB 50014 规定：地面集水时间 t_1 视距离长短及地形坡度及地面覆盖情况而定，一般采用 $t_1=5\sim15$min。按照经验，一般在建筑密度较大、地形较陡、雨水口分布较密的地区和街区内设置的雨水暗管，宜采用较小的地面集水时间，$t_1=5\sim8$min 左右。一般在建筑密度较平坦、雨水口分布较稀疏的地区和街区内设置的雨水暗管，宜采用较大值，一般可取 $t_1=10\sim15$min 左右。

3.5 电力负荷预测

城镇总体规划的宏观电力负荷预测可按产业用电和市政生活用电负荷分类预测。通常对于第一、第二产业采用外推法和弹性系数法等数学分析方法预测；对第三产业和市政生活用电采用综合指标法和年增长率法预测。

3.5.1 增长率法

增长率法是根据事物发展的相关因素和事物本身发展规律的分析，求取或确定事物发展的宏观增长率、进行预测的宏观预测方法。这种预测方法适用于城镇总体规划阶段的电力负荷预测，包括适用于市、县域城镇体系规划中的市、县域电力负荷预测。

增长率法中的增长率一般通过"弹性系数"或"平均增长率"来计算。因此，通常又分为弹性系数预测方法和平均增长率预测方法两种预测。

在城镇总体规划中，电力负荷预测一般把市、县域和城镇电力负荷分为第一产业、第二产业负荷和第三产业及市政、生活用电负荷三大部分预测。

3.5.1.1 电力弹性系数法预测

相关关系的事物之间，在其一定的发展阶段中，经常有一定的比例的发展平衡关系。

在经济预测中，简单地说，弹性系数是用来表示预测对象（因变量）的变化率与某一相关因素（自变量）的变化率的比例关系。

设 k_y、k_x 分别表示因变量与自变量的变化率，E 为弹性系数，则 $E=\dfrac{k_y}{k_x}$。

E 可为任意实数，$E>0$ 表示因变量与自变量的增大或减少的变化趋势相同，$E<0$ 则表示其趋势不相同；$|E|>1$ 表示因变量的变化率大于自变量的变化率，$|E|<1$ 则表示因变量的变化率小于自变量的变化率。

电力弹性系数法主要用于第一、二产业负荷预测。其电力弹性系数是地区总用电量的平均年增长率之比。其值可根据市、县域或城镇的工业结构、用电性质、各类用电比重和发展趋势进行分析后，按下式确定：

$$弹性系数\ e=1+\frac{(1+d)\delta}{d} \tag{3.5.1-1}$$

式中 d——工农业总产值的年平均增长率；

δ——产值用电单耗的年平均变化率。

电力超前经济发展，一般在非饱和阶段 $e>1$，到增长趋向饱和阶段，$e<1$。在预测中应注意：

1）e 值应考虑不同规划期相关的发展目标和不同发展趋势，分期（近期、中期、远期）或分规划期若干年段计算和选取；

2）在缺乏统计数据的情况下，宜采用定性分析和定量比较相结合的方法，取定 e 值应作较详细的相关分析与类似比较，特别注意分析近年的增长规律和发展趋势，不同城镇的不同需求特点和在所处电力网发展中的不同特性阶段；

3）在有较多的历史统计数据时，宜分析采用时序数学模型求出电力需求变化率，再求出其与相关因素工农业总产值变化率的比值（即 e 值）。

表 3.5.1-1 为我国与一些发达国家电力弹性系数的历史值比较。

我国与一些国家历史 e 值比较

表 3.5.1-1

国家 ＼ 历史年份	1951～1960 年	1961～1970 年	1971～1980 年
美国	2.23	1.87	1.26
苏联	1.26	1.36	1.16
西德	1.25	1.58	1.51
法国	1.77	1.21	1.59
日本	1.57	1.13	1.01
中国	2.24	1.66	1.22

城镇第一、二产业用电量预测值可用下式计算：

$$A_{(m+n)}=A_m(1+d)^n \cdot \delta \tag{3.5.1-2}$$

式中 $A_{(m+n)}$——预测年份用电量；

A_m——预测基准年份用电量；

d——工农业生产总值年增长率；

δ——电量弹性系数；

n——预测年限。

对于城镇第三产业和生活用电，可用综合用电水平法预测，即根据规划期人口数 N 及每人的平均用电量（或用电负荷）A_N 来推算城镇或市、县域规划范围的第三产业和市政生活用电量（或用电负荷）A，即

$$A=A_N \cdot N \tag{3.5.1-3}$$

A_N 值可对城镇第三产业及生活用电的大量分项统计结果进行纵向（历年）和横向（各项比例）的分析对比、综合计算后取得，或直接调查分析比较类似城镇的第三产业和生活用电水平的预测值选取。

上式计算应注意中、远期特别是远期 A_N 值的递增变化。由于远期城镇经济社会发展、人民生活水平会有较大幅度地提高，第三产业及生活用电的比重将有较大变化，A_N 递增率变化会较大。远期 A_N 值宜以与其相关的因素（如人口、第三产业比例、市政建设

水平、人均收入、居住面积等）作自变量，A_N 作因变量，用回归分析建立数学预测模型的方法预测；也可参考国外同类 A_N 递变的情况，充分考虑 A_N 远期递增率变化的相关因素，采用外推法推测。

表 3.5.1-2 是基于中国城市规划设计研究院完成的我国二次能源预测研究，提出的城市第三产业及生活用电参考指标。

我国第三产业及生活用电规划推荐指标（不含市辖市、县）　　　表 3.5.1-2

指标分级	城市用电水平分级	人均用电量[kWh/(人·年)]
用 电 指 标		
I	较高用电水平城市	1300～801
II	中上用电水平城市	800～401
III	中等用电水平城市	400～201
IV	较低用电水平城市	200～80
2010～2015 年规划用电指标		
I	较高用电水平城市	3000～2701
II	中上用电水平城市	2700～1301
III	中等用电水平城市	1300～801
IV	较低用电水平城市	800～500

小城镇电力工程总体规划当采用上述预测方法预测时，应结合小城镇的地理位置、经济社会发展与城镇建设水平、人口规模、居民经济收入、生活水平、能源消费构成、气候条件、生活习惯、节能措施等因素，综合分析比较，以现状用电水平为基础，对照表 3.5.1-3 的指标幅值范围选定。

小城镇规划第三产业及生活用电指标 [kWh/（人·a）]　　　表 3.5.1-3

	经济发达地区			经济发展一般地区			经济欠发达地区		
	小城镇规模分级								
	一	二	三	一	二	三	一	二	三
近期	560～630	510～580	430～510	440～520	420～480	340～420	360～440	310～360	230～310
远期	1960～2200	1790～2060	1510～1790	1650～1880	1530～1740	1250～1530	1400～1720	1230～1400	910～1230

3.5.1.2　平均增长率法预测

平均增长率预测法是在统计分析近年用电量平均增长率的基础上，采用相关综合分析，分阶段确定用电量的宏观增长率，再计算预测规划期用电量的一种方法。

城镇电力平均增长率法预测可以根据城镇规划期不同的发展阶段，分阶段确定相应年递增率，其用电量（用电负荷）可以按下式计算：

$$A_n = A(1+F)^n \qquad\qquad (3.5.1-4)$$

式中　A——规划区某年实际用电量；

　　　A_n——规划区框算到 n 年的用电量；

　　　F——年平均递增率；

　　　n——计算年数。

平均增长率法适用于各种用电规划资料暂缺的情况下，对远期综合用电负荷的匡算。

3.5.2 相关分析回归法

相关分析回归预测是根据相关的经济理论和历史数据，在分析肯定现象间存在着相关关系的前提下，通过回归分析，配合回归趋势线，建立数学模型。进行预测的方法。

相关分析回归预测通过相关分析确定现象之间相关关系及相关程度；通过回归分析，把散布的数据拟合回归线，建立回归方程数学模型。

研究以一种现象为自变量的相关分析回归法，为一元相关回归法，研究以两种或两种以上现象为自变量的相关分析回归法，为二元或多元相关回归法，并有线性与非线性之分。

相关分析回归法预测可作为城镇和市、县域用电量（用电负荷）的宏观预测方法，酌情选择采用。以下着重介绍相关预测的理论。

3.5.2.1 一元线性相关回归预测

一元线性相关回归是单因素相关回归。一般形式为：

$$Y = a + bX \tag{3.5.2-1}$$

式中，Y 为预测对象，随机变量，X 是影响它的主要因素，随机变量，a 和 b 为方程参数。

同时间序列线性回归方程，方程参数也可以利用最小二乘法加以估算，先建立方程组：

$$\begin{cases} \sum Y_i = na + b\sum X \\ \sum XY_i = a\sum X + b\sum X^2 \end{cases}$$

再按以下公式求出 a 和 b：

$$a = \overline{Y} - b\overline{X}$$

$$b = \frac{\sum XY_i - \overline{Y}\sum X}{\sum X^2 - \overline{X}\sum X}$$

值得注意：

1）在建立回归分析数学模型之前，必须通过相关经济理论分析，也可观察数据散点图，把影响电信需求因变量的自变量搞清楚。

2）估计参数以后，还要对线性关系进行检验。检验方法有误差检验、相关性检验和显著性检验。但在相关分析和回归分析中用得最多的、最主要的是相关性检验。

相关性检验是采用相关系数 r 进行检验的。相关系数 r 是检验自变量 X 对因变量 Y 的相关性和判别两者相关程度的指标，同时，它也可以用来说明建立的回归数学模型的应用价值。

相关系数 r 的计算公式：

$$r = \frac{\sum (X_i - \overline{X})(Y_i - \overline{Y})}{\sqrt{\sum (X_i - \overline{X})^2 (Y_i - \overline{Y})^2}}$$

$$\overline{X} = \frac{1}{n}\sum X_i$$

$$\overline{Y} = \frac{1}{n}\sum Y_i$$

$$-1 \leqslant r \leqslant 1$$

式中　n——观察数据点数；X_i、Y_i 分别为相关因素和预测对象的观察值；X、Y 分别为相关因素和预测对象观察值的平均值；$r > 0$ 表示正相关，即 Y 随 X 增加而增加；$r < 0$ 表示负相关，也即 Y 随 X 增加而减少。$|r|$ 越趋近于 1，相关性越好。

3.5.2.2　多元线性相关回归预测

多元线性相关回归方程的一般表示式：

$$Y = a + b_1 X_1 + b_2 X_2 + \cdots\cdots + b_m X_m \tag{3.5.2-2}$$

式中　Y 为预测对象（因变量），X_1、$X_2 \cdots\cdots$，X_m 均为影响因素（自变量），b_1，b_2，$\cdots\cdots$，b_m 为方程参数。

在一般预测中，自变量选取首先要根据相关分析抓住主要因素，选取过多，方程很复杂，而且误差链增大，影响预测的精确度。

当 $m = 2$ 时，即为二元线性相关回归方程表示式：

$$Y = a + b_1 X_1 + b_2 X_2 \tag{3.5.2-3}$$

式中，参数 a_1、b_1 和 b_2 的确定，仍可用最小二乘法进行估算。通过对观察数据点 Y_i 分回归理论推算值 Y 之间的误差的平方和：

$$S = (Y_i - Y)^2 = \sum (Y_i - a - b_1 X_1 - b_2 X_2)^2$$

分别对各参数求偏导数，并令

$$\begin{cases} \dfrac{\partial s}{\partial a} = 0 \\[2mm] \dfrac{\partial s}{\partial b_1} = 0 \\[2mm] \dfrac{\partial s}{\partial b_2} = 0 \end{cases}$$

则得计算参程的联立方程：

$$\begin{cases} na + b_1 \sum X_1 + b_2 \sum X_2 = \sum Y_i \\ a \sum X_1 + b_1 \sum X_1^2 + b_2 \sum X_1 X_2 = \sum X_1 Y_i \\ a \sum X_2 + b_1 \sum X_1 X_2 + b_2 \sum X_2^2 = \sum X_2 Y_i \end{cases}$$

式中　n——观察数据点数。解方程组即可求出 a_1、b_1 和 b_2 三个参数。

在多元线性相关分析中，用偏相关系数检验因变量 Y 与各变量 X_1、$X_2 \cdots\cdots$，X_m 之间的线性相关程度。

在计算偏相关系数中，要先计算单相关系数，单相关系数是两个变量（一个因变量和一个自变量）在拟合一元线性回归方程中求得的相关系数。

二元线性相关分析偏相关系数的计算公式为：

$$r_{YX_1,X_2} = \frac{r_{YX_1} - r_{YX_2} \cdot r_{X_1 X_2}}{\sqrt{1 - r_{YX_2}^2} \cdot \sqrt{1 - r_{X_1 X_2}^2}}$$

$$r_{YX_2,X_1} = \frac{r_{YX_2} - r_{YX_1} \cdot r_{X_1X_2}}{\sqrt{1-r_{YX_1}^2} \cdot \sqrt{1-r_{X_1X_2}^2}}$$

式中，r_{YX_1,X_2}，r_{YX_2,X_1} 分别为 X_1 和 X_2 对 Y 的偏相关系数；r_{YX_1}，r_{YX_2}，$r_{X_1X_2}$ 分别为 X_1 与 Y，X_2 与 Y 以及 X_1 与 X_2 之间的相关系数，并且：

$$r_{YX_1} = \frac{\sum(Y_i-\overline{Y})(X_1-\overline{X}_1)}{\sqrt{\sum(Y_i-\overline{Y})^2 \cdot \sum(X_1-\overline{X}_1)^2}}$$

$$r_{YX_2} = \frac{\sum(Y_i-\overline{Y})(X_2-\overline{X}_2)}{\sqrt{\sum(Y_i-\overline{Y})^2 \cdot \sum(X_2-\overline{X}_2)^2}}$$

$$r_{X_1X_2} = \frac{\sum(X_i-XY)(X_2-\overline{X}_2)}{\sqrt{\sum(X_i-\overline{X}_1)^2 \cdot \sum(X_2-\overline{X}_2)^2}}$$

一般可认为：偏相关系数大于等于 0.7 为优度相关，大于等于 0.3 而小于等于 0.7 为中度相关，小于 0.3 为低度相关，根据偏相关系数，略去低相关的因素，以抓准主要相关因素和达到简化方程的目的。

3.5.2.3 一元非线性相关回归预测

一元非线性相关回归预测是建立回归数学模型的基本方法，大多与时间序列预测建立非线性数学模型的方法相似，可以参阅预测相关专著。其中常用的指数相关回归和幂函数相关回归也可通过两边取对数变为线性关系。

一般情况下，用数学回归方法预测，若能采用较多统计数据的分析计算，则更能真正地反映变量的变化规律。

3.5.3 用地分类综合用电指标法

用地分类综合用电指标法是编者结合《城市用地分类与规划建设用地标准》和城市规划实际，在大量调查和规划设计实践总结、资料分析的基础上，按城市规划用地和用电性质的统一分类，编制分类用地综合用电技术指标，1991 年提出，2013 年又在 GB 50173—2001 新标准调整的预测方法。这种预测方法的建筑面积负荷指标特别适合城镇新区用电负荷预测和详细规划用电负荷预测，也适用于市政设计的相关预测；而用地面积负荷指标也适用于总体规划阶段用电负荷预测的相互校核。二十多年来在城市规划部门和专业规划设计部门得到广泛应用。

这种预测方法是按城镇用地和用电性质的统一分类、用地性质和用地开发强度，逐块预测各用地地块负荷，再求出规划范围用电总负荷 P_Σ：

$$P_\Sigma = K_T \sum_{i=1}^{n} P_i \tag{3.5.3}$$

式中　P_i——i 地块的预测用电负荷；

　　　K_T——各地块用电负荷的同时系数；

　　　n——规划范围用地地块数。

在新区规划中，可将用地地块的一般用户负荷和大用户负荷分别预测，一般负荷作为均布负荷，大用户作为点负荷。

均布负荷可采用综合用电指标法预测，可根据分类的单位建筑面积综合用电指标和用地地块建筑面积或分类的负荷密度指标和地块用地面积推算出分块用地负荷。

分类的单位建筑面积综合用电指标或分类负荷密度，可通过综合分析典型规划建设和建筑设计的有关用电负荷资料，或实际调查分析类似建成区的分类用电负荷得出。

表3.5.3为城镇规划分类综合用电指标。

城镇规划分类综合用电指标

表 3.5.3

序号	用地分类及其代号		用电性质	综合用电指标	备 注
1	居住用地 R	一类居住用地 R₁	高级别墅	15～18W/m²	按每户400m²，有空调、电视、烘干洗衣机、电热水器、电灶等家庭电气化、现代化考虑
			别墅	15～20W/m²	按每户250m²，有空调、电视、烘干洗衣机、电热水器、无电灶考虑
		二、三类居住用地 R₂、R₃	多层	12～18W/m²	按平均每户76～85m² 小康电器用电考虑
			中高层	14～20W/m²	按平均每户76～85m² 小康电器用电考虑
2	公共管理与公共服务设施用地 A	行政办公用地 A₁		15～28W/m²	行政、党派和团体等机构用地
		文化设施用地 A₂		20～35W/m²	新闻出版、文艺团体、广播电视、图书展览、游乐业设施用地
		教育科研用地 A₃		15～25W/m²	高校、中专、科研和勘测设计机构用地
		体育用地 A₄		14～30W/m²	体育场馆和体育训练基地
		医疗卫生用地 A₅		18～25W/m²	医疗、保健、卫生、防疫、康复和急救设施等用地
		文物古迹用地 A₇		15～18W/m²	
		社会福利用地 A₆ 与宗教用地 A₉		8～10W/m²	宗教活动场所、社会福利院等
3	商业服务业设施用地 B	商业用地 B₁		18～32W/m²	零售、批发、餐饮、旅馆、宾馆
		商务用地 B₂		36～44W/m²	金融保险、艺术传媒及其他商务
		娱乐用地 B₃₁		15～25W/m²	
		公用设施营业网点用地 B₄		20～35W/m²	
		其他服务设施用地 B₅		8～15W/m²	
4	工业用地 M	一类工业用地 M₁		20～25W/m²	无干扰、污染的工业，如高科技电子工业、缝纫工业、工艺品制造工业
		二类工业用地 M₂		30～42W/m²	有一定干扰、污染的工业，如食品、医药、纺织等工业
		三类工业用地 M₃		45～56W/m²	指部分中型机械、电器工业企业
5	物流仓储用地 W	一类、二类、三类物流仓储用地		1.5～10W/m²	
6	道路与交通设施用地	交通枢纽用地 S₃	铁路、公路站、公交枢纽	10～25W/m²	
			港口	(1)100～500kW；(2)500～2000kW；(3)2000～5000kW	(1)年吞吐量10万～50万 t港口；(2)吞吐量50万～100万 t港口；(3)吞吐量100万～500万 t港口。不同港口用电量差别很大，实用中宜作点负荷，调查比较确定
		交通场站 S₄		1.5～10W/m²	

序号	用地分类及其代号 用电性质		综合用电指标	备注
7	道路广场用地 S	道路用地 S_1 广场用地 S_4	17～20kW/km²	kW/km² 系规划范围考虑的该类用电负荷密度
	公用设施用地 U	供应设施用地 U_1	830～850kW/km²	kW/m² 系规划范围考虑的该类用地负荷密度
		环境设施用地 U_2	3～10W/m²	
		消防用地 U_{31}	8～15W/m²	

注：1. 上表中综合用电指标除在备注中注明为规划范围该类用电负荷密度者等外，均为单位建筑面积的用电指标，上述指标考虑了同类负荷的同时率。

2. R_1、R_2 中有服务设施用地，应按相应的用电指标考虑。

3. 地区与城镇建设的相关指标差别，应在具体分析基础上适宜调整。

电负荷的预测可依据项目建设规划相关资料，也可采用单耗法预测，即根据产品（或产值）的用电单耗和产品数量（产值）推算出企业大用户的全年用电量，并把电量推算为电力负荷。

3.5.4 负荷密度法

负荷密度法可作为一种简便的辅助预测方法用于城镇总体规划的用电负荷估测和用电负荷预测检验。

城镇总体规划，当采用负荷密度法进行负荷预测时，其住宅、公共设施、工业三大类建设用地的规划单位建设用地负荷指标的选取，宜根据其具体构成分类及负荷特征，结合现状水平和城镇的实际情况，比较分析按表 3.5.4 选定。

规划单位建设用地负荷指标　　　　　　　　　　　表 3.5.4

城市建设用地用电类别	单位建设用地负荷指标(kW/ha)	城市建设用地用电类别	单位建设用地负荷指标(kW/ha)
居住用地用电	100～400	工业用地用电	200～800
公共设施用地用电	300～1200		

表 3.5.4 三大类建设用地以外的其他各类城镇建设用地的规划单位建设用地负荷指标的选取可根据所在城镇的具体情况调查分析比较确定。

3.6 电信用户预测

3.6.1 增长率法

3.6.1.1 弹性系数法

3.5.1 节介绍了电力负荷的弹性系数法和平均增长率法预测，电信需求的上述方法预测也有某些共同之处。

由于电信需求增长与工农业生产总值、国民生产总值、国民收入增长的密切相关关系，在电信弹性系数法预测中，常选后者为自变量，并且根据通信作为城镇主要基础设施超前于城镇国民经济发展的一般规律，一般 $E>1$，在大发展阶段以 1.3～2.0 为宜，到趋向饱和阶段，$E<1$。在应用中应注意：

1）E 值应考虑不同规划期的发展目标和不同时期的相关发展趋势，分期或分年限计算和选取；

2）在缺乏统计数据的情况下，采用定性分析与定量比较结合的方法，取定 E 值应作较详细的相关分析与类似比较，特别注意分析近年的增长规律和发展趋势、不同城镇的需求特点和所处电信网路发展中的不同特性阶段。

3）在有较多历年统计数据时，宜分析采用时序数学模型求出 K 值（其中 K_x 值也可利用城镇社会经济发展规划的预测计算数据），再求出 E 值。

表 3.6.1 为日本与韩国、中国台湾、中国香港、新加坡的电信历史 E 值比较。

日本与韩国、中国台湾、香港、新加坡电信历史 E 值比较　　　　表 3.6.1

国家和地区	时期	弹性系数 E
日本	1959～1975 年	1.81
韩国	1949～1960 年	1.69
中国台湾	1958～1984 年	2.10
中国香港	1958～1978 年	2.32
新加坡	1968～1984 年	1.64

3.6.1.2　平均增长率法预测

平均增长率预测法是在统计分析近年市话平均增长率的基础上，采用相关综合分析，包括专家讨论等方式，分阶段确定市话用户的宏观增长率，再计算用户需求的一种方法。

确定市话用户的阶段平均增长率后，用户需求可采用下式计算：

$$Y = M(1+a)^t \tag{3.6.1}$$

式中　Y——阶段末用户数；

M——基础年用户数；

a——该阶段平均增长率；

t——该阶段的年数。

3.6.2　普及率和分类普及率预测方法

普及率和分类普及率预测方法是采用电话普及率和分类普及率进行电话需求预测的一种常用预测方法。一般情况，普及率法用于宏观预测；分类普及率法除用于宏观预测外，也可用于微观预测和小区预测；普及率和分类普及率可结合用于总体宏观预测。

3.6.2.1　普及率法预测

CCITT 提出，电话需求预测应采用普及率法并采用两个普及率进行测算：

1）对住宅用户，应用"线数/家庭"测算需求；

2）对专业用户（包括各种公务电话、工厂、商业用电话），应用"线数/雇员"测算

表 3.6.2-1 为中国香港 1984～1992 年电话普及率及其构成。

中国香港 1984～1992 年电话普及率及其构成　　　　表 3.6.2-1

年份(年)	人口(万)	局号普及率(%)	主机线数(万线)	专业电话普及率(%)	专业电话所占比例(%)	住房数(万户)	住宅电话普及率(%)	住宅电话所占比例(%)
1984	537	29.3	157.34	7.3	25	119.3	22	75
1985	542	30.7	166.23	7.8	25.5	123.2	22.8	74.5
1986	546	32.3	176.36	8.45	26.3	130	23.8	73.7
1987	553	33.9	187.47	9.2	27.4	134.9	24.6	72.6
1988	561	36.0	201.96	10.5	29.2	143.9	25.6	70.8
1989	574	38.2	219.27	12	31.4	151	26.2	68.6
1990	582	40.3	234.55	13.2	32.8	157.3	27.1	66.2
1991	580	42.7	247.66	14.4	33.7	165.7	28.3	66.2
1992	576	45.9	264.38	16	35.1	192	29.8	64.9

实例表 3.6.2-2 为普及率法宏观预测某市域中心城区、镇区的电话需求及设备量。

普及率法宏观预测电话需求和设备容量　　　　表 3.6.2-2

预测年(基础年或基础年后)	主机线普及率		主机线数(万线)			实装率(%)	实装(万门)	全市人口(万人)	全市主机线普及率(%)
	中心城区	镇区	中心城区	镇区	合计				
基础年	24.0	11	9.7	10.2	19.9	75	26.6	132.7	15.0
5 年	37.2	20	20.49	21.77	42.26	80	52.9	163.9	25.8
10 年	54.1	33	37.9	43.64	81.52	85	95.9	202.3	40.3
15 年	69.5	45	62.52	72.0	134.52	85	158.3	250	53.8

3.6.2.2 分类普及率法预测

分类普及率预测法是按分类的普及率进行预测的方法，在绝大多数场合较普及率法预测更切合实际。

分类普及率法先预测规划期内的家庭数（户数）和职员数，再按大量统计、分析和比较得到的线数/家庭和线数/职员的普及率指标，分别测算住宅用户和专业用户，上述两项之和即为预测的电话需求总数。

分类普及率法预测，相关的指标主要有：

居住区人口毛密度或人口净密度；

住宅电话普及率；

各类公务电话普及率；

公用电话普及率。

1）居住（小）区人口毛密度或人口净密度

人口毛密度：每公顷居住区用地上容纳的规划人口数量（人/公顷）。

人口净密度：每公顷住宅用地上容纳的规划人口数量（人/公顷）。

居住（小）区人口毛密度或人口净密度用于测算家庭户数。根据居住（小）区用地住宅用地或规划的居住（小）区用地、住宅用地和人口毛密度或住宅用地人口净密度，即可求得居住人口、户数或规划的人口、居住户数。

2）住宅电话普及率

住宅电话用户包括其现有户、待装户和潜在待装户。住宅电话普及率建立在住宅电话宏观预测的基础上，一般是用时间序列法做近期回归预测，用相关法（主要与城市人均收入、国民收入相关）及类比法（与类似小城镇比较）预测中、远期发展。

3）公务电话中各类用户普及率

根据我国情况，我国的市话部门按国家机关、制造业、建筑业、科学文化、文体、工生、农林牧、第三产业分类统计公务电话数据。这些分类用户的普及率在典型调查，分析研究其增长规律的基础上确定，也可采用前述住宅电话普及率的办法确定。

表 3.6.2-3 为某市公务电话分类普及率指标，可作为小城镇公务电话普及率指标制定典型调查和用户分类方法的适当参考。

某市公务电话分类普及率指标　　　　　　　　表 3.6.2-3

主机线数/百人　　年份 用户分类	1990 年	1995 年	2000 年	2020 年
国家机关	16	24	30～32	55～60
制造业、建筑业	10	15	20～22	28～32
科学文化、文体、卫生	7	14	22～25	32～35
农、林、牧	6	10	14～18	25～27
第三产业	8	15	25～30	45～50

4）公用电话普及率

公用电话一般是设在城镇道路旁，居民（小）区及各营业点、代办点的公用通话设备，包括投币电话和磁卡电话。公用电话占的用户比例很小，但它体现一个城镇电话的服务水平及其方便程度，公用电话普及率的确定基于相关服务水平的预测，也采用类比法确定。

3.7 燃气用量预测计算

3.7.1 用气量指标

用气量指标又称为耗气定额，是进行城镇燃气规划、设计，估算燃气用气量的主要依据。因为各类燃气的热值不同，所以，常用热量指标来表示用气量指标。

（1）居民生活用气量指标

居民生活用气量指标是指城镇居民每人每年平均燃气用量。

1）影响居民生活用气量的因素。影响居民生活用户耗气定额的因素主要有：住宅内用气设备情况，公共生活服务网的发展程度，居民的生活水平和生活习惯，居民每户平均人口数，地区的气象条件，燃气价格等。

2）居民生活耗气量指标。对于已有燃气供应的城市，居民炊事及生活热水耗气量指标，通常是根据实际统计资料，经过分析和计算得出；当缺乏用气量的实际统计资料时，可根据当地的实际燃料消耗量、生活习惯、气候条件等具体情况，参照相似城市用气定额确定。表3.7.1-1是我国部分城市和地区耗气量指标。

我国部分城市和地区耗气量指标 [MJ/(人·年)、1.0×10⁴kcal/(人·年)]

表 3.7.1-1

城镇地区	有集中供暖的用户	无集中供暖的用户
东北地区	2303～2712(55～65)	1884～2303(45～55)
华东、中南地区	—	2093～2303(50～55)
北京	2721～3140(65～75)	2512～2931(60～70)
成都	—	2512～2931(60～70)
青海西宁市	3285(78)	
陕西	2512(60)	

注：燃气热值按低热值计算。

（2）商业公共建筑用气量指标

影响商业公共建筑用气量的因素主要有：城镇燃气供应状况，燃气管网布置与商业公共建筑分布情况，居民使用公共服务设施的普及程度、设施标准、用气设备的性能、效率、运行管理水平和使用均衡程度及地区气候条件等。

商业公共建筑用气量指标与用气设备的性能、热效率、地区气候条件等因素有关。表3.7.1-2为城镇商业公共建筑用气量指标。

城镇商业公共建筑用气量指标

表 3.7.1-2

类别		用气量指标	单位	类别		用气量指标	单位
职工食堂		1884～2303	MJ/(人·年)	医院		2931～4187	MJ(床位·年)
饮食业		7955～9211	MJ/(座·年)	招待所 旅馆	有餐厅	3350～5024	MJ(床位·年)
托儿所 幼儿园	全托	1884～2512	MJ/(人·年)		无餐厅	670～1047	MJ/(床位·年)
	日托	1256～1675	MJ/(人·年)	宾馆		8374～10467	MJ/(床位·年)

注：燃气热值按低热值计算。

（3）工业企业用气量指标

工业企业用气量指标可由产品的耗气定额或其他燃料的实际消耗量进行计算，也可按同行业的用气量指标分析确定。

（4）建筑物采暖及空调用气量指标

采暖及空调用气量指标可按国家现行的采暖、空调设计规范或当地建筑物耗热量指标确定。

（5）燃气汽车用气量指标

燃气汽车用气量指标应根据当地燃气汽车的种类、车型和使用量的统计分析确定。当缺乏统计资料时，可参照已有燃气汽车的城镇的用气量指标确定。

3.7.2 年用气量计算

在进行城镇燃气供应系统的规划设计时，首先要确定城镇的年用气量。各类用户的年用气量是进行燃气供应系统设计和运行管理，以及确定气源、管网和设备通过能力的重要依据。

城镇燃气年用气量一般按用户类型分别计算后汇总。用户类型包括居民生活、商业公建、工业企业、采暖通风与空调、燃气汽车及其他。

（1）居民生活年用气量计算

居民生活的年用气量可根据居民生活用气量指标、居民总数、气化率和燃气的低热值按下列公式计算：

$$Q_a = 0.01 \frac{Nkq}{H_1}$$ (3.7.2-1)

式中　Q_a——居民生活年用气量（m³/年）；

　　　N——居民人数（人）；

　　　k——城镇居民气化率（%）；

　　　q——居民生活用气量指标［MJ/（人·年）］；

　　　H_1——燃气低热值（MJ/m³）。

（2）商业公共建筑用户用气量计算

$$Q = \sum q_i N_i$$ (3.7.2-2)

式中　Q——商业公共建筑总用气热量（MJ/h）；

　　　q_i——某一类用途的用气耗热量；

　　　N_i——用气服务对象数量。

（3）工业企业用气量计算

工业企业年用气量与生产规模和工艺特点有关，规划阶段一般可按以下 3 种方法估算：

1）比较已使用燃气且生产规模相近的同类企业年耗气量进行估算。

2）工业企业年用气量可利用各种工业产品的用气定额及其年产量来计算。工业产品的用气定额，可根据有关设计资料或参照已有用气定额选取。

3）在缺乏产品用气定额资料的情况下，通常是将工业企业其他燃料的年用量，折算成用气量，折算公式如下：

$$Q_y = \frac{1000 G_y H'_i \eta'}{H_1 \eta}$$ (3.7.2-3)

式中　Q_y——年用气量（Nm³/年）；

　　　G_y——其他燃料年用量（t/年）；

　　　H'_i——其他燃料的低发热值（kJ/kg）；

　　　H_1——燃气的发热值（kJ/Nm³）；

　　　η'——其他燃料燃烧设备热效率（%）；

　　　η——燃气燃烧设备热效率（%）。

（4）房屋供暖用气量计算

房屋供暖用气量与建筑面积、耗热指标和供暖期长短等因素有关。

$$Q_c = F \cdot q \cdot n / H_L \cdot \eta$$ (3.7.2-4)

式中　Q_c——年供暖用气量（m³/a）；

　　　F——使用燃气供暖的建筑面积（m²）；

　　　q——耗热指标［kJ/（m²·h）］

　　　n——年供暖小时数（h）；

H_L——燃气低热值（kJ/m³）；

η——燃气燃烧设备热效率。一般可达 70%～80%。

由于各地冬期供暖计算温度不同，所以各地耗热指标不同，一般由实测确定。暖耗热指标可参考表 3.7.2。

房屋供暖耗热指标 表 3.7.2

序 号	房屋类型	耗热指标[kJ/(m²·h)]
1	工业厂房	418.68～628.02
2	住宅	167.47～521.21
3	办公楼、学校	209.34～293.08
4	医院、幼儿园	230.27～293.08
5	宾馆	209.34～252.21
6	图书馆	167.47～272.14
7	商店	210.27～314.01
8	单层住宅	293.08～376.81
9	食堂、餐厅	418.68～502.42
10	影剧院	334.94～418.68
11	大礼堂、体育馆	418.68～586.15

由于燃气供暖季节性强，在以人工燃气为主的情况下，若大面积利用燃气供暖将难以平衡季节性用气峰值，加上人工燃气成本高。因此，对燃气供暖用气量的确定，必须根据气源性质和规模综合考虑。一般情况下，它不是城镇用气量中的主要成分。

（5）燃气汽车用气量计算

因燃气汽车有利环境保护，所以应用逐渐增加。燃气汽车用气量可根据规划期燃气汽车数量（一般按燃气汽车占有率计算）和燃气汽车用气量指标计算。

燃气汽车用气量指标，应根据当地燃气汽车种类、车型和使用量的统计分析确定。当缺乏用气量的实际统计资料时，可根据小城镇具体情况，按以下燃气汽车的城镇用气量指标范围，分析比较确定：1）富康或捷达燃气出租车用气负荷指标：300～350MJ/100km；2）有空调燃气公交车用气负荷指标：1800～2000MJ/100km；3）无空调燃气公交车用气负荷指标：1000～1200MJ/km。

（6）未预见气量

未预见气量主要指管网的燃气漏损量和发展过程中未预见到的供气量。一般按总用气量的 3%～5% 计算。

（7）总用气量计算

1）分项相加法。分项相加法适用于各类负荷，均可用计算方法求出较准确用量的情况：

$$Q = K \sum Q_i \qquad (3.7.2-5)$$

式中 Q——燃气总用量；

Q_i——各类燃气用量；

K——未预见用气量，一般按总用气量的3%～5%估算。

2）比例估算法

在各类燃气负荷中，居民生活用气和公共建筑用气一般可以比较准确地求出，当其他各类负荷不确定时，可以通过预测未来居民生活和公共建筑用气在总气量中所占的比例，求出总气量：

$$Q=Q_s/p \tag{3.7.2-6}$$

式中　Q——燃气总用量；

Q_s——居民生活和公共建筑燃气用量；

p——居民生活和公共建筑用气在总气量中所占的比例（%）。

燃气的供应规模主要是由燃气的计算月平均日用气量决定的。一般认为，工业企业用气、公共建筑用气、采暖用气以及未预见用气都是较均匀的，而居民生活用气是不均匀的。燃气的计算月平均日用气量可由下式得出：

$$Q=\frac{Q_a K_m}{365}+\frac{Q_a(1/p-1)}{365} \tag{3.7.2-7}$$

式中　Q——计算月平均日用气量（m^3 或 kg）；

Q_a——居民生活年用气量（m^3 或 kg）；

p——居民生活和公共建筑用气在总气量中所占的比例（%）；

K_m——月高峰系数（1.1～1.3）。

由上式计算出来的数据即可以确定城镇燃气的总供应规模，也就是城镇的燃气总用量。

在对城镇燃气输配管网管径进行计算时，需要利用的主要数据是燃气高峰用气量，可用下式计算：

$$Q'=\frac{Q}{24}K_d K_h \tag{3.7.2-8}$$

式中　Q'——燃气高峰小时最大用气量（m^3）；

Q——计算月平均日用气量（m^3）；

K_d——日高峰系数（1.05～1.2）；

K_h——小时高峰系数（2.2～3.2）。

3.7.3　计算用气量的确定

城镇燃气的年用气量不能直接用来确定城镇燃气管网设备通过能力和储存设施容积，决定城镇燃气管网设备通过能力和储存设施容积时，需根据燃气的需求情况确定计算用气量。一般以小时计算流量为燃气设施的计算用气量。

确定城镇燃气管道的小时计算流量一般采用不均匀系数法，并可按下式计算：

$$Q_h=\frac{Q_y}{365\times24}K_{m\,max}K_{d\,max}K_{h\,max}$$

式中　Q_h——燃气管道的小时计算流量（m^3/h）；

Q_y——年用气量（$m^3/$年）；

$K_{m\,max}$——月高峰系数（平均月为1）；

$K_{d\,max}$——日高峰系数（平均日为 1）；

$K_{h\,max}$——小时高峰系数（平均时为 1）。

一般情况下：$K_{m\,max}=1.1\sim1.3$；$K_{d\,max}=1.05\sim1.2$；$K_{h\,max}=2.20\sim3.20$；供应户数越多，取值越低。

3.8 热负荷预测

城镇供热系统总热负荷应为采暖热负荷、通风热负荷、生活热水热负荷、空调冷负荷的较大值及生产工艺热负荷的总值，并可在分项预测基础上求取。

3.8.1 采暖热负荷预测与计算

一般采暖地区城镇民用集中供热系统中，采暖热负荷占总供热负荷的 80%～90%。

3.8.1.1 设计计算法

当某一建筑物的土建资料比较齐全时，采暖热负荷可根据设计参数计算。一般民用建筑的采暖热负荷基本计算公式为：

$$Q'_n = Q'_1 + Q'_2 + Q'_3 \tag{3.8.1-1}$$

式中 Q'_n——采暖热负荷（W）；

Q'_1——建筑物围护结构耗热量（W）；

Q'_2——冷风渗透耗热量（W）；

Q'_3——冷风侵入耗热量（W）。

以上三项耗热量中 Q'_1 占主导地位。

Q'_1 的计算方法为：

$$Q'_1 = (1+X_g)\sum aKF(t_n - t'_w)(1+X_{ch}+X_f) \tag{3.8.1-2}$$

式中 K——某一围护结构（外墙、外窗、外门、屋顶等）和传热系数 $[W/(m^2 \cdot ℃)]$；

F——某一围护结构传热面积（m^2）；

t_n——采暖室内设计温度（℃），根据建筑物的用途按有关规范的规定选取；

t'_w——采暖室外设计温度（℃），我国主要城市的采暖室外设计温度值及采暖时间等资料见表 3.8.1-1；

a——围护结构的温差修正系数，当围护结构邻接非采暖房间时，对室外温度所作的修正，一般取 $a=0.4\sim0.7$；

X_{ch}——朝向修正率，它考虑的是建筑物受太阳辐射的有利作用和房间的朝向所作的修正，朝向修正率的取值为：

北、东北、西北 $X_{ch}=0\sim10\%$

东南、西南 $X_{ch}=-15\%\sim-10\%$

南 $X_{ch}=-30\%\sim-15\%$；

X_f——风力附加率，只对建在不避风的高地、海岸、旷野上的建筑物，由于冬季室外风速较大，才考虑 5%～10% 的附加率；

X_g——高度附加率，当建筑物每层的高度大于 4m 时，每高出 1m 附加 2%。但总附加率不应大于 15%。

全国部分城市的采暖设计资料   表 3.8.1-1

城 市	采暖室外计算温度 t'_w(℃)	采暖天数 N(d)	采暖期室外平均温度(℃)
海拉尔	-34	213	-14.2
伊春	-30	197	-11.5
锡林浩特	-27	190	-10.3
阿勒泰	-27	176	-9.5
哈尔滨	-26	179	-9.5
佳木斯	-26	183	-10.2
齐齐哈尔	-25	186	-9.8
牡丹江	-24	186	-9.1
通化	-24	173	-7.4
长春	-23	174	-8.0
乌鲁木齐	-22	157	-8.5
通辽	-20	167	-7.3
延吉	-20	174	-6.9
伊宁	-20	143	-4.4
沈阳	-19	152	-5.7
呼和浩特	-19	171	-5.9
哈密	-19	128	-5.6
赤峰	-18	160	-5.9
酒泉	-16	154	-4.3
榆林	-16	145	-4.5
银川	-15	149	-3.4
丹东	-14	151	-3.0
西宁	-13	165	-3.2
太原	-12	144	-2.1
喀什	-2	122	-2.4
大连	-11	132	-1.5
兰州	-11	135	-2.5
北京	-9	129	-1.6
天津	-9	122	-0.9
石家庄	-8	117	-0.2
济南	-7	106	-0.9
青岛	-6	111	0.9
昌都	-6	146	0.3
拉萨	-6	149	0.7
西安	-5	101	-1.0
郑州	-5	102	-1.6
徐州	-5	97	1.7
南京	-3	83	3.2

Q_2' 的计算方法为：

$$Q_2' = 0.278 n_k V \rho_w C_p (t_n - t_w') \qquad (3.8.1-3)$$

式中　n_k——房间的换气次数，可取每小时 $n_k = 0.5$ 次左右；

　　　　V——采暖建筑物的外围体积（m^3）；

　　　　C_p——室外空气的定压比热，取 $C_p = 1.0 kJ/(kg \cdot ℃)$；

　　　　ρ_w——采暖室外计算温度下的空气密度（kg/m^3）；

　　其他符号同前。

Q_3' 的计算方法为：

$$Q_3' = N Q_m \qquad (3.8.1-4)$$

式中　Q_m——建筑物外大门的基本耗热量（W）；

　　　　N——外门附加率，多层民用建筑可取，$N = 2.0 \sim 3.0$；公共建筑厂房可取，$N = 0.5$。

3.8.1.2　规划预测法（概算法）

概算法又称概算指标法。当已知规划区内务建筑物的建筑面积，建筑物用途及层数等基本情况时，常用热指标法来确定热负荷。建筑物的采暖热负荷 Q_n'（kW）可按下式进行概算：

$$Q_n' = q_f \cdot F \cdot 10^{-3} \qquad (3.8.1-5)$$

式中　F——建筑物的建筑面积（m^2）；

　　　　q_f——建筑物采暖面积热指标（W/m^2），它表示每平方米建筑面积的采暖负荷，q_f 的值见表 3.8.1-2。

采暖热指标（q_f）推荐值（W/m^2）　　　　　　　　　　表 3.8.1-2

建筑物类型	多层住宅	学校办公楼	医院	幼儿园	图书馆	旅馆	商店	单层住宅	食堂餐厅	影剧院	大礼堂体育馆
未节能	58~64	58~80	64~80	58~70	47~76	60~70	65~80	80~105	115~140	95~115	116~163
节能	40~45	50~70	55~70	40~45	40~50	50~60	55~70	60~80	100~130	80~105	100~150

　　注：1. 严寒地区或建筑外形复杂、建筑层数少者取上限，反之取下限。

　　　　2. 适用于我国东北、华北、西北地区不同类型的建筑采暖热指标推荐值。

　　　　3. 近期规划可按未节能的建筑物选取采暖热指标。

　　　　4. 远期规划要考虑节能建筑的份额，对于将占一定比例的节能建筑部分，应选用节能建筑采暖热指标。

表中 q_f 的取值有一定的范围，确定 q_f 值的方法为：

1）q_f 取值

① 对当地已建的采暖建筑进行调研以确定合理的 q_f 值。

② 如不具备上述条件，q_f 值可以遵循以下原则取值：严冬地区取较大值；建筑层数较少的取较大值；建筑外形复杂取较大值；建筑外形接近正方形取较小值。

2）采暖热指标

如同前述，我国建筑节能已越来越重视，采暖热负荷应预测结合我国国情和当地实际情况，区分节能建筑和未节能建筑不同指标预测，当采用面积热指标法预测规划采暖热负荷，面积热指标可结合城镇实际情况选用表 3.8.1-2 推荐值。

3.8.2 建筑物通风热负荷

建筑物通风热负荷可采用建筑物通风热负荷系数法，预测公共建筑和厂房等通风热负荷。

通风热负荷的计算公式为：

$$Q_V = K_V Q_h \qquad (3.8.2)$$

式中　Q_V——通风计算热负荷（kW）；

　　　Q_h——采暖计算热负荷（kW）；

　　　K_V——建筑物通风热负荷系数，一般可取 0.3～0.5。

3.8.3 生活热水热负荷

生活热水热负荷可采用生活热水热指标法预测。

生活热水平均热负荷公式为：

$$Q_{w \cdot a} = q_w A \cdot 10^{-3} \qquad (3.8.3)$$

式中　$Q_{w \cdot a}$——生活热水平均热负荷（kW）；

　　　q_w——生活热水热指标（W/m²）；

　　　A——总建筑面积（m²）。

城镇住区生活热水热指标应根据建筑物类型，采用实际统计资料确定或按表 3.8.3 推荐值结合城镇实际情况，分别比较选取。

居住区采暖期生活热水日平均热指标推荐值（W/m²）　　　　　表 3.8.3

用水设备情况	热指标
住宅无热水设备，只对公共建筑供热水时	2～3
全部住宅有沐浴设备，并供给生活热水时	5～15

3.8.4 夏季空调冷负荷与❶冬季空调热负荷

可按表 3.8.4 推荐值，结合城镇实际情况，分别比较选定预测。

空调热指标 q_a、冷指标 q_c 推荐值（W/m²）　　　　　表 3.8.4

建筑物类型		办　公	医　院	旅馆、宾馆	商店、展览	影剧院	体育馆
热指标	未节能	80～100	90～120	90～120	100～120	115～140	130～190
	节能	64～80	72～100	70～100	80～100	90～120	100～150
冷指标	未节能	80～110	70～100	80～110	125～180	150～200	140～200
	节能	65～90	55～80	65～90	100～150	120～160	110～160

注：1. 表中指标适用于我国东北、华北、西北地区；其他地区指标按实地调查和类比分析确定。

　　2. 近期规划可按未节能的建筑物选取空调热、冷指标。

　　3. 远期规划要按节能建筑的份额，对于将占一定比例的节能建筑部分，应选用节能建筑空调热、冷指标。

❶ 冬季空调热负荷指采用空调供热的部分建筑采暖热负荷。

3.8.5 工业生产工艺热负荷

工业生产工艺热负荷可采用小城镇工业企业热负荷规划资料、同类企业热负荷比较法以及相关调查预测。生产工艺预测热负荷应为各工业企业最大生产工艺热负荷之和乘以同时使用系数。

3.9 固体废弃物预测

3.9.1 固体废物分类

固体废物是指人类在生产建设、日常生活和其他活动中产生的污染环境的固态半固态废弃物质。固体废物的分类方法很多，通常按来源可分为工业固体废物、农业固体废物、城镇生活垃圾。工业固体废物源于矿业、冶金、石化、电力、建材等，根据其毒性与有害程度又可分为危险废物与一般废物。在城镇环境卫生工程系统规划中，应主要考虑城镇的生活垃圾的收集、清运、运输、处理、处置和利用，同时也应对城镇的工业固体废物收运和处理以及危险固体废物的处理提出规划要求，以减少对城镇环境的影响。城镇环境卫生工程系统规划所涉及的城镇固体废物主要有以下几类：

（1）生活垃圾

生活垃圾是指城镇日常生活中或者为城镇日常生活提供服务的活动中产生的固体废物以及相关法规规定视为生活垃圾的固体废物。城镇生活垃圾是城镇固体废物的主要组成部分，其产量与成分随当地燃料结构、居民生活水平、消费习惯和消费结构、经济发展水平、季节和地域等不同而变化。生活垃圾中除了易腐烂的有机物与炉灰、灰土外，其他废品基本可以回收利用。城镇生活垃圾处理是环境卫生工程系统规划的主要内容。

（2）普通工业垃圾

普通工业垃圾为允许与生活垃圾混合收运处理的服装棉纺类、皮革类、塑料橡胶类等工业废弃物。

城镇垃圾包括城镇生活垃圾和普通工业垃圾两大部分。城镇垃圾是环境卫生工程系统规划的主要对象。

（3）建筑垃圾

指城镇建设工地上拆建和新建过程中产生的固体废物，随着城镇建设步伐加快，建筑垃圾产量也有较大增长。建筑垃圾也属工业固体废物。

（4）一般工业固体废物

指在生产过程中和加工过程中产生的废渣、粉尘、碎屑、污泥等。其对环境产生的毒害比较小，基本上可以综合利用。

（5）危险固体废物

指列入国家危险物名录或者根据国家规定的危险物鉴别标准和方法认定的具有危险性的废物。主要来源于冶炼、化工、制药等行业，以及医院、科研机构等。由于危险固体废物对环境危害性很大，规划中在明确生产者作为治理污染的责任主体外，应有专门的机构集中控制。

3.9.2 生活垃圾量预测

城镇生活垃圾量预测主要采用人均指标法和增长率法，规划时可以采用两种方法，结合历史资料进行校核。

（1）人均指标法

按有关资料统计，我国城镇目前人均生活垃圾产量为 0.6～1.2kg/（人·d）左右。这个值的变化幅度大，主要受小城镇具体条件影响。由于小城镇燃料结构、居民生活水平、消费习惯和消费结构、经济发展水平差异较大，小城镇人均生活垃圾产量比城市要高，根据我国小城镇人均生活垃圾产量及其增长规律的调查资料统计结果，比较于世界发达国家小城镇生活垃圾的产量情况，我国城镇人均生活垃圾规划预测人均指标以 0.9～1.4kg/（人·d）为宜，具体取值结合当地燃料结构、居民生活水平、消费习惯和消费结构及其变化、经济发展水平、季节和地域情况，分析比较选定。由人均指标乘以规划人口数则可以得到小城镇生活垃圾总量。

（2）增长率法

由递增系数，基准年数据测算规划年的小城镇生活垃圾总量。即：

$$W_t = W_0(1+i)^t \tag{3.9.2}$$

式中　W_t——规划年城镇生活垃圾产量；

　　　W_0——现状基年城镇生活垃圾产量；

　　　i——城镇生活垃圾年增长率；

　　　t——预测年限。

采用增长率法预测城镇生活垃圾量，要求根据历史资料和城镇发展的相关可能性，合理确定生活垃圾增长率。城镇生活垃圾增长率随城镇人口增长、规模扩大、经济发展水平、居民生活水平提高、当地燃料结构改善、消费习惯和消费结构及其变化而变，但忽略突变因素。分析国外发达国家城镇生活垃圾变化规律，其增长规律类似一般消费品近似 S 曲线，增长到一定阶段增长慢直至饱和，1980～1990 年欧美国家城市生活垃圾产量增长率已基本在3%以下。我国城市垃圾还处在直线增长阶段，自 1979 年以来平均为 8%～9%。

3.9.3 工业固体废物量预测

（1）单位产品法

即根据各行业的统计资料，得出每单位原料或产品的产废量。规划时，若明确了工业性质和计划产量，则可预测出产生的工业固体废物量。

（2）万元产值法

根据规划的工业产值乘以每万元的工业固体废物产生系数，则可得出工业固体废物产量。参照我国部分相关走势的规划指标，可选用 0.04～0.1t/万元的指标。当然最好先根据历年资料进行推算。

（3）增长率法

　　由式 3.9.2 计算。根据历史资料和小城镇产业发展规律，确定了增长率后计算。从 1981 年至 1995 年的资料看，全国工业固体废物的产量逐年增长，但趋于平缓，年增长率为 2% ~ 5%。

思考题：

1. 试述预测与市政工程统筹规划内在关系及基本要求。
2. 如何从市政工程统筹规划的角度理解各项设施工程需求预测的重点和基本方法？
3. 为什么工程系统统筹规划更重视城镇总体规划阶段的相关工程系统多种方法预测？

4 城市及城市带城市群的区域工程系统设施统筹

提要： 本章内容包括交通、给水排水、能源（含供电、供热、燃气）、环境卫生、防灾工程系统规划设施的城市统筹（包括工程管线综合规划统筹）与区域统筹（包括突出节能减排等的区域能源统筹）。此外，也突出从工程系统设施的规划方法、规划相关要素考虑的统筹，上述侧重于城市总体规划及城镇体系规划、区域规划相应的规划统筹。

本章是第二章工程系统统筹规划理论基础与技术要求相关的内容方法具体细化。重点要求掌握工程系统设施统筹的内容、规划要素及方法。

4.1 交通工程系统规划统筹

城市交通工程系统包括航空交通、铁路交通、水运交通、轨道交通、公路交通及道路交通等工程。其中大多交通工程包括航空交通、铁路交通、水运交通、城际轨道交通、公路交通等工程都是区域性的，也都是以特大城市、大城市为核心的城市带城市群区域相关统筹规划的重点。

上述工程系统及设施统筹规划主要依据相关区域，包括跨省、市行政区域的城市群区域规划、城镇体系规划及其相关的专项工程规划；城市总体规划及相关城市专项工程规划。按照本书的结构安排，重点在于后者相关规划。

4.1.1 航空港规划统筹

4.1.1.1 规划选址一般技术要求

航空港选址一般应考虑用地、气象、净空、通信联络和地面交通诸方面的技术要求。

（1）用地要求

1）机场地区的工程和水文地质良好；

2）用地平坦，无大量土石方填挖工程，满足飞机起飞降落和机场设置要求，并有扩大建设的备用地，场地坡度满足排水要求；

3）附近有一定地面运输条件。

（2）气象要求

主要和重点考虑场地气温、气压、风向、风速及烟雾和烟霾等气象因素。

（3）净空要求

航空港的净空要求是为保证飞机的起降安全和机场的正常使用。根据飞机的使用特性和助航设备的性能，对机场及其附近一定范围，规定几种称为净空障碍物限制的平面、斜面，即：端净空面、内水平面、过渡面、锥形面、外水平面（仅一级机场有外水平面）、内进近面、复飞面和内过渡面，用以限制机场周围及其附近的山体、高地、铁塔、架空线、建筑物等的高度。

各级机场的净空障碍物限制面尺寸和坡度要求，见表 4.1.1-1 和图 4.1.1-1、图 4.1.1-2。当一个机场有几条跑道时，应按表 4.1.1-2 的规定分别确定每条跑道的净空限制范围，其重叠部分按最严格的要求进行控制。

障碍物限制面尺寸和坡度　　　　　　　　　　　表 4.1.1-1

限制面和尺寸	机 场 等 级				
	一	二	三	四	二类和三类精密进近跑值
端净空面					
起端宽度(m)	300	300	150	90	300
侧边散开斜率	15％	15％	12.5％	10％	15％
第一段长度(m)	3000	3000	3500	4000	3000
第一段坡度	1/75	1/75	1/70	1/40	1/75
末端高度(m)	40	40	50	100	40
第二段长度(m)	5500	5500	7500		5500
第二段坡度	1/50	1/50	1/50		1/50
末端高度(m)	150	150	200		150
水平段长度(m)	6500	6500	3000		6500
水平段高度(m)	150	150	200		150
每端总长度(m)	15000	15000	14000	4000	15000
内水平面					
高度(m)	45	45	45	45	45
半径(m)	4000	4000	4000	2500	4000
过渡面坡度	1/7	1/7	1/7	1/5	1/7
锥形面					
坡度	1/20	1/20	1/20	1/20	1/20
外缘高度(m)(自内水平面标高起算)	155	155	155	55	155
外水平面					
从锥形面外缘向外(m)	5000				5000
高度(m)	155				155
内进近面					
宽度(m)					120
长度(m)					900
坡度					1/75
复飞面					
起端宽度(m)					120
起端距跑道头(m)					1800

续表

限制面和尺寸	机场等级				
	一	二	三	四	二类和三类精密进近跑值
侧边散开斜率					10%
坡度					1/30
内过渡面坡度					1/3

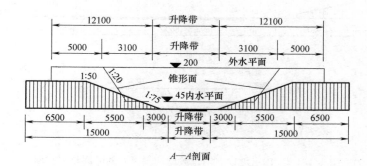

*A—A*剖面

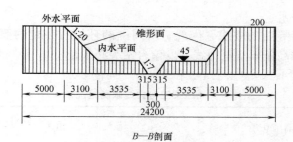

*B—B*剖面

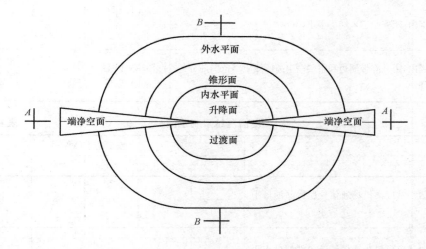

图 4.1.1-1 净空障碍物限制面（以一级机场净空要求为例）

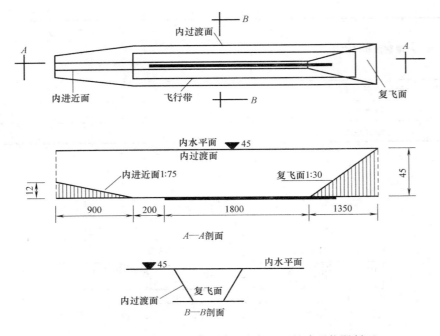

图 4.1.1-2 内进近面、内过渡面和复飞面的障碍物限制面

（4）通讯联络要求

机场由于通讯、导航的要求，因此，对周围的环境有一定的要求，对一些会干扰通讯、导航的设施，如高压架空电力线、发信台站等必须距机场一定的距离，其离机场最小距离必须满足表 4.1.1-2，表 4.1.1-3 和表 4.1.1-4 的要求。

高压架空电力线限制范围 表 4.1.1-2

高压电力线位置	电压	机场等级	
		一、二、三	四
端净空范围内,距安全道末端不小于(m)	35kV 以上	2000	1000
	35kV 以下	1500	1000
侧净空范围内,距升降带侧边和距端净空高压线限制范围部分的侧边不小于(m)	35kV 以上	1000	500
	35kV 以下	500	500

发信台站限制范围 表 4.1.1-3

波长种类	发射功率(kW)				
	1	5	25	100	100 以上
中长波发信台站应离机场通信导航台站的最小距离(km)	3	7	16	30	30 以上
短波发信台站应离机场通信导航台站的最小距离(km)	2	4	8	15	15 以上

干扰源限制范围   表 4.1.1-4

干 扰 源	离机场最小距离(km)
电气化铁路和电车道	2
工业、企业拖拉机站及有 X 光设备的医院	3
高压输电线及高压变电站	2
振荡式电焊机及高频熔接机	5
大型发电站、有电焊机和高频电炉设备的工厂	2
广播电台	5 以上

（5）地面交通要求

为了充分发挥航空交通快速、节省旅途时间的优点，航空港与城市之间必须有便捷的地面交通联系。其交通的联系方式根据所在城市的具体情况，一般要求有专用道路、高速列车、专用铁路、地下铁道和直升机等。

4.1.1.2　与城市空间布局统筹

（1）位置与距离

由于飞机的起飞和降落对邻近地区干扰很大，因此希望飞机起飞和着陆时的低空飞行阶段均不在城市上空，同时也希望不穿越城市的上空，因此，航空港在城市中的位置应设在城市主导风向的两侧并远离集中的城市化地区。

从航空港本身的使用与建设要求以及对城市的干扰来说，机场宜远离城市，但从航空港为城市服务的要求来说，又希望航空港离城市越近越好，因此在航空港选址时要处理好这方面的矛盾。从国内外已建的航空港的统计来看，一般航空港布置在距城市 10～30km 的范围内，当然，这与城市、航空港之间的交通联系方式有着密切的关系。从我国现有的交通情况来看，一般距城市边缘 10km 左右较好。

（2）交通设施匹配与规划协调

航空港与城市之间必须有便捷的交通联系，否则将影响航空港的使用效率。一般从城市到航空港的交通时间控制在 30min 左右，因此，航空港与城市之间一般都规划或建设有高速公路等汽车专用道及快速有轨交通等，并与城市交通规划相协调。

（3）用地规模

航空港的规模应根据服务城市、城市群的远期客货流量预测计算，并留有一定余地。

根据国外航空港的统计资料，航空港用地一般在 400 公顷以上，我国一般机场在 100～500 公顷，一般国际机场用地在 700～900 公顷。

4.1.2　铁路线路站场规划统筹

4.1.2.1　与城市规划布局的统筹与协调

（1）线路

铁路线路经过城市时，必须与城市布局相结合，要尽量减少对城市的干扰。

1）与城市功能的关系

铁路线路在城市中，宜设置在城市的边缘或结合城市的功能分区，布置在各分区的边缘，使不妨碍各区内部的活动，当铁路穿越市区时，在铁路两侧地区内应各配置独立完善的生活和文化设施,以尽量减少跨越铁路的频繁交通。

2）与城市道路的关系

铁路线路在城市中,应尽量减少与城市道路交叉,如不可避免交叉,则宜正交。

为便利交通和保证安全,在城市中,铁路与城市道路相交宜采用立体交叉,在规划上应保留立交用地。

由于铁路净空高度,铁路坡度等都比城市道路的要求高,考虑到城市景观等要求,在城市中,铁路与城市道路的立交,一般都采用城市道路下穿铁路的地道形式。

3）与城市环境的关系

铁路经过城市,将对城市产生噪声干扰、废气污染,因而在线路的两侧宜植被绿化,改善城市的小气候与城市的面貌。

（2）客运站

铁路客运站的选址与城市用地布局及交通网络规划相互影响,同时铁路客运站又是铁路沿线车站和枢纽的重要组成部分,其位置选择直接关系到铁路客运组织的合理性,因此,需要在城市规划和城市群区域规划及相关交通规划中统筹考虑与协调安排。

中小城市相关铁路客运站一般只设一个,为避免铁路对城镇的分隔,这些车站通常布置在城镇的边缘,而以一条干道与市区取得直接联系。

大城市铁路客流量很大,为避免客流过于集中,一般设一个主要铁路客运站外,还设一个或几个辅站,同时必须结合考虑城市用地布局、空间布局的特点、城市用地性质与用地功能等相关因素,统筹综合规划。主要铁路客运站宜设在市区中心边缘,方便乘车。

特大城市,根据城市布局和铁路客流量在城市中的分布,可设两个或两个以上的铁路主客运站,以合理、均衡城市的铁路客运量,主要客运站之间通过城市公共客运交通和地铁等交通工具相联系。

4.1.2.2 客运站布局结构综合性与站前广场协调性

随着社会生活节奏的加快,铁路客运站趋向简洁、客运站与市内公共交通衔接更加便捷,中小型客运站进一步简化,大型客运站趋向于综合性。以综合体为核心的通过布局结构把多种交通工具组织在一起,相互间呈立体衔接,并以多个综合厅为中心区,多种服务设施及商场、旅馆为外围形成综合性多功能车站。

站前广场是城市客运站与城市道路、城市交通相连接的"桥梁"或"纽带",它一般有车行道、停车场和旅客活动空间等。表4.1.2为铁路客运站站前广场用地参考指标。

城市铁路客运站站前广场用地参考指标   表4.1.2

城市铁路客运站规模	旅客最高聚集人数（人）	广场用地面积（hm²）
特大型站	4000～6000(6000以上)	2.8～4.2(4.2以上)
大型站	1500～4000	1.2～2.8
中型站	400～1500	0.3～1.2
小型站	200～400(200以下)	0.2～0.3(0.2以下)

4.1.3 水运港口规划统筹

4.1.3.1 与城市空间布局统筹

与城市布局统筹规划,合理确定港口及其各种辅助设施在城市中的位置,妥善解决与城市其他相关部分的联系。

（1）港口布局与位置

根据港口的吞吐任务、船型、运输特点、河流特性、水域陆域条件、水陆交通要求以及城市性质，确定港口布局。一般客货码头以及直接为市区服务的货运码头应设在市区内，中转和水陆联运码头宜设在市郊；危险品码头应布置在市区外安全地点。

（2）与城市交通规划衔接与协调

港口作为水陆联运枢纽，一般通过陆上交通设施与城市相连。港口陆上交通设施会影响城市布局，如通往港口的铁路专用线往往会分隔城市，港口出入口会影响城市道路网布局；而沿河两岸和河网地区建设的城市，港口位置会影响桥梁的位置、高度、越江隧道位置等等。

上述与城市相关用地布局及与交通规划衔接与协调都需要统筹规划综合考虑。

一般港口的铁路专用线布置宜从城市外围插入港区或绕过城市边缘延伸到港区。

港口出入口位置宜设置在城市主干路上。

4.1.3.2 港口设施布局协调

（1）规划原则

1）合理性原则

① 合理利用岸线资源，协调安排港区用地与军用、民用、工业用码头；

② 根据腹地经济、客货运量及交通运输条件，确定港口性质与规模。

2）安全与保护环境原则

污染性货物的码头或作业区应布置在主导风向的下风侧；危险品码头或作业区应布置在港口下游，与其他码头或作业区保持一定安全距离。

（2）规划布局

1）各类码头布置既应避免相互干扰，又应相对集中，以便综合利用港口设施和疏运系统。

2）新港布置应与老港相协调，并有利于老港改造。

4.1.4 轨道交通规划统筹

4.1.4.1 轨道交通网络

城市轨道交通网络的布局与城市功能布局、城市道路网、城市地理条件有着密切的关系，轨道交通路线网的构架形式受城市用地结构、道路网布局等因素影响，一般规划形成单线式、环形线式、多线式、蛛网式及棋盘式等几种基本网络。

城市轨道交通网络包括市郊铁路、地铁、轻轨、有轨电车涉及城际城郊城区交通应结合都市圈规划和城市总体规划，城市轨道交通网络规划应与城市道路网及其他交通设施相衔接，充分发挥综合交通功能。

城市轨道交通网络布设应与城市及相关城填主客流方向一致，并尽可能将大客流集散点串联起来，便于直达、减少换乘。统筹规划要与城市改造建设结合，并应考虑历史文物保护。同时应尽可能与地下空间开发、城市防灾结合。

城市轨道交通网络统筹规划还要考虑与铁路交通的衔接与联系。

4.1.4.2 轨道交通车站

与城市综合交通网络协调，轨道交通车站应设置在大客流集散中心和各类交通枢纽点上，成为交通换乘中心。

城市轨道交通车站，往往会形成城市或地区中心，应与城市中心区规划、城市改造与开发及城市交通规划结合

4.1.5 公路交通规划统筹

城市公路分国道、省道、市道、县道、乡道与村道。

4.1.5.1 城市公路网

城市公路网规划统筹应考虑与上一级的综合运输通道及公路规划、城市总体规划结合，适应城市经济发展需要的同时，考虑相邻城市经济发展对它的要求；满足城市交通需求和国际需要。

4.1.5.2 公路枢纽

城市公路枢纽规划统筹侧重以下方面：

1）与公路系统、水运通道、民航和铁路相互协调，与铁路站场、港口及航空港紧密衔接，协调发展。

2）结合产业布局、居住区、仓储、公共活动中心、商贸中心分布，并且选址与布局应与城市总体规划相协调。

4.1.5.3 公路线路

公路线路规划统筹考虑：

1）中小城市：交通流量较大的一、二级公路宜在城市外围一定距离设置，同时规划入城干路。

2）大中城市：市郊大多分布有工业区、仓储区、乡镇。大中城市与市郊及其他城市联系多、交通频繁，形成对外交通枢纽。宜在市区边缘设置环形放射式交通干路系统，避免过境交通穿越城市中心区。

3）特大城市：与许多城镇有密切联系，一般都设有多个公路环线。

4.1.6 道路网规划统筹

城市道路系统是城市骨架。规划统筹直接关系到网络规划的合理性，主要考虑以下方面：

1）应根据土地使用、客货交通源和集散点的分布和交通流量流向，结合地形、地物、河流走向、铁路布局和原有道路系统确定道路网形式和布局。

河网地区，道路宜平行或垂直于河道布置。

山区路网应平行于等高线设置，双向交通道路宜分别设置在不同的标高上。

旧城路网改造时，在满足道路交通情况下，应兼顾历史文化、地方特色和原有路网的形成历史，保护历史街区。

2）基于交通规划，协调城市道路与公路的衔接。

3）道路网留有余地适应城市用地扩展。

4）考虑人、车、快、慢分流系统并与用地布局协调。

5）考虑环境保护与城市景观的要求。

6）结合市政规划，满足地下市政管线敷设要求。

表 4.1.6-1、4.1.6-2 分别为大中城市和小城市统筹考虑的道路网规划指标。

大、中城市道路网规划指标　　　　　　　　　表 4.1.6-1

项目	城市规模与人口（万人）		快速路	主干路	次干路	支路
机动车设计车速（km/h）	大城市	＞200	80	60	40	30
		≤200	60～80	40～60	40	30
	中等城市		—	40	40	30
道路网密度（km/km²）	大城市	＞200	0.4～0.5	0.8～1.2	1.2～1.4	3～4
		≤200	0.3～0.4	0.8～1.2	1.2～1.4	3～4
	中等城市		—	1.0～1.2	1.2～1.4	3～4
道路中机动车车道条数（条）	大城市	＞200	6～8	6～8	4～6	3～4
		≤200	4～6	4～6	4～6	2
	中等城市		—	4	2～4	2
道路宽度（m）	大城市	＞200	40～45	45～55	40～50	15～30
		≤200	35～40	40～50	30～45	15～20
	中等城市		—	35～45	30～40	15～20

小城市道路网规划指标　　　　　　　　　表 4.1.6-2

项目	城市人口（万人）	干路	支路	项目	城市人口（万人）	干路	支路
机动车设计车速（km/h）	＞5	40	20	道路中机动车车道条数（条）	＞5	2～4	2
	1～5	40	20		1～5	2～4	2
	＜1	40	20		＜1	2～3	2
道路网密度（km/km²）	＞5	3～4	3～5	道路宽度（m）	＞5	25～35	12～15
	1～5	4～5	4～6		1～5	25～35	12～15
	＜1	5～6	6～8		＜1	25～30	12～15

4.2　给排水工程系统规划统筹

4.2.1　水资源统筹综合开发利用

4.2.1.1　区域水资源与城市水资源统筹

　　城市水资源是指可供城市发展、人们生活和进行城市基础设施利用的地表水和地下水。即城市可以利用的河流、湖泊的地表水，逐年可以恢复的地下水，以及海水和可回用的污水等。我国城市缺水十分严重，目前有一多半城市缺水，集中在华北、胶东、西北、辽宁中南部及沿海地区。除了水资源先天不足外，由于污染造成的水质下降，也使得沿江、河的城市普遍水质性缺水。

城市水资源主要由城市区域的天然条件决定。分析城市水资源量，必须考虑城市所在区域水资源。

城市的水资源量为当地降水形成的地表水量以及贮存和转化的地下水量，加上外来水量（主要是河川径流量）的储存量和动态水量。但必须注意，不是所有的水资源量都是可以利用的。通常水资源可利用量指经济上合理、技术上可能和生态环境不遭受破坏的前提下，最大可能被控制利用的不重复的一次性水量。它与天然水资源总量、当前的技术经济都有密切关系。城市水资源可利用量才是与所预测的用水量进行水量平衡的依据。

城市是城市区域发展的核心，用水量大而集中，但城市水资源决定于城市区域的天然条件，城市建成区水资源有限，城市用水平衡宜在城市区域、市域范围平衡；另一方面每个城市都存在着一种极限水资源量，并在一定时期内保持相对稳定，城市发展受水资源限制，城市发展规模应考虑不超越城市极限水资源量的供用水平衡。特大城市、重要城市及严重缺水城市水资源统筹规划包括由邻近区域、相关区域及流域的用水调配。例如香港从深圳引水的用水补给，丹江口水库南水北调向北京、天津等北方缺水城市供水补充，以及黄河流域沿黄城市水量分配等。

城市水资源随着城市发展用水量急骤增加，水源开发受到越来越多因素的制约，强调节约用水，减少废水排放量，加强水资源调配和开发利用管理，重复用水设施和技术不断发展，反映我国许多缺水城市供水总量开始向城市极限水资源容量靠近。

当城市供水总量接近城市极限水资源容量、城市用水量的增长将主要依靠重复用水量增加时，水资源综合开发利用更突出合理用水和重复用水。城市重复用水和城市用水总量近于平行增长，反映一些水资源严重短缺的城市新增用水量主要靠直接或间接重复用水来解决。

4.2.2 给水工程系统区域统筹

城市城镇体系给水系统统筹规划首先应依据城镇体系与相关区域规划、城市总体规划，按照区域、流域水资源开发利用、区域供水、区域节水最优化原则，运用系统工程的方法，对区域给水工程进行统筹规划。

4.2.2.1 城市相关区域用水量估算

根据相关区域经济发展规划和人口规划，充分考虑居民生活水平的不断提高，工业生产的发展和工业生产技术的不断进步，节约用水设备与设施的不断进步与完善，以及水资源量对用水需求的限制等因素，确定用水量标准，估算区域近远期用水量，避免以往需水量预测总是持续快速增长、造成预测偏差较大的作法。

根据区域经济发展规划和人口规划，充分考虑居民生活水平和节水素养的不断提高，工业生产的发展和工业生产技术的不断进行，节约用水设备与设施的不断进行与完善，水的资源性管理理念与制度的不断强化，尤其是当地或相关区域水资源量对用水需求的限制等因素，分别确定区域内不同性质、不同对象的用水量标准，估算区域近、中、远期用水量，避免以往需水量预测总是持续快速增长、造成预测偏差较大的做法。

在水资源非常短缺、生态环境十分脆弱的地区，可考虑实施虚拟水战略。所谓虚拟水战略是指在整个地区的经济发展战略上实施以生产节水型产品、引进耗水型产品为主的发展战略，从而间接利用丰水地区或国家的水资源。但虚拟水战略的实施，涉及到区域性或城镇的经济发展战略和经济发展规划的制定问题，需要政府相关部门和有关专家予以考虑。

4.2.2.2 城市相关区域给水系统方式规划

根据区域内城镇功能定位，区域内产业结构发展布局，及其对水量、水质、水压的要求，以及水资源情况，经过充分的技术经济比较，确定区域给水系统方式。根据具体情况，供水模式有两类：区域性供水和分散供水。具体供水方式见图4.2.2。

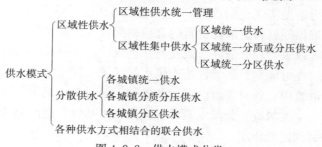

图 4.2.2　供水模式分类

城市或较集中城镇群、供水水压差别不大、用户对水质的要求相近的区域，应实施区域统一供水；

城市或较集中城镇群，供水水压差别较大，经充分论证，确认分区供水可节约水量能源的区域，应实施区域统一分区供水；

城市或较集中城镇群，用户对水质的要求差别较大的区域，应逐步实施区域统一分质供水；

较为分散的城镇，可实施各城镇统一供水；

较为分散且用户对水质的要求差别较大的城镇，应逐步实施城镇分质供水；

较为分散的城镇且城镇内各功能区供水水压差别较大，经技术经济比较，分区供水可节约大量能源的，应实施城镇分区供水；

从远距离输水的城镇，应根据具体情况，进行区域或流域水资源合理配置与可持续开发利用的系统分析与预测，并进行供水模式的优化选择论证；

根据区域城市和城镇群的具体情况，也可实施各种方式相结合的联合供水方式。

区域性供水，一般按照水源水系、地理环境特征与地理位置及行政区划，确定供水区域，其服务面积小至数十平方千米，大至数千平方千米。区域性供水模式，是把供水区域内若干个净水厂的取、输、配水系统及其配套企业联合为一体，实施水资源的统一开发与合理配置，水处理、输配系统的统一运行与管理的新型网络供水系统模式。

目前，根据我国城镇供水现状，实施区域性供水模式，应包括两种，即区域性供水集中管理模式和区域性集中供水模式。后者是在具有区域性集中供水优势的地区实施区域性供水的最终模式；前者是根据我国目前基本处于分散状态、各自为政的城镇供水模式向区域性供水集中模式转变的过渡模式，或无区域性供水优势的地区实施分散供水、统一管理的供水模式，其统一的实质在于区域内分散供水系统的统一管理。

区域性集中供水是具有多水源、多水厂并网的区域集中供水系统，与独立分散、小规模的供水系统比较，极大地提高了供水的安全可靠性，并通过强化调度功能，协调供需关系，使系统处于合理、经济的运行状态。这种供水系统在发达国家比较多见，比如英国、美国、法国、日本等。华盛顿北方水厂的供水范围达 $2849km^2$，供水区域内地面高差达

274m，由分别取湖水和取河水的两个水厂统一并网供水。

区域性供水集中管理系统是一个跨行政管理辖区的企业管理系统，这种跨地区的供水企业可浓缩一定数量的技术人才、管理人才，为整个供水区域服务，从而有利于人才素质的提高与效能的发挥。可以不受一城一镇的限制，在区域范围内合理配置水资源，达到水资源的有效利用和可持续利用，为在流域范围内甚至全国范围内实现水资源的可持续开发利用理顺关系。并可借助集团化的优势，开拓相关的诸多工业项目，特别是水工业项目，组织社会化生产，确保原材料、消耗材料的合理调配，减少流动资金的占用。整个企业的运转可以更为有效，以求得较好的经济效益与社会效益。针对我国目前的分散供水、低效率管理的实际状态，在可能实行区域性集中供水的区域，首先实行区域性供水集中管理是必要的，可避免分散管理、各自为政的局面和各种短期行为，避免长期分散重复的小规模建设投资，从而对一定区域统一分配水资源、提高供水基础设施服务能力、发挥区域性供水企业的规模效益起到促进作用。

在我国，区域性供水模式已经在实施。许多地区成立了以中心城市为依托的区域性供水集团或水务集团，开始实施区域性供水、或区域性供排水和污水处理的集中管理供水模式。比如山东济宁市已将该市下属各县镇自来水公司统一联合，成立了济宁市供水集团总公司。一些地区根据具体情况，逐步实施区域性集中供水模式。比如成都市自 1990 年便开始论证并实施集中供水模式。浙江省针对省内小城镇发展呈现多核分散而又密集分布的空间特征，在 1999 年前后，所作的浙江省城镇体系规划中，进行了统一的全局性规划。

4.2.2.3 区域水源统筹与保护

（1）区域水源统筹

区域水源规划统筹突出可持续开发利用。区域经济发展，区域或流域内城市的相互影响和依存性增加，统筹侧重考虑：

1）从区域或流域层次考虑水资源开发利用，在区域内优化供水系统是最经济合理的。

2）城市人口、用地规模及空间布局应分析水资源"门槛"对城市发展的限制，城市发展规模应与可利用的水资源相协调。

3）城市产业结构与布局与水资源条件相适应。对城市产业结构与城市布局，提出相应调整与制约要求。在水资源紧张的地区，应慎重选择产业体系，合理确定产业区组合。

4）水资源优化配置高效利用。避免上游不合理开发利用对下游用水造成威胁；考虑流域不同地区发展差异带来的用水矛盾；优先生活用水，合理安排产业用水；地表水和地下水统筹开发。

5）针对资源型缺水、水质型缺水和工程型缺水的不同缺水类型提出相应解决办法，同时优化城市用水结构，节约用水，走控潜优化、内涵发展道路。

6）天然河流（无坝取水）的取水量应不大于河流枯水期的可取水量；地下水源的取水量应不大于开采储量。采用地表水源优先考虑天然河道与湖泊取水，其次考虑挡河通坝蓄水库水，最后考虑需调节径流的河流。地下水开采不适用于用水量很大的情况。

7）有多种天然水源，首先考虑水质较好易净化水源作供水水源或考虑多水源分质供水。

8）农业、水力发电、航运、水产、旅游、排水均与水资源利用相关，水源规划应全面考虑，统筹安排，科学合理综合利用各种水源。

9）水源选择从整个给水系统（取水、净水、输配水）的安全和经济考虑。

10）统筹解决城市缺水，最主要对策是开源节流和加强环境保护：

① 山区海岛地区城镇缺少大的水体蓄流，可修建人工池库，截留丰水期的径流量作为水源；水网地区利用河湖蓄水，作为农业和城市补充水源，并与受污染河流断开、形成独立水系；避污蓄清，利用天然或人工池库蓄存水量作为污染期的原水调节，以便水质好时蓄水，水质差时取水。

② 城市污水处理达标回用，充实城市水源，并主要用于农业灌溉、工业回用（冷却水、工业用水、洗涤水等）、城市杂用水（浇洒、景观、消防、绿化、洗车、冲厕、建筑施工等）、地下回灌、渔业养殖、河湖补充生态用水等方面。中水系统是污水回用方式之一。

③ 分质供水，有效利用水资源。

（2）区域水源保护

由于人类生产活动及各种自然因素的影响，常使水源出现水量降低和水质恶化的现象。而水源一旦出现这种情况，很难在短时期内恢复。为保证城市、城市群区域内水资源的可持续开发利用，必须做到利用与保护相结合。实施水源保护，防止水源枯竭与污染。

1）保护给水水源的一般要求

① 配合经济计划部门制定水资源开发利用规划，要全面考虑、统筹安排，正确处理与其他涉水部门的关系，以求合理地综合利用和开发水资源。特别是水资源比较贫乏的地区，综合开发利用水资源，对于所在地区的可持续发展具有决定性的意义。

② 加强水源管理

对于地表水源要进行水文观测和预报。对于地下水源要进行区域地下水动态观测，尤应注意开采漏斗区的观测，以便对超量开采用时采取有效措施，如开展人工补给地下水、限量开采等。

③ 加强流域范围内的水土保持工作

水土流失不仅使农业遭受直接损失，而且还加速河流淤积，减少地下径流，导致洪水流量增加和常水流量降低。不利于水量的常年利用。为此，要加强流域范围内的植树造林、退耕还林还草和科学依法管理，在河流上游和河源区要防止滥伐森林。

④ 合理规划城镇住区和工业区，减轻对水源的污染。

⑤ 加强水源水质监督管理，制定科学合理的污水排放标准，并切实保证贯彻实施。

⑥ 勘察水源时，应从防止污染角度，提出水源合理规划布局的意见，提出卫生防护条件与防护措施。

⑦ 对于海滨及其他水质较差的地区，要注意由于开采地下水引起的水质恶化问题，如海水入侵，与水质不良含水层发生水力联系等问题。

⑧ 进行水体污染调查研究，建立水体污染检测网。

2）水源卫生防护规划要求

城镇及其区域水源必须设置卫生防护地带。卫生防护地带的范围和防护措施，按《生活饮用水卫生标准》（GB 5749—2006）和《生活饮用水卫生规范》的规定，应符合下列要求：

① 地表水源卫生防护

取水点周围半径 100m 的水域内严禁捕鱼、停靠船只、游泳和从事可能污染水源的任何活动，并应设有明显的范围标志和严禁事项的告示牌。

河流取水点上游 1000m 至下游 100m 的水域内，不得排入工业废水和生活污水；其沿岸防护范围内不得堆放废渣，不得设立有害化学物品的仓库，堆栈或装卸垃圾、粪便和有毒物品的码头；不得使用工业废水和生活污水灌溉及施用有持久性毒性或剧毒的农药，并不得从事放牧等有可能污染该段水域水质的活动。

供饱用水水源的水库和湖泊，应根据不同情况将取水点周围部分水域或整个水域及其沿岸防护范围列入此范围，并按上述要求执行。

受潮汐影响河流的取水点上下游防护范围，由自来水公司与当地卫生防疫站、环境卫生检测站根据具体情况研究确定。

水处理厂生产区范围应明确划定并设立明显标志，在生产区外围不小于 10m 的范围内，不得设置生活住区和修建禽畜饲养场、渗水厕所、渗水坑；不得堆放垃圾、粪便、废渣或铺设污水渠道；应保持良好的卫生状况和绿化。单独设立的泵站、沉淀池和清水池的外围不小于 10m 的区域内，其卫生要求与水厂生产区相同。

② 地下水源卫生防护

取水构筑物的防护范围应根据水文地质条件、取水构筑物形式和附近地区的卫生状况进行确定，其防护措施应按地表水水厂生产区要求执行。

在单井或井群影响半径范围内，不得使用工业废水或生活污水灌溉和施用有持久性毒性或剧毒的农药，不得修建渗水厕所、渗水坑、堆放垃圾、粪便、废渣或铺设污水渠道，并不得从事破坏深层土层的活动。如取水层在水井影响半径内不露出地面或取水层与地面水没有互相补充的关系时，可根据具体情况设置较小的防护范围。

在地下水水厂生产区范围内，应按地表水生产区要求执行。

4.2.3　给水工程设施统筹

4.2.3.1　给水工程系统布置

城市给水工程系统包括取水工程、水处理（净水）工程、输配水工程。输配水工程可分输水工程、配水工程。

取水工程设施包括水源和取水点、取水构筑物，以及将水从取水口提升至水厂的一级泵站。

净水工程设施包括水厂内各种水处理构筑物或设备、将处理后的水送至用户的二级泵站。

输水工程指从水源泵房或水源集水井至水厂的原水输水管道（或渠道），或仅起输水作用的从水厂至城市管网和直接送水到用户的输水管道，包括其各项附属构筑物、中途加压泵站等。

配水工程又分配水厂和配水管网两部分。前者起调节加压作用，包括泵房、清水池、消毒设备和附属建筑物，后者包括各种口径的管道及附属构筑物、高地水池和水塔。

给水工程系统统筹规划布置主要依据城市布局，地形地质等自然条件，水源情况，用户对水量、水质、水压的要求。

城市给水系统统筹布置主要考虑以下方面：

1）在保证水量条件下，优先选择水质较好，距离较近，取水条件较好的水源。当地水源不能满足要求，应考虑远距离调水或分质供水，保证城市可持续发展。

2）水厂位置接近用水区降低输水管道的工作压力和长度。

3）充分考虑用水量较大的工业企业重复用水的可能性，发展清洁工艺，节省用水减小污染。

4）区别不同情况选择不同布置形式：

① 统一给水系统

适用用户较集中、各用户对水质、水压无特殊要求或差别不大、地形较平坦、建筑层数差别不大的情况。

② 分质给水系统

适用新区、工业区工业用水和生活用水分质供水外，也适用于海岛地区等一定范围内饮用水与杂用水分质供水。

③ 分区给水系统

由同一泵站内低、高压水泵分别供低、高区用水的并联分区适用于城区沿河岸发展而宽度较小或水源靠近高压区时；由低区泵站供高、低两区，高区用水再由高压泵站加压的串联分区适用于城区垂直于等高线方向延伸供水区域狭长地形起伏不大水厂又集中布置在城市一侧的情况。

④ 循环给水系统

主要是工业废水处理后循环使用、提高工业用水重复利用率（许多行业可达70%以上），在工业生产中应用广泛。

中水系统也是循环给水系统。

⑤ 区域性给水系统

城镇或工业区集中在上游统一取水，沿线分别供水。适用城镇化密集地区城镇供水。

4.2.3.2 取水工程设施

（1）地表水取水构筑物

设在水量充沛、水质较好地段，位于城镇和工业的上游清洁河段。

应与河流的综合利用相适应。取水构筑物不应妨碍航运和排洪，并符合灌溉、水力发电、航运、排洪、河湖整治等的要求。

（2）地下水取水构筑物

设在城镇和工矿企业的地下径流上游，水量充沛、水质良好、地下水补给条件好、渗透性强、卫生环境良好地段。

取水点的布置与给水系统总体布局一致。

4.2.3.3 净水工程设施

净水工程主要是给水处理厂（自来水厂）及其有关设施。

（1）给水厂厂址选择

给水厂厂地选择应根据城市发展和总体规划的要求，综合统筹考虑以下相关因素，并进行技术经济比较后确定。

1）工程地质条件较好，不受洪水威胁，地下水位低，地基承载能力较大，湿陷性等级不高的地方。

2）交通方便，输配电线路短的地段。

3）水厂应尽可能接近用水区，特别是最大用水区。当取水点距离用水区较远时，更应接近用水区，也可将水厂设在取水构筑物附近，而在靠近用水地区另设配水厂；当取水点距用水区较近，水厂可设在取水构筑物附近。

4）有条件应尽量采用重力输水。

5）水厂应位于河道主流的城市上游，取水口尤其应设于居住区和工业区排水出口的上游。

（2）水厂用地

不同规模水厂的用地指标，根据《室外给水排水工程技术经济指标》和《城市给水工程规划规范》确定。

表 4.2.3-1、表 4.2.3-2、表 4.2.3-3、表 4.2.3-4 分别为不同净水厂和配水厂用地指标。

每 1m³/d 水量用地指标　　　　　　　　　　　　　表 4.2.3-1

水厂设计规模	每 1m³/d 水量用地指标(m²)	
	地面水沉淀净化工程综合指标	地面水过滤净化工程综合指标
Ⅰ类(水量 10 万 m³/d 以上)	0.2~0.3	0.2~0.4
Ⅱ类(水量 2 万~10 万 m³/d)	0.3~0.7	0.4~0.8
Ⅲ类(水量 2 万 m³/d 以下)	0.7~1.2	
Ⅲ类(水量 1 万~2 万 m³/d)		0.8~1.4
(水量 5 千~1 万 m³/d)		1.4~2
(水量 5 千 m³/d 以下)		1.7~2.5

水厂用地控制指标　　　　　　　　　　　　　　　表 4.2.3-2

水厂建设规模(万 m³/d)	地表水水厂[(m²·d)/m³]	地下水水厂[(m²·d)/m³]
5~10	0.70~0.50	0.40~0.30
10~30	0.50~0.30	0.30~0.20
30~50	0.30~0.10	0.20~0.08

小城镇水厂用地控制指标 [(m²·d)/m³]　　　　　　表 4.2.3-3

建设规模(万 m³/d)	地表水水厂		地下水水厂
	沉淀净化	过滤净化	除铁净化
0.50~1			0.40~0.70
1~2	0.50~1.0	0.80~1.4	0.30~0.40
2~5	0.40~0.80	0.60~1.1	
2~6			0.30~0.40
5~10	0.35~0.60	0.50~0.80	

注：指标未包括厂区周围绿化地带用地。

配水厂用地指标　　　　　　　　　　　　　　　　表 4.2.3-4

水厂设计规模	每 m³/d 水量用地指标(m²)
水量 5~10 万 m³/d	0.40~0.20
水量 10~30 万 m³/d	0.20~0.15
水量 30 万 m³/d 以上	0.20~0.08

4.2.3.4 给水管网设施

给水管网设施包括输水到给水区内和配水到所有用户的全部输水系统与配水系统设施。

给水管网设施的统筹应结合城镇规划符合城镇发展要求，以保证配水管网足够的水压、保证不间断供水，并保证水在输配过程中不受污染等方面考虑，并与城镇供电、通信、供燃气、排水等管线及防洪、人防工程相协调。

（1）输水系统

1）重力输水经济，管理方便，水源位置高于给水区优先考虑采用重力输水；

2）水源低于给水区，考虑泵站加压输水，包括输水途中设置加压泵站；

3）地形起伏区远距离输水可采用重力管与压力管相结合方式；

4）输送原水应有防止污染、保护水质和水量的措施。

（2）配水系统

1）干管布置的主要方向应按供水主要流向延伸，供水流向取决于最大用水户或水塔等调节构筑物的位置。

2）考虑供水可靠性，按主要流向布置12条平行干管，其间连通管连接，干管间距一般 500～800m；连接管间距可 800～1000m。

3）尽量避免在重要道路下敷设，管线在道路下的平面位置和标高应符合地下管线综合设计的要求。

4）尽可能布置在高地，以保证用户附近配水管有足够的压力。

5）考虑发展和分期建设，为发展留有余地。

4.2.4 排水工程系统规划统筹

城市排水工程与城市总体规划及其他各项工程规划之间有密切的关系，不仅要考虑排水工程自身特点与要求，而且要处理好与其他规划之间的关系、衔接与协调。主要体现在以下方面：

4.2.4.1 与城市总体规划的统筹

城市总体规划是排水工程规划的前提和依据，城市排水工程规划对城市总体规划也有一定的影响。

（1）根据城市总体规划考虑的排水工程规划

排水工程的规划年限应与城市总体规划所确定的远、近期规划年限一致。通常城市规划年限近期为五年，远期十五至二十年。

根据城市总体规划所确定的城市发展的人口规模、工业项目和规模、大型公共建筑等估算城市污水量，了解工业废水的水质情况。在此基础上合理确定城市排水工程的规模，以适应城市、工业等发展的需要，避免过大或过小。过大造成设备、资金的积压浪费；过小需不断扩建，不合理也不经济。

根据城市用地布局及发展方向，确定排水工程的规划范围，明确排水区界，进行排水系统的布置。同时，根据城市发展计划拟定排水工程的分期建设规划。

从城市的具体条件、环境保护要求、拟定污水排放标准，决定城市污水处理程序，选择处理与利用的方法。确定污水处理厂及出水口的合适位置。

（2）城市总体规划中应考虑排水工程规划的要求

总体规划中应尽可能为城市污水的排放及处理与利用创造有利的条件，使其科学合理，并能节省工程投资，利于环境保护。

1）在城市工业布局尽可能将废水量大、水质复杂污染大的工厂布置在城市下游，以有利于水体的卫生防护。

2）对于工业废水处理与利用相互有关的工厂，在规划布置中尽可能相邻或靠近，为工厂之间的废水处理协作、综合利用创造条件。

3）为了尽量缩短排水管渠的长度，减少排水工程的投资，城市用地布局应尽量紧凑、集中，避免在地形复杂、用地破碎、坡度过大的地段布置建筑。

4）城市用地的布局与发展，分期建设的安排，要考虑对城市现有排水设施的结合与利用。

5）城市郊区规划要为污水灌溉创造条件。

4.2.4.2　与其他各项工程规划之间的统筹协调

排水工程规划是城市单项工程规划之一，此外，还有道路工程规划、交通系统规划、用地工程准备规划、给水工程规划、人防工程规划、燃气、电缆管线规划等。排水工程规划与这些单项工程规划都是在城市总体规划布局基础上平行进行的，要求各单项工程规划之间相互配合、协调，解决彼此间矛盾、避免冲突，使整个城市各组成部分之间构成有机的整体。

排水管渠应沿城市道路布置。道路的等级、宽度、横断面、纵坡以及交通状况与排水管渠布置有密切的关系，处理不当，将会造成相互矛盾，增加维护管理费用。街道的宽度直接影响到连接支管的长度，沿街究竟设置一根还是街道两侧各设置一根污水管，要看具体情况。此外，道路的纵坡度太大或太小都不利于管渠布置，特别是反坡，将会大大增加管渠埋深。因此，在规划中要考虑道路交通与管渠布置紧密配合，避免相互影响、干扰，为两者建设及充分发挥各自功能创造条件。

城市用地的竖向布置也直接影响排水系统的规划。在排水管渠布置及附属构筑物设置中要根据用地规划中改变了的地形条件。因此，必须先了解用地安排与竖向规划的设计。

至于给水与排水工程之间是互为依存关系，给水工程中水源、取水口的选择与污水处理厂、排放口位置的决定，都要通盘考虑，避免污染给水水源。

排水工程规划必须考虑城市中各类管线工程的综合要求。有时需对排水管渠的平面位置或高程进行适当的调整，同时管线综合规划中也应尽可能满足排水管渠布置的要求，合理解决各种管线之间的矛盾，做到统一安排，各得其所。

此外，排水工程规范中还应研究与人防工程的结合以及与河道整治、防洪排涝工程的结合等问题。

4.2.4.3　排水体制选择

排水体制选择是指对生活污水、工业废水和降水采用的不同的排除方式相应的排水系统的选择。

排水体制的选择是排水系统统筹规划的一个重要方面。不但关系到排水系统是否经济实用，能否满足环境保护要求，同时也影响排水工程总投资、初期投资和经营费用。

排水体制选择应根据城市总体规划、环境保护要求，并同时考虑污水利用处理情况、原有排水设施、水环境容量、地形、气候等条件，统筹全局后经技术比较确定。而上述环境保护和可持续发展考虑是选择排水体制的重点。

从环境保护方面看，如果将生活污水、工业废水全部截流送往污水厂进行全部处理，然后再排放，可以较好地控制和防止水体的污染，但截流主干管尺寸较大，容量增加很多，建设费用也相应地增高。采取截流式合流制时，雨天有部分混合污水通过溢流井直接排入水体。实践证明，采用截流式合流制，随着建设的发展，河流的污染日益严重，甚至达到不能容忍的程度。分流制排水系统是将污水全部送往污水厂进行处理，所以在雨天不会把污水排放到水域中去，对防止水质污染是有利的。但初降雨水径流未加处理直接排入水体，造成妆降雨水径流对水体的污染。但由于分流制排水系统比较灵活，比较适应社会发展的需要，一般又能符合卫生的要求，所以在国内外获得广泛的应用，也是排水系统的发展方向。

从造价方面看，合流制排水管道的造价比完全分流制一般要低 20%～40%。可是合流制的污水厂却比分流制的造价高。从总造价来看完全分流制排水系统比合流制排水系统高。但不完全分流制因初期只建污水排水系统，因而节省初期投资费用，此外，又可缩短施工期，较快地发挥工程效益。而完全分流制和截流式合流制的初期投资均比不完全分流制要大。

从维护管理方面来看，晴天和雨天时流入污水厂的水量变化较大，增加了合流制排水系统污水厂运行管理中的复杂性。而分流制排水系统可以保持管内的流速，不致发生沉淀，同时流入污水厂的水量和水质比合流制变化小得多，污水厂的运行易于控制。合流制管渠不存在管道误接情况，而分流制管渠容易出现管道误接。合流管道的维护费用可以降低。

4.2.4.4 排水系统布置统筹与优化

城市排水工程系统由排水管道（管网）、污水处理系统（污水厂）和出水口组成。管道系统是收集和输送废水的设施，包括排水设备、检查井、管渠、泵站等。污水处理系统是改善水质和回收利用污水的工程设施，包括城市及工业企业污水厂（站）中的各种处理物和除害设施。出水口是使废水排入水体并与水体很好混合的工程设施。

城市排水系统的布置与前述排水体制有密切关系。分流制中，污水系统的布置要确定污水处理厂、出水口、泵站、主要管渠的布置或其他利用方式；雨水系统的布置要确定雨水管渠、排洪沟和出水口的位置等；合流制系统的布置要确定管渠、泵站、污水处理厂、出水口、溢流井的位置。

城市排水工程系统的平面布置应根据地形、竖向规划、污水处理厂位置、周围水体情况、污水种类和污染情况及污水处理利用方式、城市水源规划、大区域水污染控制规划等综合统筹考虑与确定。

排水管道系统的布置要尽量用最短的管线，在较小的埋深下，把最大面积的污废水、雨水能自流送往污水处理厂和水体。

以下是几种布置形式的选择：

1）正交式（图 4.2.4-1）：地势向水体有适当倾斜的地区，干管以最短距离沿与水体垂直相交的方向布置，这种布置也称正交布置。正交布置的干管长度短、管径小，因而经济，污水排放迅速。由于污水未经处理就直接排放，使水体污染，因此这种布置形式仅适用于雨水的排除。

2）截流式（图 4.2.4-2）：正交布置的发展，沿河岸敷设主干管，并将各干管的污水截流到污水厂，这种布置也称截流布置。截流布置减轻了水体的污染，改善和保护了环境。适用于分流制的污水系统、区域排水系统和截流式合流制排水系统。

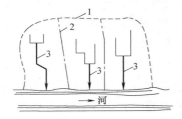

图 4.2.4-1 正交式排水系统

1—城镇边界；2—排水流域分界线；
3—干管

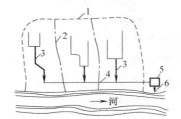

图 4.2.4-2 截流式排水系统

1—城镇边界；2—排水流域分界线；
3—干管；4—主干管；5—污水处理厂；
6—出水口

3）平行式（图 4.2.4-3）：地势向水体有较大倾斜的地区，避免因干管坡度较大，管内流速过大，使管内受到严重冲刷，可使干管基本与等高线及河道基本平行、主干管与等高线及河道成一定斜角敷设，这种布置也称平行布置。平行布置可减少跌水井数量，降低工程总造价。

4）分区式（图 4.2.4-4）：地势相差较大地区。高区污水靠重力流入污水厂，低区的污水用水泵送入污水厂，这种布置也称分区布置。分区布置充分利用地形排水，节省能源。

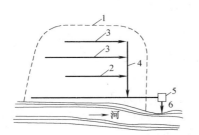

图 4.2.4-3 平行式排水系统

1—城镇边界；2、3—干管；4—主干
管；5—污水处理厂；6—出水口

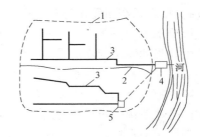

图 4.2.4-4 分区式排水系统

1—城镇边界；2—排水流域分界线；
3—干管；4—污水处理厂；5—污水泵站

5）分散式（图 4.2.4-5）：城区周围有流域或城区中央部分地势高、地势向倾斜的地区，各排水流域的干管常采用辐射状分散布置，各排水流域具有独立的排水系统。这种布置也称分散式布置。分散式布置具有干管长度短、管径小、管道埋深浅、便于雨水排放等优点。

6）环绕式（图 4.2.4-6）：分散式的发展，即在四周布置污水总干管，将干管的污水截流送往污水厂。这种布置水厂占地小，污水处理厂经营和基建费用较低。

7）区域式（图 4.2.4-7）：把两个以上城镇地区的污水统一排除和处理的系统，称为区域布置形式。区域布置污水处理设施集中化，有利于水资源的统一规划管理，节省投资，污水处理厂经营和基建费用较低，更有效地防止地面水污染，保护水环境。比较适用于城镇密集区及区域水污染控制的地区，并应与区域规划相协调。

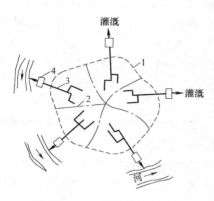

图 4.2.4-5 分散式排水系统

1—城镇边界；2—排水流域分界线；
3—干管；4—污水处理厂

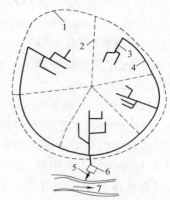

图 4.2.4-6 环绕式排水系统

1—城镇边界；2—排水流域分界线；3—干管；
4—环绕干管；5—出水口；6—污水处理厂；
7—河流

一些城镇地形非常复杂，加之城市竖向规划的限制，排水管网的平面布置很难只用上述某一种形式进行布置，而必须根据实际条件灵活掌握。

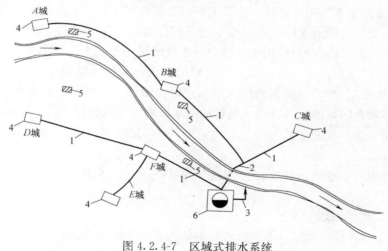

图 4.2.4-7 区域式排水系统

1—污水主干管；2—压力管道；3—排放管；4—泵站；5—废除的城镇的污水处理厂；6—区域污水处理厂

4.2.5 排水工程设施统筹

4.2.5.1 污水处理厂及出水口

（1）污水处理厂选址优化

污水处理厂是排水工程的重要组成部分，也是重要组成设施。污水处理厂选址优化对于城镇规划的用地布局、环境保护、污水利用与出路、污水管网系统的走向与布置、污水处理厂的投资与运行管理等都有重要影响。

污水处理厂的选址应在整个排水系统设计方案中全面规划，综合统筹考虑，根据污染物排放量控制目标、城镇布局，受纳水体功能及流量等因素来选择。对多种方案的优缺点

89

作综合评价，一般包括：投资与经营指标、土地及耕地的占有、施工难易程度及建设周期、节能分析、运行管理等，进行综合技术经济比较与最优化分析，并通过反复论证确定。选址考虑以下原则：

1）应与选定的污水处理工艺相适应，如选定土地处理系统为处理工艺时，必须有适当的面积。

2）尽量做到少占或不占农田，且留有适当发展余地。

同时考虑便于污水灌溉农田，污水作农肥的利用，污水处理厂和出水口应选在城镇河流的下游或靠近农田灌溉区，污水处理厂应尽可能与出水口靠近，以缩短输送距离。

3）厂址必须位于集中给水水源下游，并应位于城镇夏季最小频率风向的上风侧，与居住区或公共建筑物有一定的卫生防护带，卫生防护地带一般采用300m，处理污水如用于农田灌溉时，宜采用500～1000m。

4）厂址不宜设在雨季易受水淹的低洼处。靠近水体的处理厂，应选择在不受洪水威胁的地方，否则应考虑防洪措施。

5）厂址应选择在工程地质条件较好的地方。一般选在地下水位较低，地基承载力较大，湿陷性等级不高，岩石较少的地层，以方便施工，降低造价。

6）应结合城镇规划要求，充分利用地形，应选择有适当坡度的地段，以满足污水在水处理流程上自流要求。用地形状宜是长方形，以便按污水处理流程布置构筑物。

7）厂址一般尽可能地安放在各河系下游、城镇郊区。但是这种系统布局使法水厂距离再生水用户较远，需铺设的回用水管网费用相应增加，不利于污水的资源化。因此，在确定污水处理厂厂址时，还应对再生水的用户进行调查分析（城镇中的自然水面、小河、绿地和工业再生水用户），并根据回用水的需求，在城镇中适当位置设置当水净化厂（再生水厂），收集附近区域的城镇污水，根据回用水质要求加以处理之后就近回用。

8）厂址应考虑污泥的运输与处置，宜近公路与河流。厂址处理有良好的水电供应，最好是双电源。

9）污水处理厂厂址的选择应结合城镇总体发展规划，考虑长期发展的可能性，有扩建的余地。

（2）污水处理厂用地要求

表4.2.5-1为各种污水量、不同处理级别的污水处理厂用地面积指标。

城镇污水处理厂规划用地指标（m²·m³）　　　　　表4.2.5-1

建设规模	污水量				
	20万 m³ 以上	10万～20万 m³	5万～10万 m³	2万～5万 m³	1万～2万 m³
用地指标	一级污水处理指标				
	0.3～0.5	0.4～0.6	0.5～0.8	0.6～1.0	0.6～1.4
	二级污水处理指标（一）				
	0.5～0.8	0.6～0.9	0.8～1.2	1.0～1.5	1.0～2.0
	二级污水处理指标（二）				
	0.6～1.0	0.8～1.2	1.0～2.5	2.5～4.0	4.0～6.0

注：1. 用地指标是按生产必须的土地面积计算。
2. 本指标未包括厂区周围绿化带用地。
3. 处理级别以工艺流程划分：
一级处理工艺流程大体为泵房、沉砂、沉淀及污泥浓缩、干化处理等。
二级处理（一），其工艺流程大体为泵房、沉砂、初次沉淀、曝气、二次沉淀及污泥浓缩、干化处理等。
三级处理（二），其工艺流程大体为泵房、沉砂、初次沉淀、曝气、二次沉淀、消毒及污泥提升、浓缩化、脱水及沼气利用等。

（3）污水出水口

污水出水口一般选择在城市河流下游，应在城市给水系统取水构筑物和河滨浴场下游，并保持一定距离（通常至少 100m），出水口应避免设在回水区，防止回水污染。污水处理厂位置一般与出水口靠近，以减少排放渠道的长度。污水厂一般也在河流下游，并要求在城镇夏季最小频率风向的上风侧，与居住区或公共建筑有一定的卫生防护距离。当采取分散布置，设几个污水厂与出水口时，将使污水厂位置选择复杂化，可采取以下措施弥补：如控制设在上游污水厂的排放，将处理后的出水引至灌溉田或生物塘；延长排放渠道长度，将污水引至下游再排放；提高污水处理程度，进行三级处理等。

4.2.5.2　排水泵站

城镇污水、雨水因受地形条件、地质条件、水体水位等因素的限制，或重力流较远距离管道埋深很深造成工程量太大和施工困难，不能以重力流方式排除，以及污水处理厂为了提升污水（或污泥）时，需要设置排水泵站。

排水泵站按排水的性质可分为污水泵站、雨水泵站、合流泵站和污泥泵站四类。按泵站在排水系统中所处的位置可分为中途泵站、局部泵站和终点泵站（图 4.2.5-1）。按排水泵启动的方式可分为自灌式泵站和非自灌式泵站。为了使排水泵站设备简单、启动和管理方便，应首先考虑采用自灌式泵站。

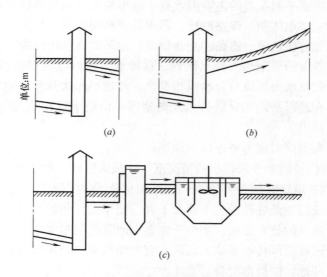

图 4.2.5-1　污水泵站的设置地点

（a）中途泵站；（b）—局部泵站；（c）—终点泵站

排水泵站主要由泵房、集水池、格栅、辅助间及变电室组成。

排水泵站的型式主要根据进水管渠的埋深、进水流量、地质条件等而定。排水泵站按泵房与集水池的组合方式分为合建式和分建式两种。当集水池很深，泵房很大时，宜采用分建式。按泵站的平面形状可分为圆形和矩形两种。对于雨水泵站，按水泵是否浸入水中可分为湿式泵站和干式泵站。

城镇排水泵站宜单独设置，与住宅、公共建筑间距应符合有关要求，周围宜设置宽度不小于 10m 的绿化隔离带，以减轻对周围环境的影响。在受洪水淹没的地区，泵站入口设计地面高程应比设计洪水位高出 0.5m 以上，必要时可设置闸槽等临时防洪措施。

排水泵站占地面积随流量、性质等不同而相异。应参考全国市政工程投资估算指标的雨（污）水泵站用地指标（表 4.2.5-2）结合当地实际情况，分析、比较选定。

泵站建设用地指标（m²）

表 4.2.5-2

泵站性质	建 设 规 模			
	Ⅰ	Ⅱ	Ⅲ	Ⅳ
污水泵站	2000～2700	1500～2000	1000～1500	600～1000
合流泵站	1500～2200	1200～1500	800～1200	400～800

注：1. 建设规模：Ⅰ类：20 万～50 万 m³/d；Ⅱ类：10 万～20 万 m³/d；Ⅲ类：5 万～10 万 m³/d；Ⅳ类：0.5 万～2 万 m³/d。

2. 表中指标为泵站围墙内，包括整个流程中构筑物和附属建筑物、附属设施等占地面积。

3. 小于Ⅳ类规模的泵站，用地面积按Ⅳ类规模的控制指标。大于Ⅰ类规模的泵站，每增加 10 万 m³/d，用地指标增加 300～400m²。

排水泵站的数量位置由主干管布置情况综合考虑，并通过技术经济比较确定。

4.2.5.3 排水管渠系统

（1）污水管道

1）统筹平面布置

统筹考虑污水管道平面布置的主要因素有：地形和水文地质条件、城市总体规划、竖向规划与分期建设、排水体制、线路数目、污水处理利用情况、处理厂和排放口位置、排水量大的工业企业和公建情况、道路和交通情况、地下管线和构筑物的分布等。

通常排水系统敷设的界限称为排水区界。在排水区界内应根据地形和城市竖向规划，划分排水流域。一般流域边界应与分水线相符合。在地形起伏及丘陵地区，流域分界线与分水线基本一致；在地形平坦无显著分水线的地区，应使干管在最大合理埋深的情况下，绝大部分污水自流排出。

排水管渠平面布置同时统筹考虑以下原则：

① 尽可能在管线较短和埋深较小的情况下，让最大区域上的污水自流排出。

② 地形是影响管道定线的主要因素。定线时应充分利用地形，在整个排水区域较低的地方，如集水线或河岸低处敷设主干管及干管，便于支管的污水自流接入。地形较复杂时，宜布置成几个独立的排水系统，如由于地表中间隆起而布置成两个排水系统。若地势起伏较大，宜布置成高低区排水系统，高区不宜随便跌水，利用重力排入污水厂，并减少管道埋深；个别低洼地区应局部提升。

③ 污水主干管的走向与数目取决于污水厂和出水口的位置与数目。如大城市或地形平坦的城市，可能要建几个污水厂分别处理与利用污水，就需设几个主干管。小城市或地形倾向一方的城市，通常只设一个污水厂，则只需敷设一条主干管。若区域内几个城镇合建污水厂，则需建造相应的区域污水管道系统。

④ 污水管道尽量采用重力流形式，避免提升。由于污水在管道中靠重力流动，因此管道必须有坡度。在地形平坦地区，管线虽不长，埋深亦会增加很快，当埋深超过最大埋深深度时，需设中途泵站抽升污水。这样会增加基建投资和常年运行管理费用，但不建泵站，使管道埋深过深，会使施工困难加大且造价增高。所以需作方案比较，选择最适当的

定线位置，尽量节省埋深，又可少建泵站。

⑤ 管道定线尽量减少与河道、山谷、铁路及各种地下构筑物交叉，并充分考虑地质条件的影响。污水管特别是主干管，应尽量布置在坚硬密实的土壤中。如通过劣质土壤（松软土、回填土、土质不均匀等）或地下水位高的地段时，污水管道可考虑绕道或采用建泵站及其他施工措施的办法加以解决。

⑥ 污水干管一般沿城镇道路布置。不宜设在交通繁忙的快车道下和狭窄的街道下，也不宜设在无道路的空地上，而通常设在污水量较大或地下管线较少一侧的人行道、绿化带或慢走道下。道路宽度超过 40m 时，可考虑在道路两侧各设一条污水管，以减少连接支管的数目及与其他管道的交叉，并便于施工、检修和维护管理。污水干管最好以排放大量工业废水的工厂（和污水量大的公共建筑）为起端，除了能较快发挥效用外，还能保证良好的水力条件。

⑦ 管线布置应简捷顺直，不要绕弯，注意节约大管道的长度。避免在平坦地段布置流量小而长度大的管道，因流量小，保证自净流速所需的坡度较大，而使埋深增加。

⑧ 管线布置考虑城镇的远、近期规划及分期建设的安排，与规划年限相一致。应使管线的布置与敷设满足近期建设的要求，同时考虑远期有扩展的可能。规划时，对不同重要性的管道，其设计年限应有差异。城镇主干管，年限要长，基本应考虑一次建后相当长时间不再扩建，而次干管、支管、接户管等年限可依次降低，并考虑扩建的可能。

2）相关污水利用与处理方式

污水的最终出路无外乎排入水体、灌溉农田和重复使用。直接排放水体对环境造成严重污染。但排海（江）工程利用大海（江）的巨大自净能力来稀释污水，不失为一种经济有效的处理方法。处理后的污水进行农田灌溉或水产养殖，或直接对污水进行土地处理，都是对污水利用的较好方式。城市污水重复利用随着水资源的日益匮乏而越来越受到重视，污水的利用方式对城市排水系统的布置有较大影响，并应考虑城市水源和给水工程系统的规划。城镇污水的不同处理要求和处理方式也对城镇排水系统的布置产生影响。

3）相关工业废水排放

工业废水中的生产废水一般由工厂直接排入水体或排入城市雨水管渠。生产污水排放有两种情况：一是工厂独立进行无害化处理后直接排放；二是一般性的生产污水直接排入城市污水管道，而有毒害的生产污水经过无害化处理后直接排放或先经预处理后再排往城市污水厂合并处理。一般地，当工业企业位于城市内，应尽量考虑工业生产污水（无毒害）排入城镇污水管道系统，一起排除与处理，这是比较经济合理的。而第一种情况有利于较快地控制生产污水污染。

（2）雨水管渠

由于全年雨水绝大部分常在极短时间内倾泻而下，形成强度猛烈的暴雨，若不能及时排除，就会造成城镇内涝灾害，甚至巨大危害。因此，担负及时排除暴雨形成的地面径流的雨水管渠也是城镇排水工程的重要组成和重要设施。

雨水管渠系统规划是城镇排水规划的重要组成部分，应对整个水系进行统筹规划，结合城镇防洪的"拦、蓄、分、泄"功能，保留一定的水塘、洼地、截洪沟，同时通过建立一定的雨水贮留系统，一方面防止和避免水涝灾害，另一方面利用雨水补充城镇水源，缓解用水紧张。

城镇雨水管渠系统由雨水口、雨水管渠、检查中、出水口等构筑物组成的一整套工程设施组成，规划包括：

1）确定排水流域与排水方式，进行雨水管渠的平面布置，确定雨水调节池、雨水泵站及雨水排放口的位置。

2）根据城镇雨量统计资料及气候条件，确定或选定当地暴雨强度公式。

3）确定计算参数，计算雨水流量并进行水力计算，确定雨水管渠断面尺寸、设计坡度、埋设深度等。

雨水管渠系统布置应统筹综合考虑以下方面：

① 充分利用地形，就近排入水体

规划雨水管线时，首先按地形划分排水流域，然后进行管线布置。雨水管渠布置应尽量利用地形的自然坡度以最短的距离依靠重力排入附近的池塘、河流、湖泊等水体中（见图4.2.5-2）

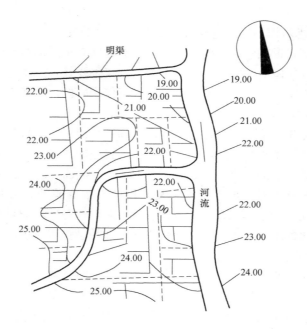

图4.2.5-2 某地区雨水管渠平面布置示意图

一般情况下，当地形坡度变化大时，雨水干管宜布置在地形较低处或溪谷线上；当地形平坦时，雨水干管宜布置在排水流域中间，以便于支管的接入，尽可能扩大重力流排除雨水的范围。在地势较高的地方，雨水尽量就近自流排入河流。在地势较低的地方，尽量利用原有排水干渠、农灌渠和自然水沟把雨水相对集中到其出口处，并设置雨水排涝泵站。

② 尽量避免设置雨水泵站

由于暴雨形成径流量大，雨水泵站的投资相对较大，而且雨水泵站一年中工作时间较短，利用率低。因此应尽量利用地形，使雨水靠重力排入水体，避免设置雨水泵站。如需设置，应把经过泵站排泄的雨水径流量减小到最小。

应根据建筑物的分布，道路布置及街区内部的地形等布置雨水管道，使街区内绝大部分雨水以最短的距离排入街道低侧雨水管道。

雨水管渠应平行于道路敷设，且宜布置在人行道或绿化带下，以便检修。而不宜布置在交通量大的干道下，以免积水时影响交通。若道路宽度大于40m时可考虑道路两侧分别设置雨水管道。

雨水干管的平面和竖向布置应考虑与其他地下构筑物在相交处相互协调，雨水管道与其他各种管线或构筑物在竖向布置上要满足最小净距要求。

③ 合理布置雨水口，以保证路面雨水排除通畅

一般在街道交叉路口的汇水点、低洼处应设置雨水口。此外，在道路两侧一定距离处也应设置雨水口，间距一般为25～50m（视汇水面积大小而定），容易产生积水的区域适当加密或增加雨水口。雨水口布置如图4.2.5-3。

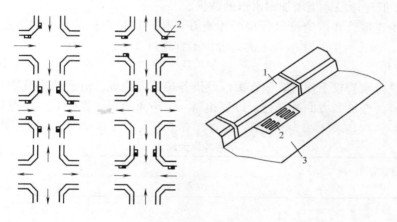

图 4.2.5-3　雨水口布置
1—路边石；2—雨水口；3—道路路面

④ 合理开辟水体

规划中尽量利用洼地与池塘，或有计划地修建雨水调节池以便储存一部分雨水径流量，以便减小雨水管渠断面尺寸，节省投资。同时所开辟的水体可供景观娱乐，在缺水地区还可回用于农业灌溉。

⑤ 雨水管道采用明渠或暗管应结合具体条件确定

在郊区、建筑密度较低或交通量较小的地区，可考虑采用明渠，以节省工程费用。在城区或工厂区内，建筑密度较大或交通量较大的地区，一般采用暗管。在受到埋深和出口深度限制的地区，可采用盖板明渠排除雨水。

此外，在每条雨水干管的起端，应尽可能采用道路边沟排除路面雨水，通常可减少暗管长度100～150m。

⑥ 合理布置雨水出口

雨水出口有集中与分散两种布置形式。当管道排入池塘或小河沟时，由于雨水出口构造比较简单，一般造价不高，因此宜采用分散出口，有利于雨水就近排放。但当河流的水位变化很大时，管道出口离河道很远时，出水口的建筑费用很大，在这种情况下，不宜采用过多的出水口，宜采用集中出口。

⑦ 设置排洪沟排除设计地区以外的雨水径流

雨水排除应与防洪结合起来，位于山坡上或山脚下的城镇，应在城郊设置排洪沟，以拦截从分水岭以内排泄下来的洪水，使之排入水体，保护城区避免洪水危害。

（3）排水管渠系统附属构筑物

排水管渠系统附属构筑物在城镇排水规划、管线综合和道路交通规划时需酌情考虑，常用有以下构筑物：

1）雨水口

雨水口是在雨水管渠或合流管渠上收集雨水的构筑物。地面及街道路面上的雨水经雨水口通过雨水连接管流入排水管渠。

雨水口一般应设置在交叉路口、道路两侧边沟的一定距离处及设有道路边石的低洼处。雨水口的形式与数量通常按汇水面积所产生的径流量确定。雨水口设置间距一般为25～50m，在低洼地段适当增加雨水口的数量。

雨水口由连接管和街道排水管渠的检查井连接。连接管的最小管径为200mm，坡度一般为0.01，连接到同一连接管上的雨水口不宜超过3个。

2）检查井

检查井是排水管渠上连接其他管渠以及供养护工人检查、清通的构筑物。通常设在管渠交汇、变径、变坡及方向改变处，以及相隔一定距离的直线管段上。检查井在直线管段上的最大间距一般按表4.2.5-3采用。检查井有不下人的浅井和需下人的深井。

检查井最大间距　　　　　　　　　　　　　　　　表4.2.5-3

管径或暗渠净高（mm）	最大间距（m）	
	污水管道	雨水（合流管道）
200～400	40	50
500～700	60	70
800～1000	80	90
1100～1500	100	120
1600～2000	120	120

注：管径或暗渠净高大于2000mm时，检查井的最大间距可适当增大。
引自《室外排水设计规范》GB 50014—2006。

3）跌水井

跌水井是设有消能设施的检查井。常用的跌水井有竖管式和溢流堰式。前者适用于管径等于或小于400mm的管道系统，后者适用于管径大于400mm的管道系统。当跌水落差小于1m时，一般只把检查井底部做成斜坡，不设跌水井。

4）溢流井（图4.2.5-4）

在截流式合流制管渠系统中，通常在合流管渠与截流干管的交汇处设置溢流井。分为截流槽式、溢流堰式和跳跃堰式3类。

5）出水口

出水口是使废水或雨水排入水体并与水体很好地混合的工程设施。其位置与形式，应根据出水水质、水体水位及其变化幅度、水流方向、主导风向、岸边地质条件及下游用水情况而定。并取得当地卫生主管部门和航运管理部门的同意。

雨水出水口一般都采取非淹没式，管底最好不低于多年平均洪水位，一般在常水位以

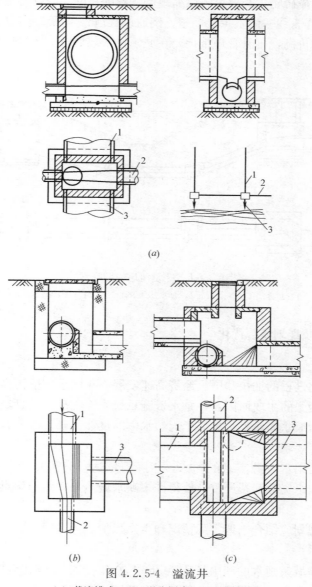

图 4.2.5-4 溢流井
(a) 截流槽式；(b) 溢流堰式；(c) 跳跃堰式
1—合流管渠；2—截流干管；3—排出管渠

上，以免倒灌。污水管的出水口一般都采取淹没式，出水口管顶高程在常水位以下，利于污水与水体充分混合。

常用的出水口形式有淹没式、江心分散式、一字式和八字式。

出水口最好采用耐浸泡、抗冻胀的材料砌筑。

6) 倒虹管

城镇污水管道穿越河道、铁路及地下构筑物，不能按原有坡度埋设，而是按凹的折线方式穿越障碍物，这种管道称为倒虹管。倒虹管一般由进水管、下行管、水平管、上行管和出水管组成。图 4.2.5-5 为一穿越河道的倒虹管。

倒虹管应尽量与障碍物正交通过，以缩短倒虹管的长度。倒虹管的管顶与河床距离一般不小于 0.5m，工作管线一般不少于 2 条，倒通过谷地、旱沟或小河时，可以敷设一条。倒虹管施工困难，造价高，不易管理维护，在城镇排水规划时，应尽量少设倒虹管。

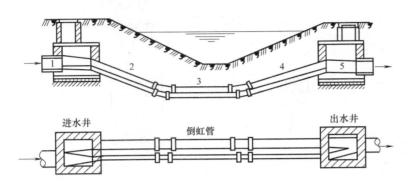

图 4.2.5-5　穿越河道的倒虹管
1—进水井；2—下行管；3—水平管；4—上行管；5—出水井

4.2.6　雨污水利用及规划统筹优化

4.2.6.1　雨水利用

随着我国城镇化进程的加快和国民经济高速发展，我国水环境污染和水资源短缺日趋严重。造成水资源紧张的主要原因：一是水资源总量先天不足；二是绝大部分的污水直接排入江河湖海中，造成水体污染，破坏了天然水体的良性循环。水质日趋恶化，不能满足水体正常使用的功能要求。

同时，我国又是雨水资源丰富的国家，年降雨量达（619000×10）m³，然而由于没有很好利用，造成雨水资源浪费严重，使得许多缺水城镇一方面暴雨洪涝，另一方面旱季严重缺水。

城镇排水工程规划应结合当地实际情况和生态保护，考虑雨水资源和污水处理的综合利用途径。

雨水利用尤其是城镇雨水的利用是从 20 世纪 80 年代到 90 年代发展起来的。

随着城镇化带来的水资源紧缺和环境与生态问题的产生，雨水利用逐渐引起人们的重视。许多国家开展了相关的研究并建成一批不同规模的示范工程。城镇雨水的利用首先在发达国家逐步进入到标准化和产业化的阶段。例如，德国于 1989 年就出台了雨水利用设施标准（DIN 1989），并对住宅、商业和工业领域雨水利用设施的设计、施工和运行管理，过滤，储存，控制与监测 4 个方面制定了标准。到 1992 年已出现"第二代"雨水利用技术。又经过 10 年多的发展与完善，到现在已是"第三代"雨水利用技术，并有新的标准。

我国城镇雨水利用起步较晚，目前主要在缺水地区有一些小型、局部的非标准性应用。例如山东的长岛县、辽宁大连的獐子岛和浙江舟山市葫芦岛等地有雨水集流利用工程。2001 年国务院批准了包括雨（洪）水利用规划内容的"21 世纪初期首都水资源可持续利用规划"，并且北京市政工程设计研究院开始立项编制雨水利用设计指南。

城镇雨水利用涉及雨水资源的科学管理、雨水径流的污染控制、雨水作中水等杂用水源的直接收集利用、用各种渗透设施将雨水回灌地下的间接利用、城镇生活小区水系统的合理设计及其生态环境建设等方面，是一项涉及面很广的系统工程。

城镇雨水的利用不是狭义的利用雨水资源和节约用水，它还包括减缓城区雨水洪涝和地下水位的下降、控制雨水径流污染、改善城镇生态环境等广泛的意义。因此，它是一种多目标的综合性技术。目前雨水利用的应用技术可分为以下几大类：分散住宅的雨水收集利用中水系统；建筑群或小区集中式雨水收集利用中水系统；分散式雨水渗透系统；集中式雨水渗透系统；屋顶花园雨水利用系统；生态小区雨水综合利用系统（屋顶花园、中水、渗透、水景）等，充分利用雨水渗透绿地植被，减少硬地铺装，扩大雨水渗透能力，居住区地面水、雨水、污水等尽可能改造为景观水；雨水贮留供水系统，主要是以屋顶、地面集留，可提供家庭生活供水之补充水源、工业区之替代用水、防水贮水及减低城镇洪峰负荷量等多目标用途的系统。雨水的利用受气候、地质、水资源、雨水水质、建筑等因素的影响，城镇的不同区域或项目之间，各种因素和条件的不同都能决定应采用完全不同的方案。

目前，我国在雨水收集利用技术与规范，雨水回用于工业、商业和农业，雨水利用与建筑中水，城镇雨水的收集利用，雨水利用与生态环境，雨水水质控制，湿润与干旱地区的雨水利用，雨水利用与屋顶花园，雨水利用的法律与法规，雨水利用的市场化等方面进行深入研究，在应用中不断完善。

4.2.6.2 污水的综合利用

恢复我国水环境是解决我国水资源不足的根本所在。其主要途径就是在各城镇修建和完善污水处理厂，提高污水处理程度，努力促进水的健康循环。

污水深度处理回用减少了城镇对自然水的需求量，减少了水环境的污染负荷，削减了对水自然循环的干扰，是维持健康水环境不可缺少的措施，是解决目前水资源缺乏的有力可行之策。污水的综合利用主要用于：

1）回用于城镇河湖、景观用水：使用回用水补充维持城镇溪流的生态流量，补充公园、庭院水池、景观用水，为创造城镇良好的水溪环境提供保障。

2）回用于城镇市政、杂用及绿化用水：城镇污水经过深度处理后，可供建筑施工用水、浇洒冲洗街道马路、冲刷厕所、洗车、绿化景观等。

3）回用于工业用水：目前，城镇用水的80%是工业用水，而工业循环冷却水占到工业用水的60%以上，是用水大户，且涉及电力、化工、冶金等许多行业。工业循环冷却水对水质的要求较低，处理过的城镇污水较容易满足工业循环冷却水补充水质的要求。将城镇污水经传统二级处理后回用于工业循环冷却水是目前最为经济可行的方案。

4）补充地下水：即（a）补充地下水，建立地下水防护堤来防止水质恶化，避免盐碱水的侵入；（b）平整地表面，补充浅含水层。

5）回用于农业用水：利用污水灌溉农田可以充分利用水肥资源发展生产，又可使污水资源化。

4.2.6.3 雨水、污水系统规划统筹与优化

在污水深度处理、超深度处理、污水再生回用已经实用化了的今天，小城镇总体规划与给水排水系统规划都应当重新考虑，将污水的再生和回用放到重要位置上来。在进行排

水系统规划时，应对整个小城镇的功能分区、工农业分布、排水管网及污水处理现状等做周密的调查，调查现有的和预测潜在的再生水用户的地理位置及水量与水质的需求，并将这种结果反映到给排水专业规划中。

按照传统规划方法，污水处理厂厂址要根据污染物排放量控制目标、城镇布局，受纳水体功能及流量等因素来选择，一般尽可能地安放在各河系下游、城镇郊区。但是这种系统布局使污水厂距离再生水用户较远，需铺设的回用水管网费用相应增加，不利于污水的资源化。因此，在确定污水处理厂厂址时，还应对再生水的用户进行调查分析（城镇中的自然水面、小河、绿地和工业再生水用户），并根据回用水的需求，在城镇中适当位置设置污水净化厂（再生水厂），收集附近区域的城镇污水，根据回用水质要求加以处理之后就近回用。恰当地确定排水分区、污水净化厂的位置，在进行新建和扩建污水处理厂的设计时，要近远期结合考虑污水回用的需要，选择污水深度处理系统，预留污水深度处理的发展用地，使污水处理、深度处理系统和回用系统的总投资之和为最小。

在进行排水管网的规划时，要把雨水、污水的收集、处理和综合利用结合起来，逐步转变目前的雨、污水合流制或不完全分流制系统为完全的分流制系统。雨、污水的分流有利于对不同性质的污水采用不同方法处理和控制，有利于雨水的收集、贮存、处理和利用，避免洪涝灾害，增加城镇可用水资源，同时也有利于减轻城镇水源污染。

在规划中还应该妥善处理和处置城镇污水处理厂产生的大量污泥，避免产生二次污染，危害小城镇的环境。目前较多的是将污泥填埋，这不但需要大量的土地，而且废弃了大量污泥资源。因此污泥处置的最终出路应该是作为农业肥料——充分利用污泥中富含的 N、P、K 等营养物质，既可避免污染，又可创造经济效益。

随着城镇化发展，排水系统在社会可持续发展中起着越来越重要的作用，污水资源化、污水的再生和利用既提高了水的利用率，又有效地保护了水环境，有利于水系统的健康、良性循环，从长远来看，这将是有效地解决我国水资源短缺和水环境恶化问题的优化途径。

4.3 能源工程系统规划统筹

城市及城市群区域能源工程系统通常包括电力工程子系统、热力工程子系统及燃气工程子系统。

能源规划是在国家能源政策指导下，综合研究各种一次能源，如煤、石油、天然气、水能、核能等的经济有效利用，相互协调和替代关系，并分析能源部门与非能源部门在供求及投资需求之间的矛盾和调整对策。

能源系统规划结构可用图 4.3 表示。

就能源消耗而言，上述能源子系统之间也存在一定的相互协调和替代关系。各子系统规划统一于能源系统的统筹规划和国家能源政策的指导。

4.3.1 供电电源规划统筹

城市及城市群区域电源包括电力系统的电厂和电源变电所。

随着科技发展和日益增长的电力需求，发电厂采用的能源形式和类型愈来愈多样化，

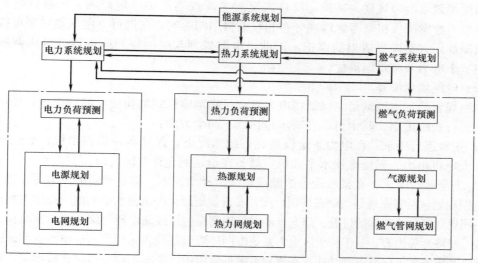

图 4.3 能源系统规划结构

另一方面众多大型电力工程项目完成，促进了跨大区的纵横交织的大规模电力工程互联系统的形成，跨大区电力系统容量更大，运行更加经济、安全、稳定、可靠，供电质量更好。而跨大区电力系统发电厂采用能源形式和电厂选址也都更有利于符合城市的环境保护和国家能源政策的要求，更有利城市及城市群区域电源规划的统筹与优化。

电力系统是整个国民经济或能源系统的一个非常重要的子系统。电力系统电源规划或城市、城市群区域供电电源规划是根据规划期电力负荷需求，在满足环境保护和国家能源政策要求及供电可靠性条件下，寻求一个最经济的电源开发方案。电源规划的统筹与优化主要考虑以下方面：

1）电力系统及供电现状；

2）电力需求与分布及电力平衡；

3）国有能源政策；

4）区域能源资源及相关一次能源的经济有效利用；

5）电厂选址及符合环境保护等要求；

6）依据与结合城市总体规划和城市群区域规划；

7）电源（含电厂与电源变电站）规划方案经济技术比较（包括电源结构合理性、供电可靠性、投资运行费用等等）；

8）与电网规划的协调迭代；

9）与供热、供燃气规划热源、气源耗能协调；

10）与电信局所选址防止电磁干扰的协调。

4.3.2 电网及供电设施规划统筹

4.3.2.1 电网规划相关统筹

（1）电网规划与电源规划的分解与统筹协调

电网规划是电力系统规划的重要组成部分。电网规划是根据规划期的负荷增长及电源规划方案确定最佳电网结构，以满足经济可靠输送电力的要求。

电网规划以电源规划为基础，反过来又对电源规划产生一定影响。在进行电源规划时，一般不考虑或仅粗略考虑地理分布和输电费用的影响，在进行电网规划时则可能对原来的电源规划方案进行适当的修正。因此，电源规划与电网规划应进行分解协调统筹规划，使整个电力系统规划最优。

（2）电网规划统筹

电网规划的基本原则是在保证将电力安全可靠地输送到负荷中心的前提下，使电网的建设和运行费用最小。其中可靠性要求包括以下两个方面：

1）正常运行要求：在电力系统设备完好的情况下，保证各项运行指标，如线路输送功率、发电机出力、系统电压水平和稳定储备在给定的允许范围之内；

2）安全运行要求：在某些设备故障或负荷波动情况下，满足给定的供电可靠性要求。

电网规划包括静态规划与动态规划。前者着重规划期某一负荷水平的电网接线方案；后者着重不同规划期接线方案的过渡。静态、动态规划都应包括线路电压等级选择电网结构、供电可靠性、经济性等内容，对于跨大区电力系统电网还应包括是否采用直流输电等内容。通常在电压等级给定条件下研究电网结构。在规划方案形成阶段主要根据输电线路传输容量，提出满足电力输送要求且费用较小的一个或几个方案。在规划方案校验阶段通过方案技术经济分析、❶电力系统潮流、稳定及短路容量、可靠性及经济性方面的计算，最后确定最优方案，上述可借助技术、经济指标和优化方法综合一体的计算机辅助电网优化规划完成。

电网规划统筹应考虑以下相关因素：

1）电力系统电网现状；

2）城市总体规划与城市群区域规划、城市用地布局与道路交通规划；

3）国民经济与城市区域经济发展；

4）城市、区域电力系统负荷增长及分布；

5）技术进步与电力设备制造水平；

6）与电信工程规划可能产生输变电线路电磁干扰的协调；

7）与其他专项工程规划城市管线综合的协调；

8）电力高压线走廊与城市用地、道路规划的协调。

4.3.2.2 供电设施及规划统筹

（1）电厂及相关规划指标

城市、区域发电厂有火力发电厂、水力发电站、风力发电厂、太阳能发电厂、地热发电厂和原子能发电厂等。目前，我国作为城市、区域电源的发电厂，以火电厂和水电站为主，其次核电站。

1）火力发电厂：利用煤、石油、天然气、沼气、煤气等燃料发电的电厂称为火力发电厂，简称火电厂。

火力发电厂通常按照蒸汽参数（蒸汽压力和温度）来分类，有低温低压电厂、中温中压电厂、高温高压电厂、超高压电厂、亚临界压力电厂等 5 种。按装机容量可划分大、中、小型，也可以燃料种类分类，有燃煤发电厂、燃油发电厂、燃气发电厂。装有供热机组的电厂，除发电外，还向附近工厂、企业、住宅区供生产用气和采暖用热水、称为热电厂或热电站。

---

❶ 电力系统潮流、稳定及短路容量可参阅电力系统、电网规划的专业文献资料。

我国火电厂采用蒸汽参数和相应的电厂容量　　　　表 4.3.2-1

电厂类型	气压（大气压）		气温（℃）		电厂和机组容量的大致范围
	锅炉	汽轮机	锅炉	汽轮机	
低温低压电厂	14	13	350	340	1 万 kW 以下的小型电厂（1500～3000kW 机组）
中温中压电厂	40	35	450	435	1～20 万 kW 中小型电厂（6000～50000kW 机组）
高温高压电厂	100	90	540	535	10～60 万 kW 大中型电厂（2.5～10 万 kW 机组）
超高压电厂	140	135	540	535	25 万 kW 以上的大型电厂（12.5～20 万 kW 机组）
亚临界压力电厂	170	165	570	565	60 万 kW 以上的大型电厂（30 万 kW 机组）

火力发电厂装机容量的划分规模　　　　表 4.3.2-2

规模	大型	中型	小型
装机容量（万 kW）	＞25	2.5～25	＜2.5

2）水力发电站：利用河流、瀑布等水的位能发电的电厂称为水力发电站，简称水电站。

水力发电站可以按水电站使用水头、集中水头、径流调节等三种方式进行分类。

按使用水头可分为高水头、中水头、低水头三类。同时还有抽水蓄能、潮汐、波力水电站之分；按集中水头可分堤坝式、引水式、混合式；按径流调节可分为蓄水式、径流式。

水力发电厂装机容量的划分规模　　　　表 4.3.2-3

规模	大型	中型	小型
装机容量（万 kW）	＞15	1.2～15	＜1.2

3）风力发电厂：利用风力带动风轮机械转，从而带动发电机发电。此类电厂最大优点是不消耗燃料，不污染环境，但大部分风力发电厂规模小，且有季节性、间断性等特点，可作为城市或乡村补充利用的电源。

4）地热发电厂：利用地下热水和地下蒸汽的热量进行发电。其最大优点是不消耗燃料，无环境污染，能量稳定，而且地热电站用过的水可以用于取暖、洗浴、医疗和提取化学物质。地热储量大，热值高的地方，此类电厂可作为城市主要电源之一。

5）原子能发电厂：又称为核电站，利用核聚变所释放出来的热量发电，其能量大，规模大，供电稳定，在许多发达国家已作为城市和区域主要电源之一。

表 4.3.2-4～表 4.3.2-7 为火电厂若干主要规划指标。

火电厂占地控制指标　　　　表 4.3.2-4

总容量（MW）	机组组合（台数×机组容量 MW）	厂区占地（ha）	单位容量占地（ha/万 kW）
200	4×50	16.51	0.85
300	2×50+2×100	19.02	0.63
400	4×100	24.58	0.61
600	2×100+2×200	30.10	0.50
800	4×200	33.84	0.42
1200	4×300	47.03	0.39
2400	4×600	66.18	0.28

注：1. 供水为直流冷却系统；

2. 铁路运煤、储煤 25d。

荒、滩地筑坝灰场用地控制指标   表 4.3.2-5

电厂规划容量（万 kW）	单机排灰量（t/h）	全厂年排灰量（万 t/a）	一期（五年）贮灰量（万 t）	用地面积（hm²）	20 年贮灰量（万 t）	用地面积（hm²）
4×5	9.04	25.31	126.56	29.80	506.2	119.2
4×10	17.10	47.88	239.40	54.00	957.6	216
4×20	31.60	88.48	442.40	96.80	1769.6	387.2

注：上表系按燃煤发热量 18.82J/kg，灰粉 30%，堆粉高 50m，坝高 6.0m，坝顶宽 3.0m，坝体 1:1.5 堆放，坡脚（5.0m 边沟）用地，四台机全年运行 7000h 计算的。

新建、扩建火电厂占地指标   表 4.3.2-6

分类	装机容量（万 kW）	占地面积（hm²）	分类	装机容量（万 kW）	占地面积（hm²）
新建厂	2×1.2=2.4	2.4	扩建厂	4×12.5=50	21
	2×2.5=5	5		4×30=120	28
	2×5=10	8		2×1.2+2×2.5=7.4	3.7
	2×12.5=25	15		2×2.5+2×5=15	7.5
	2×30=60	18			
扩建厂	4×1.2=4.8	3.2		2×5+2×12.5=35	14
	4×2.5=10	6.5		2×12.5+2×30=35	25
	4×5=20	12		2×30+2×60=180	36

火电厂卫生防护距离（m）   表 4.3.2-7

燃料工作质的灰分 AP(%)	飞灰收回量为 75% 时的燃料消耗量(t/h)				
	3～12.5	12.6～25	26～25	51～100	101～200
10 以下	100	100	300	500	500
10～15	100	300	500	500	500
16～20	100	300	500	500	1000
21～25	100	300	500	1000	1000
26～30	100	300	500	1000	1000
31～45	300	500	1000	1000	1000

（2）电源变电站及相关规划指标

我国城市区域电源变电站等级按进线电压的等级分级：有 500kV、330kV、220kV、110kV、66kV、35kV 等级别的变电所，其中电源变电站的等级一般为 35kV 或 35kV 以上。对于大中型城市来说，通常以 220kV～500kV 变电站作为电源变电站，而对于规模较小的城市和小城镇，其电源变电站的进线电压等级通常为 110kV 或 35kV。

电源变电站可按功能分类，也可按构造布置形式分类。前者分变压与变流变电站；后者分户外、户内、地下、移动等形式变电站。

1）变压变电站

变压变电站是将较低电压变为较高电压的变电站，称为升压变电站。将较高电压变为较低电压的变电站，称降压变电站。通常发电厂的变电站大多为升压变电站，城区的电源变电站一般者是降压变电站。

2）变流变电站

变流变电站是将交流电变成直流电，或者由直流电变为交流电。前一种变电站又称为整流变电站。通常长距离区域性输送电采用前一种变电站，而后一种变电站则通常作为城市或区域的电源变电站。

表 4.3.2-8～表 4.3.2-11 为电源变电站主要规划指标。

220～500kV 变电所规划用地面积控制指标 表 4.3.2-8

序号	变压等级(kV) 一次电压/二次电压	主变压器容量 (MVA)/台(组)	变电所 结构形式	用地面积 (m²)
1	500/220	750/2 台(组)	户外式	90000～110000
2	330/220 及 330/110	90～240/2 台	户外式	45000～55000
3	330/110 及 330/10	90～240/2 台	户外式	40000～47000
4	220/110 (66,35) 及 220/10	90～180/2～3 台	户外式	12000～30000
5	220/110 (66,35)	90～180/2～3 台	户外式	8000～20000
6	220/110 (66,35)	90～180/2～3 台	半户外式	5000～8000
7	220/110 (66,35)	90～180/2～3 台	户内式	2000～4500

35～110kV 变电所规划用地面积控制指标 表 4.3.2-9

序号	变压等级(kV) 一次电压/ 二次电压	主变压器容量 (MVA/台<组>)	变电所结构形式及用地面积(m²)		
			全户外式 用地面积	半户外式 用地面积	户内式 用地面积
1	110(66)/10	20～63/2～3	3500～5500	1500～3000	800～1500
2	35/10	5.6～31.5/2～3	2000～3500	1000～2000	500～1000

35kV～500kV 变电所单台主变压器容量表 表 4.3.2-10

变电所电压等级	单台主变压器容量(MVA)	变电所电压等级	单台主变压器容量(MVA)
500kV	500 750 1000 1500	110kV	20 31.5 40 50 63
330kV	90 120 150 180 240	66kV	20 31.5 40 50
220kV	90 120 150 180 240	35kV	5.6 7.5 10 15 20 31.5

变电所出线走廊宽度 表 4.3.2-11

线　路		35	110	220
杆型		π 型杆	π 型杆	铁塔
杆塔标准高度(m)		15.4	15.4	23
水平排列两边线间的距离(m)		6.5	8.5	11.2
杆塔中心至走廊边缘建筑物的距离(m)		17.4	18.4	26
两回杆塔中心线	单回水平排列	12	15	20
	单回垂直排列	8～10	10	15
	双回垂直排列	10	13	18

在一个城网中，同一级电压的变变压器单台容量不宜超过 3 种；在同一变电所中，同一级电压的主变压器宜采用相同规格。主变压器各级电压绕组的接线组别必须保证与电网相位一致。

（3）开关站（开闭所）及相关建设要求

当 66～220kV 变电所的二次侧 35kV 或 10kV 出线走廊受到限制，或者 35kV 或 10kV 配电装置间隔不足，且无扩建余地时，宜规划建设开关站。

10kV 开关站（开闭所）最大转供容量不宜超过 15000kVA。

（4）变配电所及相关建设要求

城市变配电所通常是 10kV/380V/220V 变电设施与 380/220V 低压配电设施。

在负荷密度较高的市中心、住宅小区、高层楼群、旅游网点和对市容有特殊要求的街区及分散大用电户，宜采用户内型变配电所。

315kVA 及以下条件适宜用电变压设施可采用变压器台、户外安装。

（5）城市电力线路及相关防护要求

我国城市电力线路电压等级有：500kV、330kV、220kV、110kV、66kV、35kV、10kV、0.38/0.22kV 8 个等级。通常城市送电（区域电源至城市电源变电站）电压为 500kV、330kV、200kV，高压配电（城市电源变电站至城市变电站）电压为 110kV、66kV、35kV，中压配电电压为 10kV，低压配电电压为 380/220V。

城市电网电压等级及最高一级电压的选择应根据城市电网远期负荷及城市电网与电力系统联接方式确定。

城市电网应尽量简化变压层次。一般大、中城市电网电压等级宜为 4～5 级、4 个变压层次，小城市宜为 3～4 级，3 个变压层次。

表 4.3.2-12～表 4.3.2-18 为城市架空电力线路相关安全距离与防护距离要求。

导线与地面的距离，在最大计算弧垂情况下，不应小于表 4.3.2-12 值。

导线与地面的最小距离（m）   表 4.3.2-12

线路经过地区	线路电压(kV)					
	<1	1～10	35～110	220	330	500
人口集中地区	6.0	6.5	7.0	7.5	14.0	14.0
非人口集中地区	5.0	5.0	6.0	6.5	7.5	10.5～11.0
交通困难地区	4.0	4.5	5.0	5.5	6.5	8.5

注：1. 人口集中地区：居民区、工业企业地区、港口、码头、火车站、城镇等人口集中地区；

    2. 非人口集中地区：上述人口集中地区以外的人口较少的地区；

    3. 交通困难地区：车输、农业机械不能到达的地区。

架空电力线路路边导线与建筑物之间的最小水平距离   表 4.3.2-13

线路电压(kV)	<1	1～10	35	66～110	220	330	500
距离(m)	1.0	1.5	3.0	4.0	5.0	6.0	8.5

架空电力线路导线与建筑物之间的垂直距离

（在导线最大计算弧垂的情况下）   表 4.3.2-14

线路电压(kV)	1～10	35	66～110	220	330
垂直距离(m)	3.0	4.0	5.0	6.0	7.0

架空电力线路导线与街道行道树之间的最小垂直距离

（考虑树木自然生长高度）   表 4.3.2-15

线路电压(kV)	<1	1～10	35～110	220	330
最小垂直距离(m)	1.0	1.5	3.0	3.5	4.5

不同电压等级的电力架空线路与无线电各波段电视差转台、转播台的防护间距不小于表 4.3.2-16 值。

电力架空线路与电视差转台、
转播台的防护间距　　　　　　　　　　　　表 4.3.2-16

	110kV	220kV～330kV	500kV
VHF（Ⅰ）	300mm	400m	500m
VHF（Ⅱ）	150m	250m	350m

不同电压等级的电力架空线路与机场导航台、定向台的防护间距不应小于表 4.3.2-17 值。

架空电力线路对机场导航台、定向台的防护间距　　　表 4.3.2-17

电压等级（kV）	离开导航台距离（m）	离开定向台距离（m）
35	300	500
66～110	700	
220～330	1000	700
500	1500	
发电厂,有电焊和高频设备的单位	2000	2000

直埋电力电缆之间及其与控制电缆、通信电缆、地下管沟、道路、建筑物、构筑物、树林等之间的安全距离不应小于表 4.3.2-18 的规定值。

直埋电力电缆之间及与其他物件之间安全距离　　　表 4.3.2-18

项　　目	安全距离（m）	
	平行	交叉
建筑物、构筑物基础	0.50	—
电杆基础	0.60	—
乔木树主干	1.50	—
灌木丛	0.50	—
10kV 以上电力电缆之间,以及 10kV 及以下电力电缆与控制电缆之间	0.25(0.10)	0.50(0.25)
通信电缆	0.50(0.10)	0.50(0.25)
热力管沟	2.00	(0.50)
水管、压缩空气管	1.00(0.25)	0.50(0.25)
可燃气体及易燃液体管道	1.00	0.50(0.25)
铁路（平行时与轨道,交叉时与轨底,电气化铁路除外）	3.00	1.00
道路（平行时与侧石,交叉时与路面）	1.50	1.00
排水明沟（平行时与沟边,交叉时与沟底）	1.00	0.50

注：1. 表中所列安全距离,应自各种设施（包括防护外层）的外缘算起;
　　2. 路灯电缆与道路灌木丛平行距离不限;
　　3. 表中括号内数字,是指局部地段电缆穿管,加隔板保护或加隔热层保护后允许的最小安全距离;
　　4. 电缆与水管,压缩空气管平行,电缆与管道标高差不大于 0.5m 时,平行安全距离可减小至 0.5m。

海底电缆保护区一般为线路两侧各两海里所形成的两平行线内的区域。若在港区内,则为线路两侧各 100m 所形成的两平行线内的区域。

江河电缆保护区一般不小于线路两侧各 100m 所形成的两平等线内的水域；中、小河流一般不小于线路两侧各 50m 所形成的两平行线内的水域。

（6）供电设施规划统筹

1）城镇电源规划中的电力电量平衡

城镇电源规划中的电力电量平衡，一是根据城镇电力负荷发展需要和城镇现有变电站、发电厂的供电能力，进行电力电量平衡，框算出规划期内电力电量的余缺情况，以及规划期内需要增加变电所和发电厂的装机总容量；二是根据方案比较确定的供电电源方案，再进行电力电量平衡，测算出规划期内城镇发电站新增装机容量和变电所建设容量。

城镇电力电量平衡应注意以下方面：

① 应有备用负荷，一般可取供电最大负荷的 $3\%\sim5\%$；

② 电力电量平衡，酌情考虑最大负荷月份或水电站出力最小月份的两种电力平衡。

③ 在电力平衡计算中，火电厂的工作容量一般当设备不受任何条件限制时，就是它的设备容量；否则，应从设备容量中减去因故不能发电的容量。对于水电站，一般按照设计枯水年进行电力平衡，其工作容量是指水电站设计枯水年参加电力平衡月份的工作出力加备用容量。

④ 在电力电量平衡中，由区域电力系统供电时，应以电力平衡为主，电量平衡为辅；在独立电网，特别是以小水电为主的电网中，其电力电量均应进行平衡。

⑤ 区域电力系统因考虑与涉及的电厂类型、变电站电压等级及数量要多得多，相应电力平衡也较复杂，但原理相同。需要时可参阅电力系统相关文献与资料。

2）火电厂选址要求

① 燃煤电厂运行中有飞灰，燃油电厂排出含硫酸气。因此，火电厂厂址应位于城市的边缘或外围，布置在城市主导风向的下风向，并与城市生活区保持一定距离（表 4.3.2-7）。

② 火电厂应有便利的运输条件，大中型火电厂应靠近铁路、公路或港口，并尽可能设置铁路专用线。电厂铁路专用线选线要尽量减少对国家干线通过能力的影响，接轨方向最好是重车方向为顺向，以减少机车摘钩作业，并应避免切割国家正线。专用线设计应尽量减少厂内股道，缩短线路长度，简化厂内作业系统。

③ 燃煤电厂的燃料消耗量很大，中型电厂的年耗煤量有的在 50 万 t 以上，大型电厂每天约耗煤在万吨以上，因此，厂址应尽可能接近燃料产地，靠近煤源，以便减少燃料运输费，减少国家铁路运输负担。同时，由于减少电厂储煤量，相应地也减少了厂区用地面积，在劣质煤源丰富的矿区建立坑口电站是最经济的，它可以减少铁路运输（用皮带直接运煤），进而降低造价，节约用地。

燃油电厂一般布置在炼油厂旁边，不足部分油量采用公路或水路方式运输。储油量一般在 20 天左右。

④ 火电厂生产用水量大，包括汽轮机凝汽用水，发电机和油的冷却用水，除灰用水等。大型电厂首先应考虑靠近水源，直流供水。但是，在取水高度超过 20m 时，采用直流供水是不经济的。

⑤ 燃煤发电厂应有足够的储灰场，储灰场的容量要能容纳电厂 10 年的储灰量。分期建设的灰场的容量一般要能容纳 3 年的出灰量。厂址选择时，同时要考虑灰渣综合利用场地。

⑥厂址标高应高于百年一遇的洪水位。如厂址标高低于上述洪水位时，厂区应有可靠的防洪措施，或采取措施使主要建筑场地地坪不要低于上述要求。防洪堤堤顶标高应超过百年一遇洪水位 0.5～1.0m，并应一次建成。厂址靠山区时，应用防、排出洪的措施。

⑦应避开滑坡、岩溶发育地带、活动层和 9 度以上地震区，不选在有开采价值的矿藏上和有文化遗址以及需要大量拆迁建筑物的地区。厂址靠近山区时，应尽量避开有危岩、滚石地段。

⑧厂址选择应充分考虑出线条件，留有适当的出线走廊宽度，高压线路下不能有任何建筑物。

3）水电站选址要求

①水电站一般选择在便于拦河筑坝的河流狭窄处，或水库水流下游处。

②建厂地段须工程地质条件良好，地耐力高，非地质断裂带。

③有较好的交通运输条件。

4）核电站选址要求

①站址靠近区域负荷中心。原子能电站使用燃料少，运输量小。因此，选址时首先应该考虑电站靠近区域负荷中心，以减少输电费，提高电力系统的可靠性和稳定性。

②站址要求在人口密度较低的地方。以电站为中心，半径 1km 内为隔离区，在隔离区外围，人口密度也要适当。在外围种植作物也要有所选择，更不能在其周围建设化工厂、炼油厂、自来水厂、医院和学校等。

③站址应取水便利。由于现代原子能电站的热效率较低，而且不像烧矿物燃料电站那样可以从烟囱释放部分热量，所以原子能电站比同等容量的矿物燃料电站需要更多的冷却水。

④站址有足够的发展空间。核电站用地面积主要决定于电站的类型、容量及所需的隔离区。一个 60 万 kW 机组组成的核电站占地面积大约为 40hm²，由四个 60 万 kV 机组组成的电站占地面积大约为 100～120hm²。一般均选择足够的场地，留有发展余地。

⑤站址要求有良好的公路、铁路或水上交通条件，以便运输电站设备和建筑材料。

⑥站址要有利于防灾。站址不能选在断层、断口、解离、折叠地带，以免发生地震时造成地基不稳定。最好选在岩石床区，以保持最大的稳定性。还应考虑防洪、防御、环境保护等条件。

5）电源变电站选址要求

①根据可能选址接近用电负荷中心或网络中心，大城市、特大城市高负荷密度市中心、经技术方案比较可采用 220kV 及以上电源变电所深入中心布置。

②便于各级电压线路的引入和引出，进出线走廊与所址同时决定。

③交通运输方便，尽量靠近公路。

④节约用地，尽量用荒地、空地和劣地，不占或少占耕地。

⑤具有适宜的地质条件，避开滑坡、溶洞、断裂带，不选在有开采价值的矿藏上，避开文化遗址。

⑥尽量不设在污秽地区，如无法避免时，宜设在污源的上风侧。

⑦变电站站址不应为积水所渗浸，以免发生冲刷塌陷等情形。枢纽变电站站址地面标高应在百年一遇洪水位之上。其他变电站地面标高一般在百年一遇洪水位之上，否则应

采取防护措施。

⑧ 站址选择应考虑对通信设施的干扰，应与通信规划协调。

⑨ 站址应有生产和生活用水的水源。

6）一次送电网规划

以一般城镇为例。

一次送电网包括与城镇电网有关的 220kV 送电线路和 220kV 变电站或 110kV 的送电线路和 110kV 变电站，与城镇电网有关的 220kV 或 110kV 送电网既是电力系统的组成部分，又是城镇电网的电源。

一次送电网的结线方式应根据电力系统的要求和电源点（220kV 或 110kV 变电站和地区发电厂）的地理位置分布情况而确定。

由区域电力系统供电的城镇电力系统规划，应根据城镇规划各规划期的负荷预测和电力平衡，提出由区载电力系统供电的规模，并且一般根据市域或县域范围的电力规划，或相关较大范围区域电力规划，整体考虑确定供电城镇的单独电源点或城镇和其相邻地区的共同电源点的位置、变电站的电压等级、规模，以及相应电压等级的送电线路，在城镇规划区范围的电源点选址在考虑选址条件时，应同时考虑城镇规划用地布局及与通信等相关规划的协调，同时确定规划预留用地与线路敷设方式及规划高压线路走廊，在规划图上表明供电城镇电源变电站送电线路与区域电力网的结线联系。

城镇的供电可靠性一般按城网的供电可靠性要求考虑，送电网的结构应满足"n-1"原则，即当电源点的一条电源送电线路或 1 台主变压器或地区发电厂内 1 台最大机组因检修或事故停电时，应能保持向所有用户正常供电。城镇电源点之间应按区域电力系统规划设计要求，加强和扩大网络联系。

城镇电网电源点应尽量接近负荷中心，220kV 变电站一般在城区、镇区边缘布置，相邻城镇共用电源 220kV 变电站宜整体统一布局。220kV 变电站一般宜有两回电源进线，2台主变压器，在其中 1 台主变计划检修或事故停运时，可依靠必要的次级电压电网的结构解决负荷的转移。近期规划或初期电网建设，电源可能先是一回进线、一台主变时，则更应在次级负荷侧加强与外来电源的联系，取得必要备用。

7）高压配电网规划

以一般城镇为例。

高压配电网也就是二次送电网，包括 110kV、66kV、35kV 的线路和变电所。

从简化变压层次、优化网络结构考虑，高压配电网电压等级最好选用一级，我国东北地区统一确定为 66kV，其他地区多为 110kV、35kV，用电负荷较大的城镇一般为 110kV 或 110kV 和 35kV 并存，但远期规划宜逐步过渡到 110kV，避免重复变压。

城镇高压配电网应能接受电源点所供出的全部容量，并能满足二次中压配电网的全部负荷。城镇火力发电厂、水电站，由于容量不大，可直接接入相应的高压配电网，并宜简化电网结构，避免电磁环网，电厂的各段母线宜以放射线方式分别接入高压配电网的一个变电所，并设置解列点。

城镇高压配电网结构宜满足下列安全准则：当任何一条 35～110kV 线路或一台主变压器计划检修停运时或事故停运时能保持向用户连续供电、不过负荷、不限电。

高压配电网的 35～110kV 变电站一般应有两回进线，这两回进线可来自不同电源点或同一电源点的不同母线段，可以酌情考虑环网结线，开环运行，变电站一般配置 2 台同容量主变及相应电源进线。变压器在一定条件下，允许过负荷 30%，满足安全准则，规划中 2 台主变的利用率可取 65%。进线容量应与主变的过负荷能力相适应。

城镇电力规划中，确定高压配电网结构，应与城镇总体规划的用地规划相协调，在高压配电网优化的基础上，选择确定 35～110kV 变电站的位置和进出线走廊，以及预留控制用地。

35～110kV 变电站布点和网络优化可以应用数学模型、计算机辅助。按高压配电网中综合费用最小，数学推导可以得出，变电站的经济容量与供电距离及一定供电范围变电站的合理数量与负荷密度如下关系：

$$P = k_1 \sigma^{\frac{1}{3}} \tag{4.3.2-1}$$

$$d = k_2 \sigma^{-\frac{1}{3}} \tag{4.3.2-2}$$

$$N = k_3 \sigma^{\frac{2}{3}} \tag{4.3.2-3}$$

式中　　P——变电站经济容量；

　　　　d——供电距离；

　　　　N——一定供电范围的合理变电所数量；

　　　　σ——负荷密度；

k_1、k_2、k_3——分别为相关系数。

上述关系式是静态模型推导得出来的，也即把规划期负荷密度 σ 看作不变值，实际上电力负荷密度 σ 是随空域（不同用地地块、地段）、时域（不同规划期限、年限）变化的二维问题，而且决定经济、合理的变电站容量和数量还必须同时考虑用地、进出线走廊等多种其他相关制约因素。静态求解可以得出一定条件下的最优解，但特别对高负荷密度城市地区或对高负荷密度远期规划，存在变电所容量偏小、个数偏多、建设困难的问题。动态求解是在某些假设下，把空域问题转化为时域问题求解。

根据动态规划的最优化原理，最优策略是对任何一个时段 k，在满足负荷需要的前提下，使在其后各时段的投资和运行费用折算到 k 时段初的贴现值之和为最小，可以得出：

$$f(N_k) = \min\{A(N_k, \Delta N_k) + B(N_k, \Delta N_k) + \beta^t f(N_{k+1})\} \tag{4.3.2-3}$$

式中　$f(N_k)$、$f(N_{k+1})$ 分别为第 k、$k+1$ 时段，投资和运行费用折算到 k 和 $k+1$ 时段初的贴现值；

　　$A(N_k, \Delta N_k)$ 为第 k 时段新建设备的投资折算到第 k 时段初的贴现值；

　　$B(N_k, \Delta N_k)$ 为原有的设备在第 k 时段发生的运行费用折算到本时段开始时的贴现值；

　　β 为与投资收效率 i 有关设定值 $\beta = \dfrac{1}{1+i}$；

　　t 为规划期分为几个时段，每个时段的年数。

同时假定，规划期外的状态对规划期内的决策不影响。即

$$f(N_{n+1}) = 0 \tag{4.3.2-4}$$

由式（4.3.2-3）、（4.3.2-4）构成函数递推方程动态规划模型。求解动态规划模型得到的 110kV 变电站主变经济容量和合理变电站个数则更接近实际。

上述相关规划理论方法在应用规划软件的情况下，能使规划方案优化更加科学。

较简单的城镇高压配电网规划，通常可根据负荷预测和容载的要求，确定设备容量，调查对比分析同类规划变电站的合理供电半径，结合城镇总体规划用地布局、负荷密度和负荷分布特点，划分35～110kV变电站供电范围，作多方案比较，选择确定变电站位置，确定变电站容量和预留用地面积，以及结线方式。

在同时具有110kV和35kV两种高压配电网的小城镇，10kV的电压宜由110kV或35kV直降，避免重复降压，亦应尽量避免采用110/35/10kV的三线圈变压器。

高压配电线路主要为高压变电站的进线或变电站间联络线，采用架空线路时，以二回路为宜，采用电缆线路时，可为多回路。

高压配电网的高压进线原则接线如图4.3.2-1～图4.3.2-4可按实际情况，灵活组合。

① 单侧电源

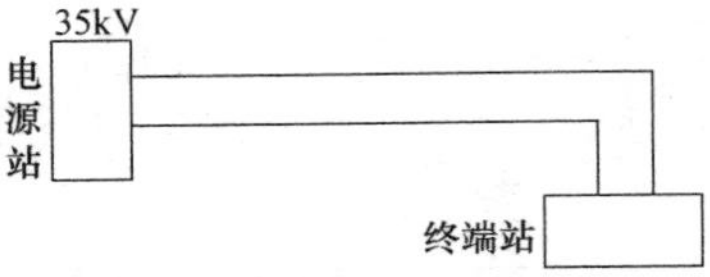

图 4.3.2-1 放射形

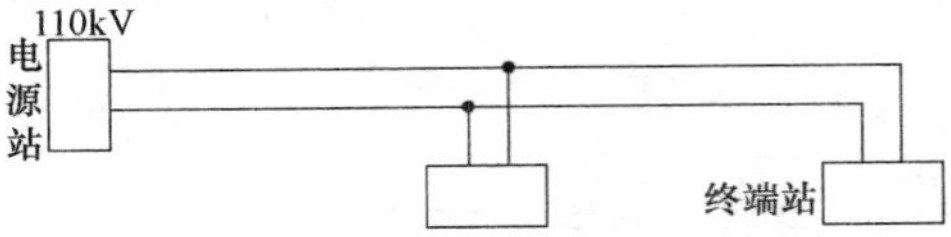

图 4.3.2-2 放射形双 T 接

② 双侧电源

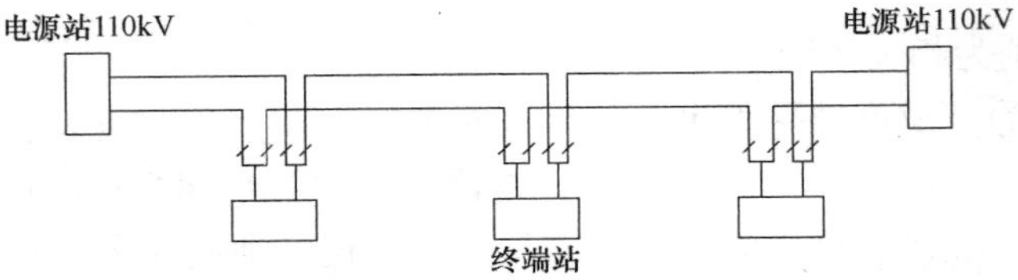

图 4.3.2-3 环形 T 接

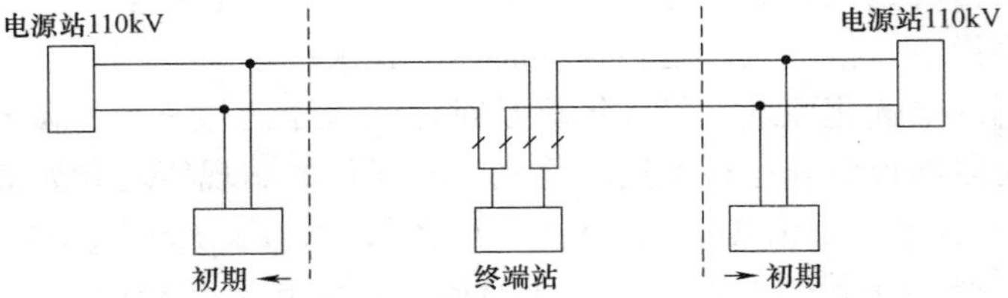

图 4.3.2-4 由二端单侧电源放射形单 T 接过渡到双侧电源 T 接的结线

当 T 接 3 个及以上变电站时，宜双侧有电源，并且回路应分段。

规划区 35～110kV 架空线路应预留走廊。

8）高压电力线路及其走廊规划

确定高压线路走向，必须从整体出发，综合安排，既要节省线路投资，保障居民和建筑物、构筑物的安全，又要和城市规划布局协调，与其他建设不发生冲突和干扰。一般采用的高压线路规划原则有：

① 线路的长度短捷，减少线路电荷损失，降低工程造价。

② 保证线路与居民、建筑物、各种工程构筑物之间的安全距离，按照国家规定的规范，留出合理的高压走廊地带。尤其接近电台、飞机场的线路，更应严格按照规定，以免发生通信干扰、飞机撞线等事故。

③ 高压线路不宜穿过城市的中心地区和人口密集的地区。并考虑到城市的远景发展，避免线路占用工业备用地或居住备用地。

④ 高压线路穿过城市时，须考虑对其他管线工程的影响，尤其是对通信线路的干扰，并应尽量减少与河流、铁路、公路以及其他管线工程的交叉。

⑤ 高压线路必须经过有建筑物的地区时，应尽可能选择不拆迁或少拆迁房屋的路线，并尽量少拆迁建筑质量较好的房屋，减少拆迁费用。

⑥ 高压线路应尽量避免在有高大乔木成群的树林地带通过，保证线路安全，减少砍伐树木，保护绿化植被和生态环境。

⑦ 高压走廊不应设在易被洪水淹没的地方，或地质构造不稳定（活动断层、滑坡等）的地方。在河边敷设线路时，应考虑河水冲刷的影响。

⑧ 高压线路尽量远离空气污浊的地方，以免影响线路的绝缘，发生短路事故，更应避免接近有爆炸危险的建筑物、仓库区。

⑨ 尽量减少高压线路转弯次数。

上述原则不能同时满足时，应综合统筹考虑各种因素，多方案技术经济比较，选择合理方案。

城市高压架空电力线路走廊宽度的确定，应综合考虑所在城市的气象条件、导线最大风偏、边导线与建筑物之间的安全距离、导线的最大弧垂、导线排列方式、以及杆塔形式、杆塔挡距等因素，并通过技术经济比较确定。

城市规划区高压架空电力线路规划走廊参考宽度 表 4.3.2-19

线路电压等级(kV)	500	330	220	66、110	35
高压电力线走廊宽度(m)	60～75	35～45	35～40	15～25	12～20

4.3.3 供热热源规划统筹

4.3.3.1 热源选择

城市集中供热热源选择应根据城市具体情况，主要综合考虑选择热电厂、区域锅炉房，还包括工业余热和地热、核能、太阳能等，并通过全面技术经济比较后确定。

（1）热电厂与区域锅炉房的适用性经济性

1）热电厂的适用性与经济性

热电厂实行热电联产，有效提高了能源利用率，节约燃料，产热规模大，可向大面积区域和用热大户进行供热，这是热电厂的特点。在有一定的常年工业热负荷而电力供应又紧张的地区，应建设热电厂。在主要供热对象是民用建筑采暖和生活用热水时，地区的气象条件，主要是采暖期的长短，对热电厂的经济效益有很大影响。

在气候冷、采暖期长的地区，热电联产运行时间长，节能效果明显。相反，在采暖期短的地区，热电厂的节能效果就不明显。当然，有些地区已开始尝试"冷、暖、气三联供"系统的建设，在夏季时对一些用户进行供冷，延长热电联产时间，提高了热电厂效率。在这种情况下，采用热电厂作为城市主要热源也是合理的。

2）区域锅炉房的适用性与经济性

区域锅炉房是作为某一区域供热热源的锅炉房。与一般工业与民用锅炉房相比，它的供热面积大，供热对象多，锅炉出力大，热效率较高，机械化程度也较高。有关规定指出特大城市的新建区域锅炉房的单台锅炉容量应大于等于 20t/h（t/h 是供热能力的单位，即每小时可以供出的蒸汽重量，一般情况下 1t/h 大致相当 600 到 700kW），热效率大于或等于 75%；大、中城市的新建和改建锅炉房，单台锅炉容量应大于等于 10t/h，热效率大于等于 70%；小城市和小城镇的单台锅炉容量应大于或等于 4t/h，热效率大于或等于 70%。与热电厂相比，区域锅炉房在节能效果上有所不及，但区域锅炉房建设费用少，建设周期短，能较快收到节能和减轻污染的效果。区域锅炉房供热范围可大可小，较大规模的区域锅炉房在条件成熟时，可纳入热电厂供热系统作为尖峰锅炉房运行。区域锅炉房所具有的建设与运行上的灵活性，除了可作为中、小城市的供热主热源外，还可在大中城市内作为片区主热源或过渡性主热源。

（2）城市热源规模的选择

1）供暖平均负荷

按供暖室外设计温度计算出来的热指标称为最大小时热指标。用最大小时热指标乘以平均负荷系数，得到了平均热指标。平均负荷系数由式（4.3.3）求得：

$$\phi = \frac{t_n - t_p}{t_n - t_w} \tag{4.3.3}$$

式中　ϕ——平均负荷系数；

　　　t_n——供暖室内计算温度（℃）；

　　　t_w——供暖室外计算温度（℃）；

　　　t_p——冬期室外平均温度（℃）。

在实际工程中，经常应用平均热指标的概念，在上一节中提到的各种热指标概算值，就是平均热指标。

以平均热指标计算出来的热负荷，即为供暖平均负荷，主热源的规模应能基本满足供暖平均负荷的需要。而超出这一负荷的热负荷，则为高峰负荷，需要以辅助热源来满足。我国黄河以北地区供暖平均负荷可按供暖设计计算（最大）负荷的 60%～70% 计。

2）热化系数

热化系数是指热电联产的最大供热能力占供热区域最大热负荷的份额。在选择热电厂供热能力时，应根据热化系数来确定。

针对不同的主要供热对象，热电厂应选定不同的热化系数。一般说来，以工业热负荷为主的系统，热化系数宜取 0.8～0.85。以采暖热负荷为主的系统，热化系数宜取 0.52～0.6。工业和采暖负荷大致相当的系统，热化系数宜取 0.5～0.65。即稳定的常年负荷越大，热化系数越高，反之，则热化系数越低。

3）热电厂与区域锅炉房供热能力的确定

热电厂供热能力的确定应遵循"热电联产，以热定电"的基本原则，结合本地区供电状况和热负荷的需要，选定不同的热化系数，从而确定热电厂的供热能力。区域锅炉房的供热能力，可按其所供区域的供暖平均负荷、生产热负荷及生活热水热负荷等负荷之和确定。由于锅炉房锅炉可开可停，对用户负荷的变化适应性较强，在适当选定锅炉的台数和容量后，即能根据用户热负荷的昼夜、冬夏季节变化，灵活地调节、调整运行锅炉的台数和工作容量，使锅炉经常处于经济负荷下运行。

不同规模热水锅炉房参考用地面积如表4.3.3。

热水锅炉房参考用地面积

表 4.3.3

锅炉房总容量 (MW)(Mkcal/h)	用地面积 (hm²)	锅炉房总容量 (MW)(Mkcal/h)	用地面积 (hm²)
5.8～11.6(5～10)	0.3～0.5	58.1～116.1(50.1～100)	1.6～2.5
11～35(10.1～30)	0.6～1.0	116.1～232(100.1～200)	2.6～3.5
35.1～58(30.1～50)	1.1～1.5	232.1～350(200.1～300)	4～5

（3）工业余热与热源资源利用

1）工业余热资源利用

工业余热是指工业生产过程中作废热抛弃的热能可作为另一个生产过程利用的热源。在冶金、化工、机械制造、轻工、建筑材料等工业部门都有大量的余热资料可以作为热源利用。

余热资源大致可分六类：高温气余热，冷却水和冷却蒸汽的余热，废气废水的余热，高温炉渣和高温产品的余热，化学反应余热，可燃废气的载热性余热。余热资源最多的行业一般是冶金行业，可利用的余热资源约为其燃料消耗量的1/3，化工行业可利用余热资源在各行业中居第二位，约占其燃料消耗量的15%以上；其他行业大致在10%～15%。如果把这部分余热资源充分利用起来，发展城市集中供热是一条投资省、效果好的重要途径。

目前，一般用于集中供热的几种工业余热利用方式主要有：熄焦余热利用、高温熔渣余热利用、焦炉煤气初冷水余热利用和内燃机余热利用等。

2）地热资源利用

地热能是地球中的天然热能。地层上层的平均温度梯度每加深1km为25℃，据估计在地壳表面3km内可利用热能接近全世界煤储量的含热量，这是一个极大的热源。

开发地热能，要在控制状况下获取足够数量的热能，首先可通过钻井来达到热能丰富的地层，然后由传热流体携带到地面上来。目前最大经济钻深3000m，地热开发温度由几十摄氏度至300～350°。

接地热资源有无伴随传热流体（水、盐或蒸汽），地热资源可分以下类型：

① 低温地热水系统；

② 高温地热系统；

③ 干热岩地热能；

④ 地压区域地热能；

⑤ 岩浆地热能。

目前，普遍开发利用的是地热水、地热蒸汽。

不同温度的地热流体利用范围如下：

200～400℃　发电及综合利用；

150～200℃　工业热加工，工业干燥，制冷，发电；

100～150℃　供暖，工业干燥，脱水加工，发电；

50～100℃　温室，供暖，家庭用热水；

20～50℃　淋浴，孵化鱼卵，加温土壤。

4.3.3.2 热电厂、锅炉房的选址

（1）热电厂的选址条件

1）厂址应符合城市规划的要求，并征得规划部门和电力、水利、环保、消防等主管部门的同意；

2）热电厂应尽量靠近热负荷中心。热电厂蒸汽的输送距离一般为 3～4km 比较经济。如果热电厂远离热用户，压降和温降过大，则会降低供热质量。与此同时，由于供热管网造价较高，如输热管道较长，将使热网投资增大，显著降低集中供热的经济性；

3）水陆交通方便；

4）供水条件良好；

5）要有妥善解决排灰的条件；

6）有方便的出线条件；

7）有一定的防护距离；

8）尽量占用荒地、次地和低产田，不占或少占良田；

9）厂址应避开滑坡、溶洞、塌方、断裂带、淤泥等不良地质的地段；

10）选址时也应考虑方便职工居住和上下班等因素。

（2）锅炉房的选址条件

1）靠近热负荷比较集中的地区；

2）便于引出管道，并使室外管道的布置在技术、经济上合理；

3）便于燃料储运和灰渣排除，并使人流和煤、灰车流分开；

4）有利于自然通风与采光；

5）位于地质条件较好的地区；

6）有利于减少烟尘及有害气体对居民区和主要环境保护区的影响。全年运行的锅炉房宜位于居住区和主要环境保护区的全年最小频率风的上风侧；季节性运行的锅炉房宜位于该季节盛行风的下风侧；

7）有利于凝结水的回收。

4.3.4 供热管网及设施规划统筹

4.3.4.1 供热管网选择

（1）热水供热系统管网

1）以采暖和热水供应热负荷为主的供热系统，一般均采用热水管网。

2）热水热力网宜采用闭式双管制。

3）以热电厂为热源的热水热力网，同时有生产工艺、采暖、通风、空调、生活热水等多种热负荷，在生产工艺热负荷与采暖热负荷供热介质参数相差较大，或季节性热负荷占总负荷比例较大，且技术经济合理时，可采用闭式多管制。

4）当热水热力网满足以下条件，可采用开式热力网：

① 具有水处理费用低的补给水源；

② 具有与生活热水热负荷相适应的廉价低位热能。

5）开式热水热力网在热水负荷足够大时可不设回水管。

（2）蒸汽供热系统管网

1）蒸汽供热系统一般适用于以生产工艺热负荷的为主的供热系统。

2）蒸汽热力网的蒸汽管道，宜采用单管制。当符合下列情况时，可采用双管或多管制：

① 各热用户用蒸汽的参数相差较大，或季节性热负荷占总热负荷比例较大且技术经济合理时，可采用双管或多管制。

② 当热用户按规划分期建设时，可采用双管或多管制。

③ 蒸汽供热系统中，如用户凝结水质量差，凝结水回水率低，或凝结水能够回收，但凝结水管网经技术经济比较不合算时，可不设凝结水管网。

4.3.4.2 供热管网布置

供热管网的布置，应根据热源布局、热负荷分布和管线敷设条件等情况，在满足使用要求、尽量节省投资的前提下，按照全面规划、远近结合的原则，做出分期建设安排。

（1）供热管网平面布置

供热管网平面布置必须统筹协调地下管网关系，并遵循以下原则：

1）主要干管应该靠近大型用户和热负荷集中的地区，避免长距离穿越没有热负荷的地段。

2）供热管道要尽量避开主要交通干道和繁华的街道，以免给施工和运行管理带来困难。

3）供热管道通常敷设在道路的一边，或者是敷设在人行道下面，在敷设引入管时，则不可避免的要横穿干道，但要尽量少敷设这种横穿街道的引入管，应尽可能使相邻建筑物的供热管道相互连接。对于有很厚的混凝土层的现代新式路面，应采用在街坊内敷设管线的方法。

4）供热管道穿越河流或大型渠道时，可随桥架设或单独设置管桥，也可采用虹吸管由河底通过。

5）和其他管线保持一定的间距。

（2）供热管网的竖向布置

1）地沟管线敷设深度应尽量浅一些，以减少土方工程量。为了避免地沟盖受汽车等动荷载的直接压力，地沟的埋深自地面至沟盖顶面不少于 0.5～1.0m。当地下水位高或其他地下管线相交情况极其复杂时，允许采用较小的埋设深度，但不少于 0.3m。

2）热力管道埋设在绿化带时，埋深应大于 0.3m。热力管道土建结构路面至铁路路轨基底间最小净距应大于 1.0m；与电车路基底为 0.75m；与公路路面基础为 0.7m。跨越有永久路面的公路时，热力管道应敷设在通行地沟或半通行地沟中。

3）热力管道与其他地下设备相交叉时，应在不同的水平面上互相通过。

4）当地上热力管道与街道或铁路交叉时，管道与地面之间应留有足够的距离，此距离根据不同运输类型所需高度尺寸来确定。汽车运输 3.5m；电车 4.5m；火车 6.0m。

5）地下敷设时必须注意地下水位，沟底的标高应高于近 30 年来最高地下水位 0.2m以上，在没有准确地下水位资料时，应高于已知最高地下水位 0.5m 以上，否则地沟要进行防水处理。

6）热力管道和电缆之间的最小净距为 0.5m，如电缆地带土壤受热的附加温度在任何季节都小于 10℃，且热力管道有专门的保温层时，则可减小此净距。

7）横过河流时应采用悬吊式人行桥梁和河底管沟方式。

4.3.4.3 供热调配设施布置

（1）热力站

集中供热系统的热力站是供热管网与热用户的连接场所。大型的集中供热系统，第一级管网接至热力站；在热力站内采用不同的连接方式将热煤加以调节或转换，然后向热用户系统分配热量以满足各热用户的需求；热力站内计量、检测供热热煤的参数和数量。

热力站按其位置与规模可分用户热力站、小区热力站、区域热力站三种；按热力站用户性质可分民用热力站与工业热力站。

热力站一般为单独的建筑物，建筑面积可参考表 4.3.4。

热力站建筑面积 表 4.3.4

规模类型	I	II	III	IV	V	VI
供热面积（万 m²）	<2	3	5	8	12	16
热力站建筑面积（m²）	<200	<280	<330	<380	<400	≤400

（2）制冷站

制冷站是通过制冷设备将热能转化为低温水等冷介质供应用户的机房，一些制冷设备在冬期时还可转为供热，因此有时也称为冷暖站。

单台制冷机的容量由数千瓦至上万千瓦不等，小容量制冷机广泛用于建筑空调，而大容量制冷机可用于区域供冷或供暖，设于冷暖站内，其供热（冷）面积在 10 万 m² 之内，冷暖站占地面积约 $500\sim1000m^2$。

（3）中继加压泵站

中继加压泵站作用是满足热水网络和大多数热用户压力工况的要求，适用于以下场合：

1）大型热水供热管网；

2）地形复杂供热区域，高低悬殊的热水供热管网；

3）热水管网扩建。

中继加压泵站一般应设在单独的建筑物内，泵站与周围建筑的距离应满足防止噪声环境影响的要求。

4.3.5 燃气气源规划统筹

4.3.5.1 燃气气源选择

选择燃气气源种类应遵循以下原则：

1）必须遵照国家的能源政策，因地制宜地根据本地区燃料资源的状况，选择技术可靠、经济合理的燃气种类的基础上，选择和配置城市气源设施。

2）应合理利用现有气源设施，制定合理的改造或替代方案。

3）应根据城市的规模和负荷的分布情况，合理确定气源设施的数量和主次分布，保证供气的可靠性。

4）选择气源设施时，还必须考虑气源厂之间和气源厂与其他工业企业之间的协作关系。如炼焦制气厂和直立炉煤气厂的主要产品之一的焦炭，是水煤气制气厂的生产原料，也是冶金、化工企业的重要原料。

5）充分利用外部列入天然气气源。

4.3.5.2 燃气气源设施

（1）天然气气源设施

天然气的生产和储存设施大都远离城市，一般是通过长输气管道来实现对城市的供应的。天然气长输气管道的终点配气站称为城市接收门站，是城市天然气输配管网的气源站，其任务是接收长输气管道输送来的天然气，在站内进行净化、调压、计量后，进入城市燃气输配管网。在城市近郊，天然气的储存基地有储存、净化和调压功能的，也可视为城市气源。

（2）人工煤气气源设施

目前，我国已有部分城市开始使用天然气，但是，煤气制气厂仍是城市的主要气源之一。煤气厂按工艺设备不同，分为炼焦制气厂、直立炉煤气厂、水煤气型两段炉煤气厂和油制气厂等几种。水煤气型两段炉煤气厂和油制气厂可作为城市机动气源（或称调峰气源），在中小城市中也可作为主气源。

（3）液化石油气气源设施

液化石油气，具有供气范围、供气方式灵活的特点，适用于各种类型的城市和地区。但因供气能力有限，可作为中小城市的主气源及大城市的片区气源，也可作为调峰机，动气源。

液化石油气气源包括液化石油气储存站、储配站、灌瓶站、汽化站和混气站等。其中液化石油气储存站、储配站和灌瓶站又可通称为液化石油气供应基地。液化石油气储存站是液化石油气的储存基地，其主要功能是储存液化石油气，并将其输送给灌瓶站、汽化站和混气站。液化石油气灌瓶站是液化石油气灌瓶基地，主要功能是进行液化石油气的灌瓶作业，并送到瓶装供应站或用户，同时也灌装气槽车，并将其送至气化站和混气站。液化石油气气化站是指采用自然或强制气化方法，使液化石油气转变为气态供出的基地。混气站是指生产液化石油气混合气的基地。除了上述设施外，液化石油气瓶装供应站乃至单个气瓶或瓶组，也能形成相对独立的供应系统，但一般不视为城市气源。

液化石油气供应基地的规模一般用年液化气供应能力来表示，有时也用贮存能力表示。表4.3.5为几种液化石油气供应基地的有关指标。

供应规模(t/a)	供应户数(户)	日供应量(t/d)	占地面积(hm²)	储罐总容积(m³)
1000	5000～5500	3	1.0	200
5000	25000～27000	13	1.4	800
10000	50000～55000	28	1.5	1600～2000

液化石油气供应基地主要技术经济指标　　　　表 4.3.5

4.3.5.3 燃气气源厂选址

（1）煤气制气厂选址原则

1）厂址选择应符合城市总体发展的需要，不影响城市近远期的建设和居民生活环境，现有气源厂若对城市长期发展有较大影响，应考虑迁址或并入新厂的可能性。

2）厂址应具有方便、经济的交通运输条件，与铁路、公路干线或码头的连接应尽量短捷。

3）厂址应具有满足生产、生活和发展所必需的水源和电源。一般气源厂属于一级负荷，应由两个独立电源供电，采用双回线路。大型煤气厂宜采用双回的专用线路。

4）厂址宜靠近生产关系密切的工厂，并为运输、公用设施、三废处理等方面的协作创造有利条件。

5）厂址应有良好的工程地质条件和较低的地下水位。地基承载力一般不宜低于10t/m²，地下水位宜在建筑物基础底面以下。

6）厂址不应设在受洪水、内涝和泥石流等灾害威胁的地带。气源厂的防洪标准应视其规模等条件综合分析确定。位于平原地区的气源厂，当场地标高不能满足防洪要求，需采取垫高场地或修筑防洪堤坝时，应进行充分的技术经济论证。

7）厂址必须避开高压走廊，并应取得当地消防及电力部门的同意。

8）在机场、电台、通信设施、名胜古迹和风景区等附近选厂时，应考虑机场净空区；电台和通信设施防护区，名胜古迹等无污染间隔区等特殊要求，并取得有关部门的同意。

9）气源厂应根据城市发展规划预留发展用地。分期建设的气源厂，不仅要留有主体工程发展用地，还要留有相应的辅助工程发展用地。

（2）液化石油气供应基地的选址原则

1）液化石油气储配站属于甲类火灾危险性企业。站址应选在城市边缘。

2）站址应选择在所在地区全年最小频率风向的上风侧。

3）与相邻建筑物应遵守有关规范所规定的安全防火距离。

4）站址应选择地势平坦、开阔、不易积存液化石油气的地段，并避开地震带、地基沉陷、易受雷击和受洪水威胁的地区。

5）具有良好的交通条件，运输方便。

6）应远离名胜古迹、游览地区和油库、桥梁、铁路枢纽站、飞机场、导航站等重要设施。

7）在罐区一侧应尽量留有扩建的余地。

（3）液化石油气气化站与混气站的布置原则

1）液化石油气气化站与混气站的站址应靠近负荷区。作为机动气源的混气站可与气源厂、城市煤气储配站台设。

2）站址应与站外建筑物保持规范所规定的防火间距。

3）站址应处在地势平坦、开阔、不易积存液化石油气的地段。同时应避开地震带、地基沉陷区、废弃矿井和易受雷击地区等。

4.3.6 燃气输配系统规划统筹

4.3.6.1 燃气输配系统规划原则

1）根据气源的类型、规模、压力、位置等因素选择城市燃气输配管网系统的压力级制和形式；

2）根据城市总体规划的居住区、公共建筑、工业布局和城市道路规划，确定各级管网的走向和布局；

3）根据城市总体规划和燃气负荷构成与分布，确定系统调峰方式，以及储配站和调压站的位置；

　　4）为确保燃气供应的安全性、可靠性和经济性，应根据建设的可能性提出若干方案，经全面的技术经济比较后确定。

4.3.6.2　燃气输配设施及规划要求

　　（1）燃气储配站及规划要求

　　1）燃气储配站功能

燃气输配系统设置燃气储配站有以下功能：

① 储存必要的燃气量，用以调峰；

② 对多种燃气进行混合，达到适合的热值等燃气质量标准；

③ 燃气加压，以保证输配管网内适当的压力。

　　2）储气等级与储气量

城市储气量的确定与城市民用气量与工业用气量的比例有密切关系。一般把储气量占计算月平均日供气量的比例称为储气系数。

工业与民用用气量比例与储气量关系　　　　　　　　　　表 4.3.6-1

工业用气量占日供气量比例（％）	民用用气量占日供气量比例（％）	储气系数（％）
50	50	40~50
>60	<40	30~40
<40	>60	50~60

若城市有机动气源和缓冲用户，储气量可略低于表 4.3.6-1 数值。

　　3）储配站用地与选址

燃气储配站的容量与占地的关系见表 4.3.6-2。

燃气储配站的用地　　　　　　　　　　表 4.3.6-2

项目	单位	罐容（万 m³）										
		1.0	2.0	3.0	5.0	7.5	10.0		15.0		20.0	30.0
储罐	座×罐容	1×1.0	1×2.0	1×3.0	1×5.0	1×7.5	1×10.0	2×5.0	1×15.0	2×7.5	1×20.0	2×10.0	2×15.0
占地	(ha)	0.6~0.8	0.7~0.9	0.9~1.1	1.1~1.5	1.3~1.8	1.6~2.0	2.0~2.6	2.2~2.6	2.4~3.0	2.4~3.0	3.0~3.8	4.0~4.8

　　对于供气规模较小的城市，燃气储配站一般设一座即可，并可与气源厂合设，对于供气规模较大，供气范围较广的城市，应根据需要设两座或两座以上的储配站，厂外储配站的位置一般设在城市与气源厂相对的一侧，即常称的对置储配站。在用气高峰时，实现多点向城市供气，一方面保持管网压力的均衡，缩小一个气源点的供气半径，减小管网管径，另一方面也保证了供气的可靠性。

　　除上述储配站布置要点外，储配站站址选择还应符合防火规范的要求，并有较好的交通、供电、供水和供热条件。

　　（2）燃气调压站及布置要求

　　1）燃气管道压力等级

我国城市燃气输配管道的压力可分为 5 级，具体为：

① 高压燃气管道A：0.8MPa<P≤1.6MPa；

B：0.4MPa<P≤0.8MPa；

② 中压燃气管道A：0.2MPa<P≤0.4MPa；

B：0.005MPa<P≤0.2MPa；

③ 低压燃气管道 P≤0.005MPa。

另外，天然气长输管线的压力也可分为3级，一级：P≤1.6MPa，二级：1.6MPa<P<4.0MPa，三级：P≥4.0MPa。

2）燃气调压站分类

调压站按性质分有区域调压站，用户调压站和专用调压站。区域调压站是指连接两套输气压力不同的城市输配管网调压站；用户调压站主要指与中压或低压管网连接，直接向居民用户供气的调压站。专用调压站指较高压力管网连接，向用气量较大的工业企业和大型公共建筑供气的调压站。

3）燃气调压站布置

调压站自身占地面积很小，只有几平方米到十几平方米，箱式调压器甚至可以安装在建筑外墙上，但对一般地上调压站来说，应满足一定的安全防护距离要求。

布置调压站时主要考虑以下因素：

① 调压站供气半径以0.5km为宜，当用户分布较散或供气区域狭长时，可考虑适当加大供气半径。

② 调压站应尽量布置在负荷中心。

③ 调压站应避开人流量大的地区，并尽量减少对景观环境的影响。

④ 调压站布局时应保证必要的防护距离，具体数据见表4.3.6-3。

调压站与其他建筑物、构筑物的最小距离 表 4.3.6-3

建筑形式	调压器入口燃气压力级制	最小距离(m)					备注
		距建筑物或构筑物	距重要建筑物	距铁路或电车轨道	距公路路边	距架空输电线	
地上单独建筑	中压（B）	6.0	25.0	10.0	5.0		
	中压（A）	6.0	25.0	10.0	5.0		
	高压（B）	8.0	25.0	12.0	6.0		
	高压（A）	10.0	25.0	15.0	6.0		
地下单独建筑	中压（B）	5.0	25.0	10.0	—	大于1.5倍杆高	
	中压（A）	5.0	25.0	10.0	—		

注：1. 当调压装置露天设置时，则指距离装置的边缘。

2. 重要建筑物系指政府、军事建筑、国宾馆、使馆、领馆、电信大厦、广播、电视台、重要集会场所、大型商店、危险品仓库等。

3. 当达不到上表要求且又必须建设时，采取隔离围墙及其他有效措施，可适当缩小距离。

（3）液化石油气瓶装供应站及设置要求

液化石油气瓶装供应站是在管道燃气实现前的一种过渡供燃气形式。主要为居民用户和小型公建服务，供气规模以5000～7000户为宜，一般不超过10000户。供应站多时，几个供应站间可设一管理所（中心站）。

供应站用地面积一般为500～600m²，管理所面积为600～700m²，供应站选址应符合以下要求：

1) 选择在供应区域中心，服务半径不宜超过 0.5～1.0km。

2) 有便于运瓶汽车出入的道路。

3) 瓶库与站外建、构筑物的防火间距不应小于表 4.3.6-4 规定。

瓶装供应站的瓶库与站外建、构筑物的防火间距（m）　　　　表 4.3.6-4

项目	总存瓶容量(m³)	
	≤10	>10
明火、散发火花地点	30	35
民用建筑	10	15
重要建筑	20	25
主要道路	10	10
次要道路	5	5

注：总存瓶容量应按实瓶个数乘单瓶几何容积计算。

4.3.6.3 燃气管网系统及选择

城市燃气输配系统由以下部分组成：

1) 低压、中压及高压等不同压力等级的燃气管网；

2) 燃气分配站或压力站、各种类型的调压站或调压装置；

3) 储配站；

4) 监控与调度中心；

5) 维护管理中心。

城市燃气管网形式可分为一级、二级、三级、多级和混合系统。

（1）一级系统

分低压与中压一级系统，前者输送时不需增压、系统简单、供气安全、维护方便。但供气压力低管道直径大，一次投资费用较高，起终点压差大，多数用户灶前压力偏高燃烧效率降低，适用于用气量较小供气范围 2～3km 的镇区。后者避免在一条道路上敷设两条不同压力等级管道减少管道长度、节省投资，并能保证大多数用户气压相同，燃烧效率较高。但安装技术要求较高、供气安全性较二级、三级系统差。

新城区和安全距离能保证的地区可优先考虑。

（2）二级系统

1) 中压 B、低压二级系统

人工煤气中压 B、低压二级系统供气安全，安全距离容易保证，可以全部采用铸铁管材。但投资较大，管道长度增加，占地较多。

天然气中压 B、低压二级系统基本相同。

2) 中压 A 低压二级系统

天然气或加压气化煤气可采用中压 A、低压二级系统。

该系统输气干管直径较小，比中压 B、低压二级系统节省投资，输气干管压力较大，便于用气低峰时储存一定量天然气调峰。但与建筑物的最小安全距离要求达到 1.5m，中压 A 煤气管道需用钢管使用年限短，折旧费较高。

适用于建筑密度较小的大、中城市。

（3）三级系统

通常含中压 B、低压两级，另外一级是中压 A 或高压 B，也可高压 B、中压 A、低压三级。

该系统供气安全可靠，高压或中压 A 环网可以储存一定量的天然气。但系统复杂，维护不便，投资大，由于经二级调压，部分压力消耗在调压器阻力上，造成管径较大。

适用于特大城市且要求供气有充分保证的场合。

（4）混合系统

混合系统中，燃气自气源厂送入储配站，经加压后进入中压输气管网。其中，一些区域经中压配气管网送入箱式调压器最后进入户内管道；另一些地区则经中、低压区域调压站，再送入低压管网，最后送入庭院及户内管道。

该系统投资较省，介于一、二级系统之间，管道总长度较短，在街道宽阔，符合安全距离地区采用一级中压供气，在人口稠密、街道狭窄地区采用低压供气，因此，供气安全保证率高。但不足之处介于一级与二级系统之间。

燃气管网系统选择主要综合考虑以下因素：

1）供气的可靠性。主要取决于管网系统的干线布局，环网可靠性大。

2）供气的安全性。管网压力是主要因素，尤其庭院管网的压力不宜过高。

3）供气的适应性。由用户至调压器之间管道长度决定，用户至调压设备远近不同会导致用户压力的不同。

4）供气的经济性。主要取决于管网长度、管径大小、管材费用、寿命以及管网维护费用。

5）气源情况。诸如燃气种类、供气压力和供气量、气源布局和发展规划等。

6）城市规模和布局。城市布局集中，供气规模大的城市可采用二级以上的系统，输气压力也可选高些；对于中小城市可以采用一、二级混合系统，其输气压力可以低些。

7）道路和住宅的状况。道路宽阔，新建住宅区多的地区可选用一级系统。

8）自然条件。如河流水域很多的城市，一级系统的穿越工程量将比二级系统多，应作技术经济比较。

9）城市规划。城市发展规模大，对于新区应选用一级管网系统和较高设计压力，近期可降低压力运行，远期负荷增加，提高运行压力。

图 4.3.6-1～图 4.3.6-4 分别为二级、三级、多级管网系统例图。

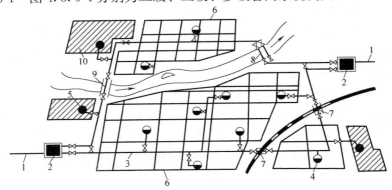

图 4.3.6-1　低压—中压 A 两级管网系统

1—长输管线；2—城市燃气分配站；3—中压 A 管网；4—区域调压站；5—工业企业专用调压站；6—低压管网；
7—穿越铁路的套管敷设；8—穿越河底的过河管道；9—沿河敷设的过河管道；10—工业企业

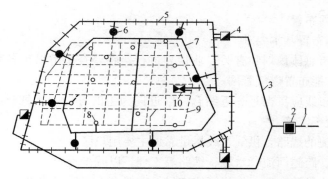

图 4.3.6-2 三级管网系统

1—长输管线；2—城市燃气分配站；3—郊区高压管道（1.2MPa）；4—储气罐；5—高压管网；

6—高、中压调压站；7—中压管网；8—中、低压调压站；9—低压管网；10—煤制气厂

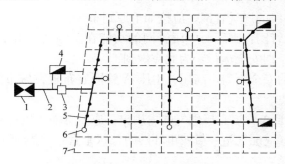

图 4.3.6-3 低压—中压 B 两级管网系统

1—气源厂；2—低压管道；3—压气站；4—低压储气站；

5—中压 B 管网；6—区域调压站；7—低压管网

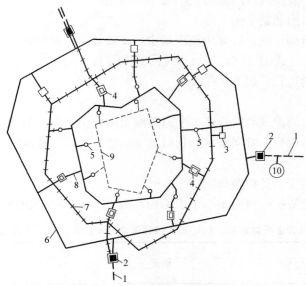

图 4.3.6-4 多级管网系统

1—长输管线；2—城市燃气分配站；3—调压计量站；4—储气站；5—调压站；

6—2.0MPa 高压环网；7—高压 B 环网；8—中压 A 环网；

9—中压 B 环网；10—地下储气库

4.3.6.4 燃气管网布置

（1）燃气管网布置基本要求

1）应结合城市总体规划和有关专业规划进行。在调查了解城市各种地下设施的现状和规划基础上，才能布置燃气管网。

2）管网规划布线应贯彻远、近结合，以近期为主的方针，规划布线时，应提出分期建设的安排，以便于实施。

3）应采用便捷的线路，供气干线尽量靠近主要用户区。

4）应减少穿、跨越河流、水域、铁路等工程，以减少投资。

5）各级管网应沿路布置，燃气管线应尽量布置在人行道或非机动车道下。

6）燃气管网应避免与高压电缆邻近且平行敷设，否则，由于感应地电场对管道会造成严重腐蚀。

7）对不同压力等级的燃气管网，应按如下原则布线：

a. 高压、中压 A 管网：高压、中压管网的功能在于输气。由于其工作压力高，危险性大，布线时应确保长期安全运行，为此应做到：

（a）为保证应有的安全距离，高压、中压 A 管网宜布置在城市的边缘或规划道路上，高压管网应避开居民点。

（b）对高压、中压 A 管道直接供气的大用户，应尽量缩短用户支管的长度。

（c）连接气源厂（或配气站）与城市环网的枝状干管，一般应考虑双线，可近期敷设一条，远期再敷设一条。

（d）长输高压管线一般不得连接用气量很小的用户。

b. 中压管网：

（a）中压管网一般是城区内的输气干线。为避免施工安装和检修过程中影响交通，宜将中压管道敷设在市内非繁华的干道上。

（b）应尽量靠近调压站，以减少调压站中压支管长度，提高供气可靠性。

（c）连接气源厂（或配气站）与城市环网的干管宜采用双线布置。

（d）中压环线的边长一般为 2~3km。

c. 低压管网

低压管网是城市的配气管网，基本上遍布城市的大街小巷。布置低压管网时，主要考虑网络的密度。低压燃气干管网格的边长以 300m 左右为宜，具体布局情况应根据用户分布状况决定。

（2）燃气管道的安全防护距离

燃气管道的安全防护距离应不小于表 4.3.6-5、表 4.3.6-6 数值规定。

燃气管道与建筑物、构筑物或相邻管道之间的最小水平净距（m）　　　表 4.3.6-5

序号	项目	低压	中压		高压	
			B	A	B	A
1	建筑物的基础	0.7	1.0	2.0	4.0	6.0
2	给水管	0.5	0.5	0.5	1.0	1.5
3	排水管	1.0	1.2	1.2	1.5	2.0

序号	项目	低压	中压		高压	
			B	A	B	A
4	电力电缆	0.5	0.5	0.5	0.5	0.5
5	通信电缆：直埋在导管内	0.5 1.0	0.5 1.0	0.5 1.0	1.0 1.0	1.5 1.5
6	其他煤气管道：$D \leqslant 100mm$ $D > 100mm$	0.4 0.5	0.4 0.5	0.4 0.5	0.4 0.5	0.4 0.5
7	热户管：直埋在管沟内	1.0 1.0	1.0 1.5	1.0 1.5	1.5 2.0	2.0 4.0
8	电杆(塔)的基础：$\leqslant 35kV$ $> 35kV$	1.0 5.0	1.0 5.0	1.0 5.0	1.0 5.0	1.0 5.0
9	通信、照明电杆(至电杆中心)	1.0	1.0	1.0	1.0	1.0
10	铁路钢轨	5.0	5.0	5.0	5.0	5.0
11	有轨电车的钢轨	2.0	2.0	2.0	2.0	2.0
12	街树(至树中心)	1.2	1.2	1.2	1.2	1.2

燃气管道与构筑物或相邻管道之间的最小垂直净距 (m)　　　　表 4.3.6-6

序号	项目	地下煤气管道 (当有套管时，以套管计)
1	给水管、排水管或其他煤气管道	0.15
2	热力管的管沟底(或顶)	0.15
3	电缆：直埋在导管内	0.50 0.15
4	铁路轨底	1.20
5	有轨电车轨底	1.00

注：如受地形限制布置有困难，而又确无法解决时，经与有关部门协商，采取行之有效的防护措施后，上述表4.3.6-5、表4.3.6-6的规定，均可适当缩小。

4.3.7 区域能源统筹规划与分布式能源应用

4.3.7.1 区域能源及统筹规划

区域能源是指所有用于生产和生活的能源在一个特指的区域内得到科学、合理、综合、集成应用，完成能源生产、供应、输配、使用和排放全过程的能源系统。

（1）区域能源特征

区域能源合理用能、科学用能、综合用能、集成用能有以下特征：

1）品位对应

能源有不同的高低品位，并依据其在自然界里的存量、产生的能量大小、能量级别（温度）、能转换其他能源形式与被梯级利用的次数，以及对自然环境的影响加以区分。

区域能源的品位对应特征是指其不同品位能源应用于不同对应品位的需求，能源应用各得其所。

2）温度对口

根据生产生活对用能温度的不同需求供应温度对口的能源，避免高能低用的能源浪费。

3）梯级利用

现代技术发展特别是热泵的技术应用，实现了高品位能源的多次利用。也即能源梯级利用，大大提高能源利用率。例如，燃气蒸汽联合循环发电——冷热电联供——热泵区域能源工程系统的能源梯级利用。先用天然气在燃气轮机里燃烧高温蒸汽推动涡轮机发电，之后再将发完电的 $500 \sim 600℃$ 左右的乏气送入余热锅炉，产生蒸气再送入蒸汽轮机发电，之后发完电的蒸气换热制冷、供热，最后用热泵将冷凝水热量提升用来采暖或生产生活热水。

4）综合利用

综合利用能源系统是以最小的能源消耗，最少的排放达到最佳的能源利用效果。例如，天然气锅炉一次燃烧排放 NO_x 为几百到上千 ppm，而天然气冷热电三联供梯级利用排放 NO_x 为几个到几十个 ppm。

综合利用能源系统可以是一次能源为主，再生能源为辅，也可以反之的区域能源系统，以及冷热电三联供与热泵系统综合的区域能源系统等。

5）集成利用

集成利用是通过对各种设备系统、技术的综合、集成、互相补充完善达到最优的能源利用效果。例如冷热电三联供系统与热泵系统集成达到能源系统的经济、节能、减排的理想效果。

（2）区域能源统筹规划

区域能源统筹规划是综合考虑的区域能源总体规划。其主要规划内容包括以下方面：

1）能源需求侧

规划区各种能源用户对能源的需求，包括能源种类、品位、温度、数量、功能以及用能的时间、季节等。

2）能源供应侧

规划区各种能源资源的情况，包括一次化石能源、二次转换能源、可再生能源、可利用的低品位能源的情况，包括品位、数量、可利用性，可选用的技术与设备等。

3）能源的梯级利用方案及分析

包括：① 一次能源梯级利用转换选择。转换输配系统的确定，梯级利用实现方法。
② 多种能源综合利用。不同品位能源集成，选用技术与设备，综合区域能源方案。
③ 区域能源系统——能源中心的运行策略。与城市公共能源的协调关系。

4）节能减排效益分析

① 区域能源系统的能源消耗总量和排放总量的分析计算；
② 以一次能源为基准，能源总利用率的分析计算。

5）多方案总体技术经济比较

包括单位能耗投资、运行费用、回收年限的财务分析。

4.3.7.2 分布式能源应用

（1）分布式能源与区域能源的区别

分布式能源是区域能源中的一种形式。一般指独立于大供电系统之外，既发电又供冷供热的分散式能源系统。而区域能源则包含了在本区域中应用的各种能源形式，包括一次能源、二次能源、可再生能源；高品位能源、低品位能源，梯级利用能源、综合利用能源等等。

（2）分布式能源应用技术要求

1）发展分布式能源基于区域能源规划。前述分布式能源是区域能源中的一种形式。分布式能源的应用以区域能源统筹规划为指导，与其他区域能源相协调。

2）准确测算冷热电需求侧基础负荷，合理选择同时工作系数，用户用能规律应调查了解清晰。

3）分布式能源站应有分季分时段详细的运行策略，并以明确的目标为依据。

4）天然气的燃烧尾气物理余热可采用冷凝热回收利用。

5）分布式能源规划基于实现能源的高效利用，特别是天然气的梯级利用。同时，天然气一次能源利用规划应综合考虑可再生能源、各种余热低品位热源等其他能源利用。

4.4　通信工程系统规划统筹

4.4.1　现代电信网络规划统筹

4.4.1.1　长途电话网发展规划统筹

从信息通信网统筹规划的角度，长途电话网规划侧重于发展规划。相关统筹规划要求如下：

（1）根据规划预测得到的长途话音业务的需求，结合 IP 电话的发展，未来应由传统长途线路交换网和 IP 网共同提供。近期由前者承担主要的业务量，IP 网则通过 MG（媒体网关）与长途线路交换网相连，利用 IP 电话承担少部分长途话音业务量。未来则应逐步加大 IP 电话的比例。

（2）应严格控制现有长途交换类型的设备的发展。对现有长途交换局设备应重在挖潜，提高交换机的实装率，完善机线配套和网络的整体效率，充分利用已有网络的资源。除挖潜之后仍确有业务需求外，原则上不再扩容。尚未建立第二长途局的本地网原则上不再行新建，但可考虑建设综合关口局，兼作长途局之用。所有关口局的地位应等同于长途局。但也可以利用现有长途局同时兼作为综合关口局使用，详见相关的技术规范。

（3）结合智能网管系统的建设，进行网络路由和流量控制，提高接通率和长途线路利用率。

（4）目前长途接口混合局（即既承担长途业务又承担网间结算的局），与本地长途局之间的电路负担要进行调配。考虑到现有长途业务安全的问题，混合局应以长途业务为主，只负担少量的网间结算业务。今后应考虑长途接口混合局的两种功能实现分离。

（5）长途局的建设要适合网络发展演变的需要，应密切跟踪传统电路交换网向宽带网过渡的技术。可以考虑将发达地区的长途交换机改造升级为综合节点，例如含 ATM 交换网络的交换机，作为窄带长途网与宽带骨干网的接口，试验长话业务由宽带网承载的情况；与原长途交换机与 MC 设备综合，试验将长话业务转入因特网的情况。

4.4.1.2 本地电话网演进及组织结构优化

（1）网络演进

对应于长途网二级组织，并逐步向静态无级方向过渡，本地网采用一次汇接的二级组织结构，从而使整个固定电话网减少转接次数，减少层次，实现"扁平化"。简化网络的结构可大量减少建设投资和运行维护成本，有利于 No.7 信令网、同步网和管理网等的支撑运行，便于开拓新的业务，有利于向宽带网的过渡。

（2）组织结构优化

1）电信网络的优化，主要体现在网络结构基础上整体优化，未来电话网应从整个固定网规划建设来考虑，优化方案应首先致力于采用全方位的解决方案，注意综合成本/性能比，避免重复投资与建设。

2）网络结构应具有层次清晰，规模可拓展，业务可升级，可靠性安全性可提高的特点，既适应业务需求和技术发展，又明确阶段性目标与对策，并可分步实施。

3）局间传输网应以光纤为主，大量采用 SDH 环形网技术提高网络可靠性与安全性。

4）利用接入网技术建设与改造网络，减少交换端局和汇接次数，增加能提供综合业务的服务节点，为适应多层次业务的需要，并为未来宽带业务做好准备，通过大量采用远端模块或新型用户接入设备，使光纤尽量靠近用户。

5）逐步演变为交换网、传输网和接入网兼顾的形式，为未来信息网络打下基础。

6）结合城市总体规划和目标网、目标局统筹规划，以少局数、大容量、大系统简化网络结构，并向少汇接局和端局双归属的二级网络结构发展。

4.4.1.3 本地交换网的网络组织规划统筹

（1）本地网现状分析

我国本地网目前主要存在问题：

1）端局数目多、单局容量小，局点重复建设、设备重复配套，造成投资加大，管理困难；

2）汇接局设置过多、层次多汇接复杂；

3）交换机制式繁杂，不利于网络和新业务发展；

4）传输线路和交换容量不平衡，电路调度不够灵活；

5）接入网技术落后、通话质量低。

（2）网络组织发展方向

1）按照汇接局、端局的二级组织网络结构，汇接可以有分区汇接和全覆盖两种汇接方式。

2）汇接局应尽可能设置在话务量密度中心：采取分区汇接方式组网时，应寻找各汇接区的话务密度中心；采取全覆盖方式组网时，应寻找全网话务密度中心；由于县/市距离中心城市都较远，故一般情况下可由中心城市的端局寻找话务密度中心。

3）汇接局应在本地网中统一组织，要逐步减少汇接区和汇接局的数目。中心城市可以设置若干汇接局；县/市一般不设汇接局，由中心城市汇接局来汇接。但对容量较大的县/市可设汇接局，也可几个县共同设置不在同一地点的一对汇接局。本地网中一般不设置纯汇接局，而是设置混合汇接局，特大城市可以例外。

4）分步实现所有端局向汇接局的双归属（Dual Homing），即一个端局接入到两个汇接局上。在经济合理前提下，尽量做到端局间的大部分话务量经直达路由或一次转接疏通。

5）汇接局的话务负荷分担方式分平均分担和按比例分担两种。汇接局分担的转接话务量之和应该大于总转接话务量。

（3）不同类型本地交换网络组织

特大和大城市本地网和中等城市本地网的特点不同，因而交换网络组织的目标结构、组网方式、汇接方式和向目标网结构的过渡也不同。

1）特大和大城市本地电话网交换网路组织的特点是中心城市交换机容量大，端局数目多。其目标网是二级结构，分区汇接组网方式，汇接区数目以 2～4 个为宜，每汇接区尽量设置双汇接局，即来话汇接或去话汇接。向目标的过渡方式可以是汇接区不变，单汇接局向双汇接局过渡；或者汇接区不变，端局过渡到双归属；或者汇接区合并，实现双汇接局和端局双归属。

2）中等城市本地电话网交换网路组织的特点是中心城市交换机容量小，端局数目相对较少。其目标网是二级结构，全覆盖组网方式，2～3 个汇接局，一次转接。向目标网的过渡方式可根据网路规模，适当合并汇接区；城市端局应尽快与所属的两个汇接局建立基干电路，实现端局双归属。

3）作为本地网中一部分的普通县/市交换网络的组织，对现有端局数较多的县/市近期可继续保留县/市汇接局，以疏通县/市内端局间及出入该县的话务量。随着网路的发展和中小容量交换系统的逐渐被淘汰，原县/市汇接局降为普通端局，实现目标网结构。

4.4.1.4　移动电信网与固定电信网的互联设置

移动网与固定电话网间一般按以下要求互联设置：

1）移动通信固定电话网用户少于 10 万户时，只建单个移动局的网络，固定网、移动网共用关口局。

2）移动电话网本地网用户在 10 万～40 万户时，采用网状网络方式组织移动本地网，固定网、移动网共用一对关口局，并可兼做两网间汇接局。

3）移动电话网本地网用户在 40 万～100 万户，移动电话交换局超过 4 个时，应设一对关口局兼做移动汇接局，并覆盖全部端局。

4）移动电话网本地网用户在 100 万～200 万户，移动电话交换局超过 4 个时，应设一对 GW 负责移动的去话，一对 GMSC/GW 负责移动来话时的路由查询，由独立的 GW 兼移动汇接局，对端局全覆盖。

4.4.1.5　传输网的综合规划与优化统筹

（1）传输网的综合规划

传输网在物理上可划分为全国长途一级传输网、省内长途二级传输网、本地网内局间传输网和接入网。

传输网的综合规划侧重于以下方面：

1）网络整体统筹规划传输网的组织结构与规模传输网使一切业务网络可以共享它的通道，是由固定电话网、ISDN、移动通信网、数据网等各种业务网，电信支撑业务网、补充业务网、增值业务网，直至未来各种宽带业务网所共用的，是一切业务网的基础，因而传输网的统筹规划是现代城市信息通信网统筹规划的基础，必须彻底改变过去仅将传输网与单一的固定电话网捆绑，仅仅把传输网作为固定电话网的配套网络的传统观念，在规划和确定传输网的结构、组织与规模时，必须将整个网络作为一个整体规划设计和优化。特别是三网融合整体规划优化的考虑。并在统筹规划中对网络进行适当的分解。

2）不同传输手段的传输网综合规划

SDH 以光纤为主，微波为辅。毋庸置疑，只有靠光纤的巨大廉价带宽资源，才能充分发挥和挖掘 SDH 的巨大潜力，然而，现有的大量微波设施需要继续发挥作用，那些不宜敷设光缆的多山岩石和沼泽地区仍要靠微波或卫星通信，而且对于业务需求不需要 STM-1 等级的地区，采用卫星和中小容量微波来传送低于 STM-1 等级的信号，具有较好的经济效益。

微波系统应用场合主要是：

① 作为光纤同步传输网的备用系统，改善网络生存性。

② 用来传送 SDH 帧结构中的高阶虚容器。

③ 用来最后沟通并完成光纤环形网。

④ 作为点到多点的应用系统。

综上所述，光纤、微波和卫星通信纳入到一个统一的 SDH 网中统筹规划是十分必要的，在城市重要微波通道保护中，上述的综合传输网统筹规划更是重要。

（2）长途传输网规划优化

1）考虑传输网的发展趋势，将整个网络作为一个整体规划及优化。

2）光缆规划对于业务量不是很大的线路段仍适合应用 SDH 组网、应用二纤双向复用段自愈环为主技术，可为网络提供 100% 的保护。同时，应考虑本身业务网的需要和其他电信运营商的需求及非电信部门对光纤的需求，新建光纤芯数应至少在 72 芯以上，尽可能采用管道或直埋方式敷设。新建的光纤原则上采用 C. 655 光纤，以适应未来以 10Gbit/s 为基础的 DWDM 的应用需求。

3）DWDM 技术因其节省大量的光缆，是大容量系统扩容的有效手段，也是向透明全光网络发展的基础，应逐渐推广应用。全国骨干网可首先采用 N. 2.5Gbit/s 或 N. 10Gbit/s 的干线，省级骨干传输网可采用一个或多个 N. 2.5Gbit/s 光环路。

4）IP 骨干网规划可考虑 DWDM 技术与 IP 技术结合的光互联网（D1），在 DWDM 上支持 IP 新业务。

5）省长途传输网规划分层组织一般应分三个层面，第一层面由不多的几个衔接点，包含 1~2 个省的出口点，由超大容量通路贯穿起来组成网状网或网孔网的拓扑结构；第二层面一般应由若干个地区性环网组成，每一个地区环网原则上应穿过两个衔接点，以作为沟通第一、第二层面和该地区向全省乃至省际的出口点；第三层面一般为地区内的长途局之间传输线路，各本地网的长长中继、长市中继，本地网市到县传输网间中继等组成的网络。

（3）本地传输网规划优化

1）规划优化的主要相关要求

① 现状及存在问题。首先应对本地传输网的现状及存在问题作一全面的分析，并给出网络的现状物理路由图和组织逻辑图。

② 确定传输需求的总业务量矩阵。本地网中继传送网是作为本地网中各种业务网共同的传送平台，测算各种业务网的业务电路需求，然后计算业务需求的总矩阵。在此基

上还应附加足够的余量，以确保未来例如宽带的应用，CATV 的传送等的需求。以这个最后的矩阵作为整个传输网规划的定量的基础。

③ 网络组织初步方案。应继承现有的网络，并以本地交换目标网结构为基础，结合撤点并网、网络优化和接入网的建设通盘来进行规划。对近、中、远各期的网络结构统一考虑，建设则可分步实施。确定 SDH 传输网的初步组织方案，其中应包括网络的分层每一层上环的数量环的线速率，环间互通的交接点，外围的线形、星形和树形网等，并建立逻辑组织图和物理路由图。

④ 把业务量需求分摊到每个传输线路段上。在对业务流量进行分配计算时，一般可遵循最短路由和负荷分担的原则，在组织双向环时应考虑到环的平衡性。

⑤ 寻找优化方案。有意增减一条线路段后重新上述计算，看投资是否有明显变化。如此可反复多次，寻求出优化的结果。

⑥ 进行网络的冗余度和生存性计算。

全网冗余度对一般大城市、特大城市取在 50％ 以上，一般城市在 30％ 以上较合适。生存性对于本地网 SDH 骨干层建成后应达到 100％，第 2 层和第 3 层则可适当降低。

全网总的生存性对大和特大城市本地网应在 70％ 以上；中小城市本地网应在 50％ 以上为宜。此外，对于重要的长途局、汇接局、移动局、ATM 骨干节点、IP 骨干节点等，无论采用什么网络拓扑结构，都应保证有两个不同的物理路由。

⑦ 进行设备配置。应根据网络结构、光缆情况、业务流量需求及分布特点，并考虑现有的传输设备，选择合适的保护方式和系统容量，对各环或段进行设备配置。选择相适应的节点设备和传输设备。每一个传输段的线速率均应满足第④步的预测业务分摊到该段的需求，一般还应有一定冗余为原则。在 155Mbit/s、622Mbit/s、2.5Gbit/s 和 10Gbit/s SDH 设备中，当前 2.5Gbit/s 设备具有最高的容量价格比，可以适当超前应用。

⑧ 传输手段和线路的考虑。一般应以光缆为主，微波为辅，在山区经综合平衡后，可择优选择光缆与数字微波混合方式。由于光缆的寿命可在 20 年以上，又管道建设和工程施工费用较高，且随着芯数的增加总投资的增加不显著。因此，应采用较大芯数光缆，按至少满足 10～15 年的需求，光缆芯数应至少在 48 芯以上，以避免今后更换或扩容。本地网骨干传输层面的新建光缆原则上要求敷设 C.655 光纤，以适应未来 DWDM 和 10Gbit/s 的需要。市内光缆应尽量走地下管道，郊区及农村则尽量采用直埋，特殊地理环境可少量采用架空方式。

⑨ 提出网管的方案。为简化网管系统，同一本地网内的 SDH 设备原则上采用同一厂家的设备，最多不要超过两个厂家。

⑩ 网同步问题：为传送数字网的同步定时信号，SDH 系统应能实现系统自身的定时和传送定时信号的功能。

⑪网络建设和分步实施规划。应计算新增线路和设备的数量及容量，并进行投资估算等经济分析工作。

2）本地传输网组织结构规划及优化

① 特大城市、高速发展的大城市的业务容量大，节点多，拓扑结构复杂。大的汇接局或 TS 局点的出入方向一般都较多，在这种情况下，可以组成网状网或网孔网，物理上形成大容量的骨干第一层面，并在第一层面节点上配置 DXC 再配合 TM（1＋1）来组网。

其他节点采用环形网为主，适当配合星形、树形或线形网，形成普通的第二层面的边缘层，并在第二层面节点上配置 ADM、TM 等设备来组成网络。

② 一般大城市可以使用 ADM 设备构成的自愈环网作为骨干层，其中容量较大的传输节点也可少量配置 DXC 作为环网间的连接或网关。第二层面为边缘层，建议仍以环形网为主，适当配合树形或线形网等，节点上配置 ADM、TM 等设备来组织网络。

③ 大中城市如果其地理跨越的面积很大，潜在的服务人口很多，则建议把整个本地传输网分为骨干层、会聚层和边缘层三个层面来组网。骨干层视业务量等情况可采用环网或网孔网；会聚层应以环网为主；边缘层则以单路由的线形、星形、树形拓扑结构为主，逐步过渡到环网。

④ 一般中、小城市其传输容量较小，节点也不多，网络相对比较简单。在这种情况下仍保持网络分为两层。可在几个重要节点上采用 ADM 自愈环方式组成第 1 层，第 2 层则结合星形、树形等组网方式。中小城市暂时不宜使用 DXC 设备。

4.4.1.6　接入网发展综合规划

（1）城市接入网发展模型

1）特大城市接入网

特大城市接入网要求技术先进、接入设备容量大，适度超前用户对各种业务的接入需求。

① 新建的电话交换局的终局容量应考虑在 15 万～20 万门以上，相应的交换区服务半径可达到 5～8km。

② 商业区的网络拓扑结构采用星形、环形，主干光缆可考虑采用单模 60～144 芯的 C.652 标准光缆并留有一定数量的芯数作为保护。

③ 住宅区的网路拓扑结构采用星形，主干光缆可考虑采用单模 24～96 芯的 G.652 标准光缆并留有一定数量的芯数作为保护。结合城市目前正在进行的"户线工程"，配线光缆应尽量靠近用户小区或路边的配线箱。

④ 高科技园区、金融大厦、智能大厦的网路拓扑结构采用环形，环上可以考虑连接分属两个相邻交换局的高科技园区、金融大厦、智能大厦，光缆可以考虑采用单模 60～144 芯的 G.652 标准光缆并考虑留有一定数量的光纤芯数作为保护。光纤采用两个方向进出大楼的方式，不再考虑预留过多备用光纤。

⑤ 为了保证业务量比较大的企事业单位和金融大厦通信的安全可靠性，可以利用光纤接入设备分别将用户接入两个不同交换局。

2）大城市接入网

大城市接入网在满足用户对电话业务、窄带数据业务的接入需求的同时，适度发展用户对多种业务的接入需求。

① 新建的电话交换局的终局容量应考虑在 10 万门以上，相应的交换区服务半径可达到 5～12km。

② 商业区的网路拓扑结构采用星形或环形，主干光缆考虑可采用单模 60～144 芯的 G.652 标准光缆并留有一定数量的芯数作为保护。

③ 住宅区的网路拓扑结构采用星形，主干光缆可考虑采用单模 24～96 芯的 G.652 标准光缆并留有一定数量的芯数作为保护。结合城市目前正在进行的"户线工程"，配线光

缆应尽量靠近用户小区或路边的配线箱。若与广电部门联建 CATV 网络，则宜采用同缆分纤的方式。同时为了兼顾电话和视频业务的通信质量，还应合理选择光节点的位置和每个光节点的用户数量。

④ 高科技园区、金融大厦、智能大厦的网路拓扑结构采用环形，环上可以考虑连接分属两个相邻交换局的高科技园区或金融大厦、智能大厦，光缆可以考虑大芯数单模光缆。光纤采用两个方向进出大楼的方式，不再考虑预留过多备用光纤。

⑤ 为了保证业务量比较大的企事业单位和金融大厦通信的安全可靠性，可以利用光纤接入设备分别将用户接入两个不同交换局。

3）中小城市接入网

中小城市接入网在满足当前用户对电话业务、窄带数据业务的接入需求的同时，区分经济发展不同地区酌情发展宽带视频等业务。

① 新建局所应根据城市面积的大小，考虑设置 2 个以上电话交换局，相应的交换区服务半径可达到 5～15km。

② 商业区的网路拓扑结构采用星形、环形，主干光缆的芯数一船府大于 24 芯。

③ 住宅区的网路拓扑结构采用星形，主干光缆芯数应大于 24 芯，可考虑采用单模光缆并留有一定数量的芯数作为保护。结合城市目前正在进行的"户线工程"，配线光缆应尽量靠近用户小区或路边的配线箱。若与广电部门联建 CATV 网络，则宜采用同缆分纤的方式。同时为了兼顾电话和视频业务的通信质量，还应合理选择光节点的位置和每个光节点的用户数量。

4）县城接入网

县城接入网发展也应区分经济发展不同地区、不同时期的不同要求酌情考虑。

① 新建局所应根据县城面积的大小，考虑设置 1～2 个电话交换局。县城周边的乡镇应根据情况选用光纤接入设备就近入局，相应的交换区服务半径可以扩大到 5～15km。

② 县城接入网的拓扑结构采用星形和环形，主干光缆芯数应大于 24 芯，可考虑采用单模光缆并留有一定数量的芯数作为保护。

③ 对于县城内的住宅区，如果能与广电部门联建 CATV 网络，则宜采用同缆分纤的方式。同时为了兼顾电话和视频业务的通信质量，还应合理选择光节点的位置和每个光节点的用户数量。

④ 对于县城的经济开发区，小区内的光缆应该尽量形成环状，实现光纤到大楼。

（2）接入网发展综合规划基本要求

1）发展综合宽带接入

① 应该把接入网的规划建设与整个本地电话网、数据网、移动通信网和传输网等网络的优化联系起来。全网进行统一规划、统一建设。

② 在中心城市和大城市等发达地区，应结合大厦、小区信息化建设和光纤到大楼、光纤到小区建设大力推进宽带接入网前期工作。在实现光纤到用户之前，主要以 ADSL、G. Lite、xDSL 为主；在已实现光纤到楼后，结合市场需求积极开展 ATM/LAN CPE 等技术应用。

③ 一般城市配合网络优化，灵活采用远端模块和 V5 接入网设备以满足语音和部分数据业务的需求，在 DDN 和帧中继尚未覆盖的地区优先使用光纤综合接入设备。

2）接入技术应用

① 综合接入技术是发展的主流。它具备 POTS、ISDN、DDN、IP 等多种业务能力，不仅降低了接入成本，还优化了网络结构。目前，兼容宽/窄带业务的综合投入设备亦已出现。

② 在光纤接入网技术中，PON 技术能应用于多种拓扑结构；随着用户对带宽需求，发展宽带的 ATM-PON 技术已提到议事日程。

③ 应加大无线接入发展的力度。特别是用于解决边远地区的覆盖问题，同时也开展宽带无线接入的工作。

3）近中期接入网规划的首要目标——全面推进光纤化，加快发展光接入网

① 不断提高原有大厦、小区的光纤到达率，对新建大厦、新小区应基本实现同步光缆敷设。

② 大力发展 FTTB，以满足业务大户和重要用户的需求，能与综合布线系统和智能化大楼相衔接，提供数据和因特网业务。

③ FTTC 则对有新业务需求的小区和新开发的小区有重要意义。应尽量把光纤推向靠近用户，要求所剩下的铜线长度应控制对城区在 800m 以内，远郊在 2km 以内。

④ 光纤化又应分地区、分层次采用不同的技术策略，既要考虑现有铜缆资源不应浪费，又要考虑适应宽带综合接入的需求。发达地区可以采用光纤/双绞线、光纤同轴混合和光纤等多种接入形式；城市郊区的乡镇也应积极推进光纤/铜缆接入，稳步发展光纤接入网。

⑤ 光纤接入网将从满足语音、数据业务为主的状况逐步向宽带、多媒体业务方向转变。

4）近期规划建设

① 接入网光缆的建设要适度超前，主干光缆、配线光缆的建设要满足未来 10～15 年的需要，除满足现有电信业务外，还要考虑宽带、租用及广播电视的需要等。

② 近期的重点应是光接入网的主干段光缆，为此应规划好主干光缆的路由、灵活点和分配点位置等。

4.4.1.7 三网融合及其骨干网

（1）数字汇聚与三网融合

三网融合是指电信网、有线电视网和计算机网高层次业务应用的融合。表现在技术上趋向一致，网络层上可以实现互联互通，业务层上互相渗透和交叉，应用层上使用统一的通信协议。三网融合有利于网络资源实现最大程度的共享。

电信网的固有特性是双向性，现在发展方向是数字化和宽带化；有线电视网本身具有宽带特征，现在发展方向是数字化和双向化；计算机网必然是数字化，现在发展方向是宽带化和多媒体化。三网发展基本趋势是向数字化逐步趋同，出现"数字汇聚现象"。图 4.4.1 所示为数字汇聚与三网融合图。

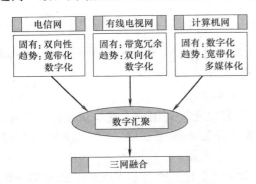

图 4.4.1 数字汇聚与三网融合

上述数字汇聚必然导致三网融合。三网融

合有以下几层含义：

1）网络之间在物理层上互通，一个网络的信号可直接传递或经组织、变换、传送到另一网络，同时通过另外网络传送到用户终端时，不改变信息的内容；

2）用户只与一个网络相连即可享用其他网络的资源或与其他网络上的用户通信；

3）各网络业务可相互独立，互不妨碍，并在各自网络上独立发展自己的新业务；

4）网络间协议相互兼容或可转换；

5）从信息高速公路和国家信息基础设施建设角度看，三网融合需要通过信息业务来统一原先分散建设的各种网络，建成面向用户的自由、透明而无缝的信息网络；

6）从市场经济观点看，网络互联、三网融合目的都是充分利用现有的通信设备和资源，为用户提供最简洁、有效的服务。

信息化社会，一方面信息交流更多、更快、更直接，信息载体将同时包括语音、图像和数据，即多媒体技术。多媒体技术对通信的要求是高速、宽带的信息传输网络。另一方面，未来将出现许多更方便和智能化的终端，以替代现有的计算机显示屏；同时信息业务也将随电子商务、VOD、DVD以及高清晰度数字电视的出现而更丰富，业务的需求对未来网络通信必然提出更高的要求，也即向多媒体通信网络方向发展。

三网融合对网络带宽提出新的要求，无论骨干网还是接入网，都必须有足够的带宽才能支撑、承载激增的新老业务。光纤到户（FTTH）将是未来的发展趋势。

（2）三网融合骨干网基本要求

三网融合的骨干网的关键问题是骨干平台的技术支撑和骨干平台的带宽/容量。三网融合骨干网应满足以下要求：

1）具有足够快的传输速度和足够大的交换容量。由于骨干网需要支持语音、数据、图形和图像的交换和传输，其中语音和动态图像要求实时传输，每一动态图像的用户需要 $1 \sim 8$Mbit/s 的带宽，若能同时并发 10000 个动态图像的用户，则要求骨干网具有近 100Gbit/s 的传输/交换能力，这是传统电话网所无法比拟的。

2）具有多种业务/服务的接入能力。由于三网融合建立在现存的信息环境下，尤其是电信网络已具有多种多样的传输交换环境，三网融合骨干网必须能够将它们相互融合。为此，必须具有多种多样的接入能力、协议变换能力，也即三网融合的骨干网应是一个多业务综合交换平台，能保证 DDN、N-ISDN（窄带综合业务数字网）、PSTN（公众电话交换网）、IP、HFC、GSM（全球移动通信系统）、CDMA（码分多址）等主要现存的数据业务的无缝隙互联互通。

4.4.2　通信工程设施规划统筹

现代城市通信设施包括电信局站、无线通信与无线广播传输设施、有线电视用户与网络前端、通信管道及邮政通信设施。

4.4.2.1　电信局站基本要求

（1）电信局站分类

城市电信局站可分一类局站和二类局站：

1）位于城域网接入层的小型电信机房为一类局站。包括小区电信接入机房以及移动通信基站等。

2）位于城域网汇聚层及以上的大中型电信机房为二类局站，包括电信枢纽楼、电信生产楼等。

（2）电信局站设置基本要求

1）电信局站应根据城市发展目标和社会需求，按全业务要求统筹规划，并应满足多家运营企业共建共享的要求。

2）城市电信二类局站规划选址除符合技术经济要求外，还应符合下列要求：

① 选择地形平坦、地质良好的适宜建设用地地段，避开因地质、防灾、环保及地下矿藏或古迹遗址保护等不可建设的用地地段；

② 距离通信干扰源的安全距离应符合国家相关规范要求。

3）城市移动通信基站规划布局应符合电磁辐射防护相关标准的规定，避开幼儿园、医院等敏感场所，并应符合与城市历史街区保护、城市景观的有关要求。

4）城市的二类电信局站应综合覆盖面积、用户密度、共建共享等因素进行设置，并应符合表 4.4.2-1 的规定。

城市主要二类电信局站设置

表 4.4.2-1

城市电信用户规模 （万门）	单局覆盖用户数 （万门）	最大单局用户占比不超过规划总用户数的比例 （%）
<100	8	20
100～200	8	20
200～400	12	15
400～600	12	15
600～1000	15	10
1000 以上	15	10

注：城市电信用户包括固定宽带用户、移动电话用户、固定电话用户。

5）城市电信用户密集区的二类局站覆盖半径不宜超过 3km，非密集区二类局站覆盖半径不宜超过 5km。

6）城市主要二类局站规划用地应符合表 4.4.2-2 规定。

城市主要二类局站规划用地

表 4.4.2-2

电信用户规模（万门）	1.0～2.0	2.0～4.0	4.0～6.0	6.0～10.0	10.0～30.0
预留用地面积（m²）	2000～3500	3000～5500	5000～6500	6000～8500	8000～12000

注：1　表中局站所用地面积包括同时设置其兼营业点的用地；
　　2　表中电信用户规模为固定宽带用户、移动电话用户、固定电话用户之和。

7）小区通信综合接入设施用房建筑面积应按城市不同小区的特点及用户微观分布，确定含广电在内的不同小区通信综合接入设施用房，并应符合表 4.4.2-3 的规定。

小区通信综合接入设施用房建筑面积

表 4.4.2-3

小区户数规模（户）	小区通信接入机房建筑面积（m²）	小区户数规模（户）	小区通信接入机房建筑面积（m²）
100～500	100	1000～2000	200
500～1000	160	2000～4000	260

注：当小区户数规模大于 4000 户时应增加小区机房分片覆盖。

4.4.2.2 全业务网电信局所规划统筹

（1）全业务局所与综合目标网目标局统筹规划

1）全业务网局所规划

我国当前电信网演进有以下特点：

① 电话网将向少级数、大容量、少局所和提供综合业务的方向发展。

② 模拟移动网将退网，第二代的 GSM、CDMA 和移动数据大行其道，第三代移动系统将逐步引入。

③ 数据网将转变为以因特网为主，协调发展，由窄带向宽带，由单一的数据向多媒体过渡。

④ 传输网将向同步数字系列 SDH，大容量、波分复用 WDM，光传送网 OTN 和光因特网方向发展。

⑤ 接入网将从窄带向宽带，逐步向全业务综合接入的方向发展。

⑥ 电信管理网将由多级向少级过渡，由分立的网管逐步向具备综合管理能力过渡。

⑦ 业务领域的国内竞争局面已形成，国际竞争亦会开始。

适应上述网络演进，针对电信网络更宽意义、更高层次的优化。

与全业务网络相应的信息通信网局所规划也应该是全业务网络局所规划，也就是说，局所规划变革和方向应满足上述网络变革与更宽、更高层次优化的需要。

2）综合目标网与目标局规划

目标网是与电信网络整体优化相一致的，并且目标网的概念是不断完善发展的，不同发展阶段，有不同的内涵。未来向综合目标网的方向发展，形成综合目标网。综合目标网与前述全业务网是一致的。

按固定本地网目标网规划的交换局点的设置称为目标局。目标局应向提供综合多业务方向发展，形成综合目标局。

综合目标局与综合目标网相对应，并与前述的全业务网局所相一致。

局所规划，特别是信息通信网远期局所规划应从有利于实现全业务网局所和综合目标局提供的全网业务和综合多业务考虑。

（2）多运营商竞争体制下的综合目标局统筹规划

我国通信行业实行竞争体制，打破一家垄断，有力地促进了行业发展。但也存在不少问题，特别是多家运营商规划建设各自为政，使原本存在局点多、容量小、局点重复建设，设备重复配套，建设用地和投资浪费的问题更加严重，这给新的规划也带来了不小的难度。从城市规划角度规划必须集中，而且从节约资源，避免重复建设和浪费的角度，必须从全社会经济社会发展需求考虑，依据城市规划统筹规划。适应局所传统规划理论方法的变革，采用综合目标局统筹规划的方法，既有原则又有灵活，是解决目前规划困境问题的有效方法。

首先，综合目标局规划确定的规划目标局是与城市全社会统筹规划确定的远期规划局所相一致和统一的，按此保留和预留本身可以安排多家经营的局所建设用地是科学合理的；另一方面，综合目标局规划采取非目标局过渡，又给解决规划建设一时难以解决的实际问题提供解决问题的灵活性和可操作性。

1）综合目标局规划原则

① 应将本地网的中心城市和所辖市/县作为一个整体，按照"大容量、少局数、少系统"的原则，远近结合、统一规划、分步实施。

② 应有利于本地网中的电话交换网、ISDN、中继传输网、移动通信网、支撑网以及其他网络的组织，在保证全网经济、安全可靠前提下合理确定综合目标局的数量。

③ 综合目标局应可能继承和利用现有的局房、管线、出局管道等，每个局应有两个以上的独立物理路由出口。

④ 局房位置应尽量选择靠近业务需求集中、业务大户众多的地方；局房应有足够的发展空间，以容纳未来多个系统、多种业务节点设备和接入网的局端侧设备，以满足较长时间的需要。

2) 非目标局过渡原则

非目标局是指从现有交换网到综合目标交换网的过渡过程中，除去综合目标交换局以外的过渡性的交换局。非目标局也包括统筹规划的综合目标交换局以外，多家运营商竞争重复建设的局所。远期规划应定出它们关、停、并、转的方式和时间，统筹规划中过渡期非目标局可在城市相关地段的公共建筑中安排，不单独安排城市用地。

（3）综合目标局所规划容量考虑的基本原则与技术指标

1) 本地网中心城市综合目标局所规划容量

① 按照综合目标网规划，本地网中心城市的交换机总容量超过 100 万门时，每个交换系统可按照 10 万门左右考虑，一个交换局可安装 2～3 个交换系统，交换局容量最大可达 20 万门或更大（考虑部分软交换加快实施，不宜超过 20 万门），但最大交换局容量不宜超过交换机总容量的 15%。

② 按照综合目标网规划，本地网中心城市的交换机总容量在 50 万～100 万（含 100 万门）之间时，每个交换系统可按照 10 万门左右考虑，一个交换局可安装 2 个交换系统，交换局容量最大可达到 20 万门（考虑部分软交换加快实施不宜超过 15 万门），但最大交换局容量不宜超过交换机总容量的 20%。

③ 按照目标网规划，本地网中心城市的交换机总容量小于 50 万门（含 50 万门）时，每个交换系统可按照 5 万～10 万门考虑（考虑部分软交换加快实施不宜超过 10 万门），但最大交换局容量不宜超过交换机总容量的 35%。

2) 本地网中小城市目标局所规划容量

① 按照综合目标网规划，郊县（市）交换机总容量超过 40 万门时，交换局容量按照 10 万门考虑，全县（市）设置 4～5 个交换局，但最大交换局容量不宜超过交换机总容量的 30%。

② 按照综合目标网规划，郊县（市）交换机总容量在 20 万～40 万门（包括 40 万门）之间时，交换局容量可达到 10 万门，全县（市）设置 3～4 个交换局，但最大交换局容量不宜超过交换机总容量的 35%。

③ 按照综合目标网规划，郊县（市）交换机总容量在 20 万门（包括 20 万门）以下时，交换局容量按照 5 万～10 万门考虑，全县（市）设置 2 个交换局，但最大交换局容量不宜超过交换机总容量的 60%。

上述规划容量考虑规划期软交换实施，程控设备不再扩容，应作酌情减少调整。

（4）少局数、大容量的局所布局

随着网络规模的不断扩大，局所布局向少局数、大容量方向发展十分必要，这主要在于：

1）本地网交换、传输、数据网及支撑网等各种网路结构的简化和网路投资的节省在很大程度上依赖于局所数目的减少。

2）通信技术的进步，使得交换机话务处理能力大大提高，为建设大容量局所创造有利条件，在电话普及率不断提高，平均话务量较低的情况下，最大容量已可以达到20万门以上，同时接入网技术发展打破了用户线长度受传输衰耗的制约，局所服务中径大大增加本地网使用大容量交换机成为可能。从总体来说，局所规划建设采用少局数、大容量局所布局有利于节省全网建设投资和运行维护费用；有利于简化电话网路组织结构，提高服务质量；有利于减少传输节点数，简化中继传送网组织结构；有利于支撑网的建设，少局点较易实现 No.7 信令网和同步网的覆盖，便于实现全网监控和集中维护；有利于尽快扩大 N-ISDN 和智能网的覆盖面；有利于先进接入技术的采用和向未来宽带网路的过渡；有利于采用光纤连接的接入网设备或远端模块，及时替换大量存在的用户小交换机，迅速把大用户纳入公共电话本地网中，便于向用户提供优质服务。

采用"少局数、大容量"布局是局所规划的重要变革，是网络演进和技术进步的必然，无论对于哪类城市本地网，都会带来很大效益。

1）集中建设，节约城市土地资源和通信网络资源，特别对大城市来说，能最大限度地提高网络资源的利用率和运营效率，对于中、小城市可明显减少征地、基建、人员分散、共用设备重复等的浪费。

2）有利于实现由于经济技术原因只能在较少局点上进行的单一话音业务的大幅度技术升级。

3）有利于接入 IP 网等的新业务推广和应用。

4）有利于淘汰落后旧机型。

4.4.2.3 无线通信与无线广播传输设施规划统筹

（1）无线通信设施组成与统筹规划总体要求

1）城市无线通信设施应包括无线广播电视设施在内的以发射信号为主的发射塔（台、站）、以接收信号为主的监测站（场、台）、发射或（和）接收信号的卫星地球站、以传输信号为主的微波站等。

2）城市收信区、发信区及无线台站的布局、微波通道保护等应纳入城市总体规划，并与城市总体布局相协调。

3）城市各类无线发射台、站的设置应符合现行国家标准《电磁辐射防护规定》GB 8702 和《环境电磁波卫生标准》GB 9175 电磁环境的有关规定。

（2）收信区与发信区统筹规划要求

1）收信区和发信区的调整应符合下列要求：

① 城市总体规划和发展方向；

② 既设无线电台站的状况和发展规划；

③ 相关无线电台站的环境技术要求和相关地形、地质条件；

④ 人防通信建设规划；

⑤ 无线通信主向避开市区。

2）城市收信区、发信区宜划分在城市郊区的两个不同方向的地方，同时在居民集中区、收信区与发信区之间应规划出缓冲区。

3）发信区与收信区之间的设置与调整应符合现行国家标准《短波无线电收信台（站）及测向台（站）电磁环境要求》GB 13614 的有关规定。

（3）微波空中通道统筹规划要求

1）城市微波通道应根据其重要性、网路级别、传输容量等实施分级保护，并应符合（6）附录 A 的规定。

2）城市微波通道应符合下列要求：

① 通道设置应结合城市发展需求；

② 应严格控制进入大城市、特大城市中心城区的微波通道数量。

3）公用网和专用网微波宜纳入公用通道，并应共用天线塔。

（4）无线广播设施统筹规划要求

1）规划新建、改建或迁建无线广播电视设施应满足全国总体的广播电视覆盖规划的要求，并应符合国家相关标准的规定。

2）规划新建、改建或迁建的中波、短波广播发射台、电视调频广播发射台、广播电视监测站（场、台）应符合现行行业标准《中波、短波广播发射台场地选择标准》GY 5069 和《调频广播、电视发射台场地选择标准》GY 5068 等广播电视工程有关标准的规定。

3）接收卫星广播电视节目的无线设施，应满足卫星接收天线场地和电磁环境的要求。

（5）其他无线通信设施统筹规划要求

1）城市机场导航、天文探测、卫星地球站与无线电监测站（场、台）等其他重要无线通信工程设施应在环境技术条件上给予重点保护。

2）城市机场导航应在相应城市总体规划中划定机场净空保护区。

（6）附录 A　微波空中通道分级保护内容

1）我国城市微波通道宜按以下三个等级分级保护：

① 一级微波通道及保护应包括下列内容：

a. 根据城市现状条件，并结合城市总体规划用地和空间布局的可能，经城市规划行政主管部门批准以后，其保护范围内通道宽度及建筑限高的保护要求，作为城市规划行政主管部门批准城市详细规划和建筑高度控制的依据；

b. 由城市规划行政主管部门和通道建设部门共同切实做好保护微波通道。

② 二级微波通道及保护应包括下列内容：

a. 其通道保护应满足城市空间规划优化的相关要求；

b. 通道保护要求经城市规划行政主管部门批准以后，作为城市规划行政主管部门批准城市详细规划和城市建设涉及的建筑高度等微波通道保护要求相关技术指标给予控制的依据；

c. 在城市建设不能满足微波通道保护要求的情况下，城市规划行政主管部门应根据实际情况和保护办法及实施细则，负责协调解决阻断通道、恢复视通的必要技术条件的微波通道。

③ 三级微波通道及保护应包括下列内容：

a. 不限制城市规划建设建筑限高；

b. 原则上由通道建设部门自我保护；

c. 由城市规划行政主管部门帮助协调阻断通道尚需恢复视通技术条件的微波通道。

2）对于特大城市微波通道保护，可采取上述三级保护中的一级和二级微波通道保护。

4.4.2.4 有线电视网络中心（前端）规划

（1）有线广播电视网络主要设施

城市有线广播电视网络主要设施可分为总前端、分前端、一级机房和二级机房4个级别。

有线广播电视网络设施应符合广播电视安全播出的要求。

（2）有线广播电视网络中心（前端）规划统筹

有线广播电视网络中心是有线电视宽带综合业务网的前端，是网络平台的播出、控制中心，也是数据网络业务的交换中心。

有线广播电视网络中心规划选址应符合以下要求：

1）设置在环上位置；

2）中心的基本设施应满足网络的建设条件，满足诸如防干扰与抗干扰、防雷接地、进出线、交通等的要求；

3）满足网络技术发展和事业发展的空间要求；

4）满足卫星接收设施的以下场地条件要求：

① 场地平整、坚实（要考虑建设 Internet 上行站、卫星联网通道）。场地如利用建筑物顶部，则应作加强建筑结构处理；

② 场地正南左右方向正负 65°、仰角 30°以上应为净空（包括没有电磁干扰）；

③ 场地与中心机房暗管连接距离不大于 40m；

④ 卫星基础场地和网络前端机房要有可靠的、独立的电气连接，连接电阻小于 2Ω；

⑤ 中心机房（包括管道）要有防湿、防雷、防蛀、防鼠等措施。

同时应满足网络电力供应的要求。

城市有线广播电视总前端规划建设用地可按表 4.4.2-4 规定，结合实际情况比较分析确定。

城市有线广播电视网络总前端规划建设用地   表 4.4.2-4

用户 （万户）	总前端数 （个）	总前端建筑面积 （m²/个）	总前端建设用地 （m²/个）
8～10	1	14000～16000	6000～8000
10～100	2	16000～30000	8000～11000
≥100	2～3	30000～40000	11000～12500 （12000～13500）

注：1 表中规划用地不包括卫星接收天线场地；
    2 表中括号规划用地含呼叫中心、数据中心用地。

城市有线广播电视网络分前端机房规划用地可按表 4.4.2-5 规定，结合实际情况比较分析确定。

城市有线广播电视网络分前端规划建设用地   表 4.4.2-5

用户 （万户）	分前端数 （个）	分前端建筑面积 （m²/个）	分前端建设用地 （m²/个）
＜8	1～2	5000～10000	2500～4500
≥8	2～3	10000～15000	4500～6000

注：表中规划用地不包括卫星接收天线场地用地。

4.4.2.5　通信管道综合规划

（1）管道综合规划资源共享的必要性

我国自出台《电信管理条例》和加入 WTO，电信市场已成为中外电信运营商和投资者竞争的焦点。目前我国许多城市都有多家网络公司经营和竞争宽带和各种通信新业务。通信发展形势越来越看好。与此同时，如何避免重复建设、减小资源和资金浪费的新的挑战也提到规划和建设管理者的面前，统筹规划共建共享的重要性已日益明显。

管道网综合规划是信息通信网综合规划的重点之一。

下面以肇庆市互联网宽带网及信息通信管道综合规划为例，重点说明信息通信管道网综合规划的必要性。

1）适应我国电信体制改革和促进城市通信发展，及其三网融合的必要性、可行性

肇庆市 IP 业务和宽带通信业务需求不断增加，规划年全市经营上述通信业务的已有中国电信、中国网通、广东移动通信、有线电视、吉通、盈通、长城、卡通、铁通等 9 家网络公司。

上述公司经营业务规模有大有小，也有不同侧重，但有许多共同地方，特别是光纤环路、路由等基本相似或相同，都要把光纤延伸到街道、小区和大楼；同时光通信技术的发展已为综合传送各种信息，特别是宽带图像和数据业务提供了必要的高带宽和低成本的条件，而软件发展技术又使网络的特性和功能不断优化和升级，使网络最终都支持各种业务的功能，光通信技术与数字、计算机软件技术的结合使得网络在技术上逐渐趋向一致，在网络层可以实现互连互通，业务上互相渗透和交叉，应用层上使用统一的 TCP/IP，使话音、数据、图像三网合一，最终实现综合业务数字网成为可能。如同前述，今后城市通信网将是以数据业务，特别是 IP 业务为中心的融合的电信网，并将最终支持包括话音在内的所有业务，因此开展互联网宽带网以及信息通信管道网统筹规划，不仅有利于目前不同企业的网络"互补"，如利用市话光纤通信网开通广播电视（CATV）网，初期可利用光纤 CATV 网的空闲光纤开通数字复用环路设备装电话，将来可发展多种宽带业务，促进市话用户光纤网发展，而且也便于促进 Internet 的城域网，中国电信的接入网和 CATV 的分配网的网络融合。

2）充分利用现有通信资源，避免和减少重复建设，节省建设投资

肇庆市公用电信网已有几十年建设发展历史，特别是改革开放以来通信得到长足发展，旧城区通信电缆和管道多数有较大富裕，通过互联网、宽带网的统筹规划可以充分利用现有通信资源，节省建设投资，避免和减少重复建设；对于新城区，通过统筹规划，可以联合建设，避免各自为政、盲目建设。

3）有利地下管线空间资源的优化利用

城市地下管线空间资源有限，地下管线空间资源的优化利用十分重要。

城市地下工程管线包括给水工程管线、排水工程管、电力工程管线、电信工程管线（含有线电视）、燃气工程管线、热力工程管线等，通过工程管网的规划优化、路由选择和管线综合，以及必要、合理组合共同管沟，达到地下管线空间资源的优化利用。

一般情况下，为有利维护，电信管道布置在道路的人行道下，必要时也安排在快车道下，中号电信管道的入孔井宽 2m 以上，如果按肇庆市 9 家经营宽带网业务的公司各建各的管道，不但不可能再安排其他专业工程管线，而且布置 9 家（今后还会增加，且还有非

经营部门）管道在许多情况下也很困难，甚至无法布置。对此，如果不予重视，将会造成很大被动和浪费，显然对于上述各自为政的做法，城市规划主管部门是不能采纳的。

可见，互联网、宽带网的统筹规划，对于地下管线空间资源的优化利用来说，也是必须的。

4）有利管、网统一维护，降低运行成本

互联网、宽带网统筹规划、管网联合建设、联合维护，有利统一维护管理，节省费用，同时也便于发挥管网维护技术力量强、经验丰富的中国电信等老企业的传、帮、带作用。

5）纳入城市总体规划，便于城市规划管理部门的统一管理和部门协调

互联网、宽带网的统筹光缆网规划及信息通信管道网综合规划纳入城市总体规划，这就保证能在城市总体规划的指导下，依据城市规划和城市建设发展，做出城市通信宽带等新业务的需求预测和相关网络的发展规划，有利城市通信建设和城市其他建设有序、可持续发展，又便于城市规划管理部门对互联网、宽带网规划和管道网等通信基础设施建设的统一管理和部门协调。

（2）管道网综合规划的基础依据

管道网综合规划基于信息通信网的综合规划，前者是后者的延续，后者是前者的基础。

就固定电话网而言，在一个多局制电话网里各局的出入中继线连同各种用途专线约占话局容量的30％左右。敷设这些中继线（含上述专线）的管道即在各局之间形成一个整体管道网。

长途通信网的光缆、电缆与本地网的光缆、电缆使用统一管道系统。管道网不仅为馈线光缆、电缆分布在本交换区内，而且还通过一个或几个衔接点与别的交换区域连接起来，从而把市话交换局、长途局、各种汇接局，专用网的交换点连在一起，这些网点之间的光缆、电缆对管道路由和管孔容量提出的要求，都是管道网规划的基础依据。

对于现代城市信息通信网来说，上述网点之间的光缆、电缆对管道路由和管孔容量提出的要求应该是城市信息通信网包括语言、数据、视频图像多种业务的综合整体规划的要求。因此，信息通信网综合规划是管道网发展的综合规划基础依据。

（3）管道网综合规划原则

管道网综合规划应遵循以下原则：

1）依据城市规划与城市通信发展规划，并与城市及城市通信发展相适应的原则。

2）统筹规划、合理布局、联合建设、资源共享、避免重复建设的原则。

① 满足本地网汇接局—汇接局、汇接局—长途局、汇接局—大型端局、汇接局——般端局核心主干网线路敷设需要。

② 满足大型端局—长途局、大型端局之间、大型端局—其他端局、模块局间及端局—各OLT点的用户主干网线路敷设需要。

③ 满足自OLT点到各接入点ONU、各大楼的交接间、箱以及ONU到办公楼和住宅楼的线路敷设需要。

④ 满足广域网、城域网、广播电视网等其他信息通信网络线路敷设的要求。

3）语音、数据、视频图像三网融合，以及综合业务和整体规划的原则。

4）以城域宽带网为主的传输网综合规划为基础，建立满足资源共享的宽带通信平台的管道网综合原则。

5）按道路网规划与各工程管线规划相协调的原则。

6）"光进铜退"，更多场合光缆代替铜缆的规划原则。

（4）城市道路通信综合管道规划管孔数控制

城市通信综合管道规划管孔数应综合考虑规划局站远期覆盖的用户规模、出局分支数量、出局方向、用户密度、传输介质、管材及管径、其他通信需求等要素，计算确定。并可参考表 4.4.2-6 城市道路通信综合管道规划管孔数控制。

城市道路通信综合管道规划管孔数控制   表 4.4.2-6

城市道路类别	管孔数（孔）	城市道路类别	管孔数（孔）
主干路	18～36	支路	6～10
次干路	14～26	跨江大桥及隧道	8～10

4.4.2.6   邮政通信设施规划统筹

（1）邮政设施

城市邮政设施包括邮件处理中心和提供邮政普遍服务的邮政营业场所。前者还包括邮件储存转运中心等单功能邮件处理中心；后者含邮政支局和邮政所。

城市邮件处理中心用地按《邮件处理中心工程设计规范》YD 5013 规定；邮政局所设置应符合《邮政普遍服务标准》YZ/T 0129 的有关规定，其服务半径或服务人口宜符合表 4.4.2-7 规定，学校、厂矿、住宅小区等人口密集地方，可酌情增加邮政局所的设置数量。

邮政局所服务半径和服务人口   表 4.4.2-7

类别	每邮政局所服务半径（km）	每邮政局所服务人口（万人）
直辖市、省会城市	1～1.5	3～5
一般城市	1.5～2	1.5～3
县级城市	2～5	2

邮政支局用地面积、建筑面积应按业务量大小结合城市实际情况，按表 4.4.2-8 规定比较确定。

邮政支局规划用地面积、建筑面积   表 4.4.2-8

支局类别	用地面积（m²）	建筑面积（m²）
邮政支局	1000～2000	800～2000
合建邮政支局		300～1200

（2）邮政设施选址

1）邮件处理中心选址

邮件处理中心选址应与城市用地规划相协调，并符合以下要求：

① 应选在若干交通运输方式方便的地方，并应靠近邮件的主要交通运输中心；

② 有方便大吨位汽车进出接收、发运邮件的邮运通道。

2）邮政局所选址

邮政局所选址既要着眼于方便群众，又要讲究经济效益；既要照顾布局的均衡，又要利于投递工作的组织管理；既要考虑现状，又要符合长远发展要求。同时应遵循以下原则：

① 应在行政商业中心、居住区、工矿区、文教区，以及其他较大公共活动场所等方

便群众的地方。

　　② 应有适合邮政局所建设的场地和地形。

　　③ 交通便利，运输邮件车辆进、出方便的地方。

　　④ 经济合理，投资建设费用较少。

4.5　工程管线综合规划统筹

4.5.1　工程管线综合规划原则

　　1) 城市各种管线的位置应采用统一的坐标及标高系统，局部地区内部的管线定位也可以采用自己的坐标系统，但区界、管线进出口处则应与城市主干管线的坐标一致。如存在几个坐标系统，必须加以换算，取得统一。

　　2) 管线综合布置应与道路规划、竖向规划相协调。道路是工程管线的载体，而道路走向又是多数工程管线走向和坡向的依据。竖向规划和设计是工程管线专业规划的前提，也是管线综合规划的前提。

　　3) 管线综合布置应与绿化布置统一进行。

　　4) 管线敷设方式应根据地形、管线内介质的性质、生产安全、交通运输、施工检修等因素，经技术经济比较后择优确定。

　　5) 当管道内的介质具有毒性、可燃、易燃、易爆性质时，严禁穿越与其无关的建筑物、构筑物、生产装置及贮灌区。

　　6) 管线带的布置应与道路或建筑红线平行，同时与绿化布置统一进行。

　　7) 必须在满足生产、安全、检修的条件下节约用地。当经济技术比较合理时，应共架、共沟布置。

　　8) 应尽量减少管线与铁路、道路及其他干管的交叉。当管线与铁路或道路必须交叉时，应设置为正交。确有困难时，其交叉角不宜小于 $45°$。

　　9) 在山区，管线敷设应充分利用地形，并应避免山洪、泥石流及其他不良地质现象的危害。

　　10) 当规划区分期建设时，管线布置应全面规划，近期集中，远近结合。当近期管线穿越远期用地时，不得影响远期用地的使用。

　　11) 管线综合布置时，干管应布置在用户较多的一侧或将管线分类布置在道路两侧。

　　12) 充分利用现状管线。改建、扩建工程中的管线综合布置，不应妨碍现有管线的正常使用。当管线间距不能满足规范规定时，在采取有效措施后，可适当减小。一般地，管线综合布置应按下列顺序，自建筑红线或道路红线向道路中心线方向平行布置：

　　①电信电缆；②电力电缆（低压应在高压之上）；③配水管线；④电信管线；⑤燃气配气管线；⑥热力管线；⑦燃气管线；⑧输水管线；⑨雨水管线；⑩污水管线。

　　13) 工程管线与建筑物、构筑物之间以及工程管线之间水平距离应符合规范规定。当受道路宽度、断面以及现状工程管线位置等因素限制难以满足要求时，可重新调整规划道路断面或宽度。在同一条城市干道上敷设同一类型管线较多时，宜采用专项管沟敷设，或规划建设某类工程管线统一敷设的综合管沟等。

在交通运输十分繁忙和管线设施繁多的快车道、主干道以及配合兴建地下铁道、立体交叉等工程地段、不允许随时挖掘路面的地段，广场或交叉口处、道路下需同时敷设两种以上管道以及多回路电力电缆的情况下，道路与铁路或河流的交叉处，开挖后难以修复的路面下以及某些特殊建筑下，应将工程管线采用综合管沟集中敷设。

14）敷设管道干线的综合管沟应在车行道下，其覆土深度必须根据道路施工和行车荷载的要求、综合管线的结构强度以及当地的冰冻深度等确定。敷设支管的综合管沟应在人行道下，其埋设深度可以浅些。

15）电信线路与供电线路通常不合杆架设。在特殊情况下，征得有关部门同意、并采取相应的措施后，可同杆架设。同一性质的线路应尽可能同杆，如高低压供电线等。

高压输电线路与电信线路平行架设时，要注意干扰问题。

16）综合布置管线时，管线之间或管线与建筑物、构筑物之间的水平距离，除了要满足技术、卫生、安全等要求外，还必须符合人防等有关规定。

17）在不妨碍运行、检修和占地合理的前提下，应使管线路径尽量短捷。

18）与城市规划发展方向一致，规划管线工程的管位和容量应留有余地。

4.5.2 地下工程管线避让的原则要求

1）压力管让自流管；

2）管线小的管道让管径大的管道；

3）易弯曲的管道让不易弯曲的管道；

4）临时管道让永久的管道；

5）支管让干管；

6）工程量小的管道让工程量大的管道；

7）新建管道让现有的管道；

8）检修次数少、方便的管道让检修次数多、不方便的管道。

4.5.3 地下工程管线共沟敷设原则

1）热力管不应与电力、通信电缆和压力管道共沟；

2）排水管道应布置在沟底。当沟内有腐蚀介质管道时，排水管道应位于其上面；

3）腐蚀性介质管道的标高应低于其他管线；

4）火灾危险性属于甲、乙、丙类的液体、液化石油气、可燃气体、毒性气体和液体以及腐蚀性介质管道，不应共沟敷设，并严禁与消防水管共沟敷设；

5）凡有可能产生相互影响的管线，不应共沟敷设。

4.5.4 工程管线综合相关技术规定

1）地下工程管线最小水平净距，见表 4.5.4-1。

2）地下工程管线交叉时最小垂直净距，见表 4.5.4-2。

3）地下工程普线最小覆土深度，见表 4.5.4-3。

4）架空工程管线及与建筑物最小水平净距，见表 4.5.4-4。

5）架空工程管线交叉时最小垂直净距，见表 4.5.4-5。

地下工程管线最小水平净距表（m）

表 4.5.4-1

序号	管线名称		1 建筑物	2 给水管 d≤200mm	2 给水管 d>200mm	3 排水管	4 燃气管 低压 p≤0.005MPa	4 中压 B 0.005<p≤0.2MPa	4 中压 A 0.2<p≤0.4MPa	4 高压 B 0.4<p≤0.8MPa	4 高压 A 0.8<p≤1.6MPa	5 热力管 直埋	5 热力管 地沟	6 电力电缆 直埋	6 电力电缆 缆沟	7 电信电缆 直埋	7 电信电缆 管道	8 乔木	9 灌木	10 地上杆柱 通信、照明≤10kV	10 高压铁塔基础边 ≤35kV	10 高压铁塔基础边 >35kV	11 道路侧石边缘	12 铁路钢轨（或坡脚）
1	建筑物			1.0	3.0	2.5	0.7	1.5	2.0	4.0	6.0	2.5	0.5	0.5		1.0	1.5	3.0	1.5					6.0
2	给水管	d≤200mm	1.0			1.0	0.5	0.5	0.5	1.0	1.5	1.5	1.5	0.5	0.5	1.0	1.0	1.5		0.5	3.0	3.0	1.5	1.5
2		d>200mm	3.0			1.5	0.5	0.5	0.5	1.0	1.5	1.5	1.5	0.5	0.5	1.0	1.0	1.5		0.5	3.0	3.0	1.5	1.5
3	排水管		2.5	1.0	1.5		1.0	1.2	1.2	1.5	2.0	1.5	1.5	0.5	0.5	1.0	1.5	1.5		0.5	1.5	1.5	1.5	5.0
4	燃气管 低压	p≤0.005MPa	0.7	0.5	0.5	1.0	*D≤300mm 0.4 / D>300mm 0.5*					1.0	1.0	0.5	0.5	0.5	1.0	0.75		1.0			1.5	
4	燃气管 中压 B	0.005<p≤0.2MPa	1.5	0.5	0.5	1.2						1.0	1.5	0.5	0.5	0.5	1.0	1.2		1.0	5.0	5.0	1.5	
4	燃气管 中压 A	0.2<p≤0.4MPa	2.0	0.5	0.5	1.2						1.5	1.5	1.0	1.0	1.0	1.5	1.2		1.0	5.0	5.0	1.5	
4	燃气管 高压 B	0.4<p≤0.8MPa	4.0	1.0	1.0	1.5						2.0	2.0	1.5	1.5	1.0	2.0	1.2		1.0	5.0	5.0	2.5	
4	燃气管 高压 A	0.8<p≤1.6MPa	6.0	1.5	1.5	2.0						4.0	4.0	1.5	1.5	1.0	2.0	1.2		1.0	5.0	5.0	2.5	
5	热力管	直埋	2.5	1.5	1.5	1.5	1.0	1.0	1.5	2.0	2.0			2.0	2.0	1.0	1.0	1.5	1.5	1.0	2.0	3.0	1.5	3.0
5		地沟	0.5	1.5	1.5	1.5	1.0	1.5	1.5	2.0	4.0			2.0	2.0	1.0	1.5	1.5	1.5	1.0	2.0	3.0	1.5	3.0
6	电力电缆	直埋	0.5	0.5	0.5	0.5	0.5	0.5	1.0	1.0	1.5	2.0	2.0			0.5	0.5	1.0	1.0	0.5	0.6	0.6	1.5	3.0
6		缆沟	0.5	0.5	0.5	0.5	0.5	0.5	1.0	1.0	1.5	2.0	2.0			0.5	0.6	0.6		0.6	0.6	0.6	1.5	3.0
7	电信电缆	直埋	1.0	1.0	1.0	1.0	0.5	0.5	1.0	1.0	1.0	1.0	1.0	0.5	0.5			1.0	1.0	0.5	0.5	0.6	1.5	2.0
7		管道	1.5	1.0	1.0	1.5	1.0	1.0	1.5	2.0	2.0	1.0	1.5	0.5	0.6			1.0	1.5	0.5	1.0	1.0	1.5	2.0
8	乔木（中心）		3.0	1.5	1.5	1.5	0.75	1.2	1.2	1.2	1.2	1.5	1.5	1.0	1.0	1.0	1.0			1.0			0.5	
9	灌木		1.5									1.5	1.5	1.0		1.0	1.5			1.5			0.5	
10	地上杆柱	通信、照明≤10kV		0.5	0.5	0.5	1.0	1.0	1.0	1.0	1.0	1.0	1.0	0.5	0.6	0.5	0.5	1.0	1.5				0.5	
10	高压铁塔基础边	≤35kV		3.0	3.0	1.5		5.0	5.0	5.0	5.0	2.0	2.0	0.6	0.6	0.5	1.0						0.5	
10		>35kV		3.0	3.0	1.5		5.0	5.0	5.0	5.0	3.0	3.0	0.6	0.6	0.6	1.0						0.5	
11	道路侧石边缘			1.5	1.5	1.5	1.5	1.5	1.5	2.5	2.5	1.5	1.5	1.5	1.5	1.5	1.5	0.5	0.5	0.5	0.5	0.5		
12	铁路钢轨（或坡脚）		6.0	5.0	5.0	5.0						3.0	3.0	3.0	3.0	2.0	2.0							

149

地下工程管线交叉时最小垂直净距（m）　　　　　　　　表 4.5.4-2

下边管道的名称		上边管道的名称							
		给水管线	排水管线	热力管线	燃气管线	电信管线		电力电缆	
						直埋	管沟	直埋	管沟
给水管线		0.15							
排水管线		0.40	0.15						
热力管线		0.15	0.15	0.15					
燃气管线		0.15	0.15	0.15	0.15				
电信电缆	直埋	0.50	0.50	0.15	0.50	0.25	0.25		
	管块	0.15	0.15	0.15	0.15	0.25	0.25		
电力电缆	直埋	0.15	0.50	0.50*	0.50	0.50	0.50	0.50	0.50
	管沟	0.15	0.50	0.50	0.15	0.50	0.50	0.50	0.50
沟渠（基础底）		0.50	0.50	0.50	0.50	0.50	0.50	0.50	0.50
涵洞（基础底）		0.15	0.15	0.15	0.15	0.20	0.25	0.50	0.50
电车（轨底）		1.00	1.00	1.00	1.00	1.00	1.00	1.00	1.00
铁路（轨底）		1.00	1.20	1.20	1.20	1.00	1.00	1.00	1.00

注：表中 0.50* 表示电压等级≤35kV时，电力管线与热力管线最小垂直净距为 0.5m；若＞35kV应为 1.00m。

地下工程管线最小覆土深度表（m）　　　　　　　　表 4.5.4-3

序号	管线名称		最小冻土深度		备　注
			人行道下	车行道下	
1	电力管线	直埋	0.60	0.70	10kV 以上电缆应不小于 1.00m
		管沟	0.40	0.50	敷设在不受荷载的空地下时，数据可适当减小
2	电信管线	直埋	0.70	0.80	
		管沟	0.40	0.70	敷设在不受荷载的空地下时，数据可适当减小
3	热力管线	直埋	0.60	0.70	
		管沟	0.20	0.20	
4	燃气管线		0.60	0.80	冰冻线以下
5	给水管线		0.60	0.70	根据冰冻情况、外部荷载、管材强度等因素确定
6	雨水管线		0.60	0.70	冰冻线以下
7	污水管线		0.60	0.70	

架空工程管线及与建筑物最小水平净距（m）　　　　　　　　表 4.5.4-4

名称		建筑物（突出部分）	道路（路基边石）	铁路（轨道中心）	通信管线	热力管线
电力	10kV 以下杆中心	2.0	0.5	杆高加 3.0	2.0	2.0
	35kV 边导线	3.0	0.5	杆高加 3.0	4.0	4.0
	110kV 边导线	4.0	0.5	杆高加 3.0	4.0	4.0
电信管线		2.0	0.5	4/3 杆高		1.5
热力管线		1.0	1.5	3.0	1.5	

架空工程管线交叉时最小垂直净距表（m）　　　表 4.5.4-5

名　称		建筑物（顶端）	道路（路面）	铁路（轨顶）	电力管线		热力管线
					电力线有防雷装置	电力线无防雷装置	
电力管线	10kV 以下	3.0	7	7.5	2	4	2.0*
	35kV～110kV	4.0	7	7.5	3	5	3.0*
电信管线		1.5	4.5	7.0	0.6	0.6	1.0
热力管线		6.0	4.5	5.5	1.0	1.0	0.25

注：标中 * 数值是指热力管道在电力管线下面通过时管线垂直净距。

4.6　环卫工程系统规划统筹

4.6.1　固体废弃物处理和处置统筹

固体废弃物的处理是通过物理的、化学的或生物的方法，使固体废弃物减量化、无害化、稳定化和安全化，加速其在自然环境中的再循环，减轻或消除对土壤、水体、大气等环境组成要素的污染。同时，回收利用固体废弃物中的有用物质和能量，以减少资源消耗，保护环境。固体废弃物的处置是指固体废弃物的最终归宿，将最终产物长期置于一定的环境之中，彻底实现无害化。因此，固体废弃物的处理与处置程序应为：先考虑减量化、资源化，再考虑加速物质循环，最后对残留物质进行无害化处置。

4.6.1.1　城市固体废弃物处理和处置方法

（1）自然堆存　指把垃圾倾卸在地面上或水体内，如废置在荒地洼地或海洋中，不加防护措施，使之自然腐化发酵。这种方法因对环境污染严重，已经逐渐被禁止。

（2）土地填埋　土地填埋是将固体废物填入确定的谷地、平地或废坑等，然后用机械压实后覆土，使其发生物理、化学、生物等变化，分解有机物质，达到减容化和无害化的目的。土地填埋的优点是技术比较成熟，操作管理简单，处置量大，投资和运行费用低，还可以结合城市地形、地貌开发利用填埋物。缺点是垃圾减容效果差，需占用大量土地；且产生的渗沥水易造成水体和环境污染，产生的沼气易爆炸或燃烧，所以选址受到地理和水文地质条件限制。

（3）堆肥化　在有控制的条件下，利用微生物将固体废物中的有机物质分解，使之转化为具有稳定腐殖质的有机肥料，这一过程可以消灭垃圾中的病菌和寄生虫卵。堆肥化是一种无害化和资源化的过程。堆肥化的优点是投资较低，无害化程度较高，产品可以用作肥料。缺点是占地较大，卫生条件差，运行费用较高，在堆肥前需要分选掉不能分解的物质。

（4）焚烧　也称焚化，是将可燃固体废物通过高温燃烧，使其氧化分解，转变为惰性残渣。焚烧可以灭菌消毒，回收能量。焚烧可以达到减容化、无害化和资源化。城市中的生活垃圾、工业固体废物、污泥、危险固体废物等均可进行焚烧处理。

焚烧处理具有如下优点：

1）能迅速而大幅度减少容积，体积可减少 85%～95%，质量减少 70%～80%；

2）有效地消除有害病菌和有害物质；

3）所产生的能量也可以供热、发电；

4）焚烧法占地面积小，选址灵活。

焚烧处理具有如下缺点：

1）投资和运行管理费用高，管理操作要求高；如果对所产生的废气处理不当，容易造成二次污染；

2）对固体废物有一定的热值要求。

（5）热解　在缺氧的情况下，固体废物有机物受热分解，转化为液体燃料或气体燃料，并残留少量惰性固体。热解减容量达 60%～80%，污染少，并能充分回收资源，适于城市生活垃圾、污泥、工业废物、人畜粪便等。但其处理量小，投资运行费用高，工程应用尚处在起步阶段。从发展的角度来看，热解是一种有前途的固体废物处理方式。

（6）危险废物的处理处置　危险废物处理是通过改变其物理、化学性质，减少或消除危险废物对环境的有害影响。常用的方式有减少体积、有害成分固化、化学处理、焚烧去毒、生物处理等。我国要求对城市医院垃圾集中焚烧。

4.6.1.2　城市生活垃圾处理方法选择

选择城市生活垃圾的处理方法在规划中应重点予以考虑，因为它直接关系到处理场所的选址和布局。由于各个城市的经济发展情况、自然条件、传统习惯等不同，处理方法也不同。

城市生活垃圾的处理工艺选择时既要考虑工艺技术的可靠性、城市经济社会发展水平，又要考虑垃圾的性质与成分、场地选择的难易程度，还要考虑环境污染危险性、资源化价值及某些特殊制约因素等。因此，为达到技术上可靠、安全，经济上合理，通常一个城市的垃圾处理方式不是单一的，而是一个综合系统，并多方案比较，择优选用。填埋、焚烧、堆肥三种处理方法比较见表 4.6.1，可供参考。

填埋、焚烧、堆肥三种处理方法的比较　　　　　　　　　表 4.6.1

项　　目	方　　法		
	填　埋	焚　烧	堆　肥
技术可靠性	可靠	可靠	可靠、国内有一定经验
操作安全性	好	较大、注意防火	好
选址	较困难，要考虑地理条件，防止水体受污染，一般远离市区，运输距离大于 20km	易，可靠近市区建设，运输距离可小于 10km	较易，需避开住宅密集区，气味影响半径小于 200m，运输距离 10～20km
占地面积	大	小	中等
适用条件	适用范围广，对垃圾成分无严格要求；但对无机物含量大于 60%，填埋场征地容易，地区水文条件好，气候干旱、少雨等条件尤为适用	要求垃圾热值大于 4000kJ/kg；土地资源紧张，经济条件好	垃圾中生物可降解有机物含量大于 40%；堆肥产品有较大市场
最终处置	无	残渣需作处置，占初始量的 10%～20%	非堆肥物需作处置，占初始量的 25%～35%

续表

项 目	方 法		
	填 埋	焚 烧	堆 肥
产品市场	有沼气回收的填埋场,沼气可作发电等利用	热能或电能易为社会使用	落实堆肥市场有一定困难,需采用多种措施
能源化意义	部分有	部分有	无
资源利用	恢复土地利用或再生土地资源	垃圾分选可回收部分物质	作农肥和回收部分物质
地面水污染	有可能,但可采取措施防止污染	残渣填埋时与填埋方法相仿	无
地下水污染	有可能需采取防渗保护,但仍有可能渗漏	无	可能性较小
大气污染	可用导气、覆盖等措施控制	烟气处理不当时,对大气有一定污染	有轻微气味
土壤污染	限于填埋场区域	无	需控制堆肥有害物含量
管理水平	一般	较高	较高
投资运行费用	最低	最高	较高

4.6.2 主要环境卫生公共设施规划统筹

4.6.2.1 垃圾转运站与装运站

转动站的选址应尽可能靠近服务区域中心或垃圾产量最多的地方,周围交通应比例便利。有铁路及水运便利条件的地方,当运输距离较远时,宜设置铁路及水运垃圾转运站,转运站内必须设置装卸垃圾的专用站台或码头。垃圾转运站的规划用地标准如表4.6.2-1所示。

小型转运站每 0.7~1.0km² 设置 1 座,用地面积不小于 100m²,与周围建筑物间隔于 5m。服务半径为 10~15km² 或垃圾运输距离超过 20km,需设大、中型转运站时,占地面积根据日转运量定。

垃圾转运站的用地标准   表 4.6.2-1

规 模	转运量(t/d)	用地面积(m²)	附属建筑面积(m²)
小型	150	1000~1500	100
中型	150~300	1500~3000	100~200
	300~450	3000~4500	200~300
大型	>450	>4500	>300

注:表中转运量按每日工作一班制计算。

供居民直接倾倒垃圾的小型垃圾收集转运站,其收集服务半径不应大于 200m,占地不小于 40m²。

生活垃圾装运站设置标准生活垃圾装运站设置标准　　　　　　　　　　　　　表 4.6.2-2

转运量(t/d)	用地面积(m²)	与相邻建筑间距(m)	绿化隔离带宽度(m)
>450	>8000	>30	≥15
150~450	2500~10000	≥15	≥8
50~150	800~3000	≥10	≥5

垃圾转运站服务半径与运距应符合下列规定:

1)采用人力方式垃圾收集时,收集服务半径宜为 0.4km 以内,最大不应超过 1.0km;

2)采用小型机动车垃圾收集时,收集服务半径宜为 3.0km 以内,最大不应超过 5.0km;

3)采用大中型机动车垃圾收集运输时,可根据实际情况扩大服务半径;

4)当垃圾处理设施距垃圾服务区平均运距大于 30km 且垃圾收集量足够时,应设置大型转运站,必要时设置二级转运站。

转运站的总平面布置应结合当地情况,要求经济合理。大、中型转运站应按区域布置,作业区宜布置在主导风向的下风向,站前布置应与城市干道及周围环境相协调。站内排水系统应采用分流制,污水不能直接排入城市污水管道,应设有污水处理装置。转运站内的绿化面积为 10%~30%。

4.6.2.2　垃圾堆肥、焚烧处理场

处理厂应设置在水陆交通方便的地方,可以靠近污水处理厂,便于综合处理污泥。在保证与建筑物有一定隔离的前提下,处理厂应尽量靠近服务中心。处理厂用地面积根据处理量、处理工艺确定(见表 4.6.2-3)。

垃圾堆肥、焚烧处理场用地指标　　　　　　　　　　　表 4.6.2-3

垃圾处理方式	用地指标(m²/t)	垃圾处理方式	用地指标(m²/t)	垃圾处理方式	用地指标(m²/t)
静态堆肥	260~330	动态堆肥	180~250	焚烧	90~120

4.6.2.3　卫生填埋场

卫生填埋的场址对城市布局、交通区位、项目的经济性等都有一定影响。场址选址应最大限度地减少对环境的影响,并尽可能减少投资费用。卫生填埋的场址场地选择应考虑以下因素:

1)规模及使用年限:依据垃圾的来源、种类、性质和数量确定可能的技术要求和场地规模。应有充分的填埋容量和较长的使用期,一般不少于 15~20 年。

2)地形条件:能充分利用天然洼地、沟壑、废坑,便于施工;易于排水,避开易受洪水泛滥或受淹地区。

3)水文条件:离河岸有一定距离的平地或高地,避免洪水漫滩,距人畜供水点至少800m。底层距地下水位至少 2m;厂址应远离地下蓄水层、补给层;地下水应流向场址方向;场址周围地下水不易作水源。

4)地质条件:基岩深度大于 9m,避开坍塌地带、断层区、地震区、矿藏区、灰岩坑

及溶岩洞区。

5）土壤条件：土壤层较深，但避免淤泥区；容易取得覆盖土壤，土壤容易压实，防渗能力强。

6）气象条件：蒸发量大于降水量，暴风雨的发生率较低，具有较好的大气混合、扩散条件，避开高寒区。

7）交通条件：要方便、运距较短，具有可以全天候使用的公路。

8）区位条件：生活垃圾卫生填埋场应位于城市规划建成区以外、远离居民密集地区。规范规定，距大、中城市城市规划建成区的距离应大于5km，距小城市城市规划建成区的距离应大于2km，距居民点的距离应大于0.5km。应设置在夏季主导风向下方，距人畜居栖点800m以上。远离动植物保护区、公园、风景区、文物古迹区、军事区和水源保护区。

9）土地条件：容易征用土地和取得社会支持，并便于改造开发。

10）基础设施条件：场址处应有较好的供水、排水、供电、通信条件。填埋场排水系统的汇水区要与相邻水系分开。

填埋场的平面布置除了主要生产区外，还应有辅助生产区。

11）填埋场用地内绿化隔离带宽度不应小于20m，并沿周边设置。填埋场的四周宜设置宽度不小于100m的防护绿地。

4.6.2.4 公共厕所

公共厕所是市民反应敏感的环境卫生设施，其数量的多少，布局的合理与否，建造标准的高低，直接反映了城市的现代化程度和环境卫生面貌。城市公共厕所设置的数量应根据城市性质和人口密度确定，其平均设置密度应按每平方公里规划3～5座选取。

（1）公共厕所的布局

因地制宜，合理规划，并符合公共卫生要求。

城市中下列范围应设置公共厕所：

1）广场和主要交通干路两侧；

2）车站、码头、展览馆等公共建筑附近；

3）风景名胜古迹游览区、公园、市场、大型停车场、体育场附近及其他公共场所；

4）新建住宅区及老居民区。

独立式公共厕所与相邻建筑物间宜设置不小于3m的绿化隔离带。在满足环境及景观要求下，城市绿地内可以设置公共厕所。

为满足环卫要求，公共厕所应设在饮用水源的下游、住宅的下风侧和地下水较低的地方。

（2）公共厕所设置数量

1）主干路、次干路、有辅道的快速路公共厕所设置的间距为500～800m，支路、有人行道的快速路公共厕所设置的间距为800～1000m。

2）主要繁华街道公共厕所的距离宜为300～500m，流动人口高度密集的街道宜小于300m。一般街道公共厕所之间的距离以750～1000m为宜。新建居住区为300～500m，未改造的老居住区为100～150m。

3）旧区成片改造地区和新建小区，每平方米不少于3座公共厕所。

4）城市公共厕所一般按常住人口每 2500～3000 人设置 1 座。

5）街巷内建造的供没有卫生设施住宅的居民使用的厕所，按服务半径 70～100m 设置 1 座。

（3）公共厕所建筑面积规划指标

1）新住宅区内公共厕所，千人建筑面积指标 6～10m²。

2）车站、码头、体育场等场所的公共厕所，千人建筑面积指标为 15～25m²。

3）居民稠密区公共厕所，千人建筑面积指标为 20～30m²。

4）街道公共厕所，千人建筑面积指标为 5～10m²。

5）城市公共厕所建筑面积一般为 30～60m²。

公共厕所的用地范围是距厕所外墙皮 3m 以内空地为其用地范围。如受条件限制，则可靠近其他房屋修建。有条件的地区应发展附建式公共厕所，其应结合主体建筑一并设计和建造。

各类城市用地公共厕所的设置标准应按表 4.6.2-4 控制。

公共厕所的附近和入口处，应设置明显的统一标志。公共厕所内部应空气流通，光线充足，道通路平，并有防臭、防蛆、防蝇、防鼠等技术设施。

公共厕所设置标准　　　　　　　　　　　　　　表 4.6.2-4

城市用地类型	设置密度 （座/km²）	设置间距 （m）	建筑面积 （m²）	独立式公共厕所用地面积 （m²/座）	备　　　注
居住用地	3～5	500～800	30～60	60～100	旧城区宜取密度上限，新区宜取密度中低限
公共设施用地	4～11	300～500	50～120	80～170	人流密集区域和商业金融用地取高限密度、下限间距，人流稀疏区域取低限密度、上限间距，其他公共设施用地宜取中低限密度，中、上限间距
工业用地	1～2	800～1000	30	60	
仓储用地	1～2	800～1000	30	60	

公共厕所的粪便严禁直接排入雨水管、河道或水沟内。在有污水管道的地区，应排入污水管道。没有污水管道的地区，须建化粪池或贮粪池等排放设施。在采用合流制排水系统而没有污水处理厂的地区。水冲式公共厕所的粪便污水，应经化粪池后方可排入下水道。

4.7　防灾工程系统规划统筹

城市防灾工程系统规划统筹主要体现在综合防灾与减灾。

城市综合防灾与减灾是指城市地震、洪涝、火灾、风灾、地质灾害等各灾种专项防灾资源的统筹与整合，防灾空间体系构建的优化与完善，各防灾设施的协调安排，以及多种灾害应急救灾、疏散避难的综合保障和各灾种防抗系统的彼此协调、统一指挥、协同作用。

4.7.1　综合防灾布局及优化

4.7.1.1　防灾布局结构与要素

城市综合防灾布局以用地安全使用为基础，统筹协调城市综合防灾设施用地，合理进行综合防灾分区，构建由应急保障基础设施、防灾工程设施和应急服务设施相互协调、相互支撑并符合突发灾害及其次生灾害防护与蔓延。防止要求的网格空间体系。

城市建设用地安全基于用地综合防灾适宜性评价。表 4.7.1-1 为城市用地综合防灾适宜性分类评价。

用地综合防灾适宜性分类评价表

表 4.7.1-1

类别	用地地质、地形、地貌等适宜性条件和用地特征	说　明
适宜	不存在或存在轻微影响的场地破坏因素，一般无需采取场地整治措施或仅需简单整治： （1）稳定基岩，坚硬土场地，开阔、平坦、密实、均匀的中硬土场地；土质均匀、地基稳定的场地；土质较均匀、密实，地基较稳定的中硬土或中软土场地； （2）地质环境条件简单无地质灾害影响或影响轻微，易于整治场地；地震震陷和液化危害轻微、无明显其他地震破坏效应场地；地质环境条件复杂、稳定性差、地质灾害影响大，较难整治但预期整治效果较好； （3）无或轻微不利地形灾放大影响； （4）地下水对工程建设无影响或影响轻微； （5）地形起伏较大但排水条件好或易于整治形成完善的排水条件	建筑抗震有利地段、一般地段；无地质灾害破坏作用影响或影响轻微，易于整治地段；其他灾害影响轻微地段；无其他防灾限制使用条件
较适宜	存在严重影响的场地不利或破坏因素，整治代价较大但整治效果可以保证，可采取工程抗灾措施减轻其影响： （1）场地不稳定：动力地质作用强烈，环境工程地质条件严重恶化，不易整治； （2）土质极差，地基存在严重失稳的可能性； （3）软弱土或液化土大规模发育，可能发生严重液化或软土震陷； （4）条状突出的山嘴和高耸孤立的山丘；非岩质的陡坡、河岸和边坡的边缘；成因、岩性、状态在平面分布上明显不均匀的土层（如故河道、疏松的断层破碎带、暗埋的塘滨沟谷和半填半挖地基）；高含水量的可塑黄土，地表存在结构性裂缝等地质环境条件复杂、潜在地质灾害危害性较大； （5）地形起伏大，易形成内涝； （6）洪水或地下水对工程建设有严重威胁	场地地震破坏效应影响严重的建筑抗震不利地段；地质灾害规模较小且整治效果可以保证地段
有条件适宜	存在尚未查明或难以查明、整治困难的危险性场地破坏因素地段或存在其他限制使用条件的用地： （1）存在潜在危险性但尚未查明或不太明确的滑坡、崩塌、地陷、地裂、泥石流、地震地表断错等场地； （2）地质灾害破坏作用影响严重，环境工程地质条件严重恶化，难以整治或整治效果难以预料； （3）具严重潜在威胁的重大灾害源的直接影响范围； （4）稳定年限较短或其稳定性尚未明确的地下采空区； （5）地下埋藏有待开采的矿藏资源； （6）过洪滩地、排洪河渠用地、河道整治用地； （7）液化等级为中等液化和严重液化的故河道、现代河滨、海滨的液化侧向扩展或流滑及其影响区； （8）存在其他方面对小城镇用地的限制使用条件	潜在危险性较大或后果严重的地段

类别	用地地质、地形、地貌等适宜性条件和用地特征	说　明
不适宜	存在可能产生重大或特大灾害影响的场地破坏因素,通常难以整治的危险地段或存在其他不适宜使用条件的用地: (1)可能发生滑坡、崩塌、地陷、地裂、泥石流、地震地表断错等; (2)难以整治和防御的地震、洪水、地质灾害等灾害高危害影响区; (3)存在其他方面对小城镇用地的不适宜使用条件	危险地段

注: 1. 根据该表划分每一类场地防灾适宜性类别,从适宜性最差开始向适宜性好依次推定,其中一项属于该类即划为该类场地。

2. 表中未列条件,可按本标准规定,根据其对工程建设的影响程度比照推定。

城市防灾空间布局的基本要素包括以下方面:

1)防灾分区:承担空间防灾组织,是应急服务设施布局的依托,并与重大危险源防护和次生灾害高风险区、抗灾薄弱区的防治相结合。

2)应急保障基础设施:承担灾后交通、供水等应急保障,与防灾工程设施和应急服务设施相互协调、相互支撑形成点线面相结合的网格空间体系,是城镇防灾空间结构的基本躯干和骨架。

3)应急服务设施:承担支撑灾后应急基本生活功能的场所,是小城镇安全空间的支点。

4)防灾工程设施:承担特定灾害的防护或特定应急救灾指挥功能,是小城镇防灾体系的中枢。

5)用地安全布局和适宜性建设防灾要求:是小城镇空间安全的基础。

6)重大危险源防护:防灾布局安全的基本保障。

7)次生灾害高风险区、抗灾能力薄弱区、避难困难区的专项防灾要求:特大规模人员伤亡的避免,防灾能力的不断提升。

4.7.1.2　防灾分区划分与设置

(1)分区划分

城市防灾分区划分,应综合考虑下列控制要求:

1)每个有常住人口的防灾分区宜具备应急医疗卫生和应急物资保障场所,规划设置应急给水和储水设施、固定避难场所。

2)防灾分区划分宜考虑建设、维护和灾后应急状态时的事权分级管理要求。

3)防灾分区单元间的防灾分隔应满足防止灾害蔓延的要求。

上述借鉴日本和我国台湾地区避难防灾生活圈的要求主要考虑:

1)灾后生活和恢复重建的组织。考虑以应急避难场所和应急医疗卫生和应急物资保障场所,配置应急给水和储水等应急服务设施,形成城镇的基本救灾单元。

2)应急保障基础设施布局作为防灾分区单元的支撑骨架。

3)在防灾分区单元梳理设置开敞空间、高防灾能力建筑工程,形成防御重大和特大灾害蔓延的基础防线。

4)防灾分区需要统筹考虑重大危险源防护和次生灾害高风险区、抗灾薄弱区的防治进行设置。

城市防灾分区的划分应与城市用地功能布局相协调,并符合以下基本要求:

1）防护绿地、高压走廊和水体、山体等天然界限宜作为小城镇防灾分区的分界，防灾分区划分尚应考虑道路、铁路、桥梁等工程设施的通行能力和分隔作用。

2）以居住区居住小区为主的防灾分区人口规模宜控制在 3 万～5 万人，且用地规模宜控制在 $3～6km^2$。

3）通往每个防灾分区的应急救灾和疏散通道不宜少于 2 条。

上述城市综合防灾分区单元的基本功能可定位在承担灾后应急救援和维持基本生活、进行灾后应急管理和灾后恢复、控制灾害规模及大规模效应的基本单元。

此外，从合理的救援方向要求考虑，城镇不应少于 2 个出入口，连接区域性救援通道，并应保证市区、镇区相应主干道路的通行能力。

（2）分区设置基本要求

城镇防灾分区设置应符合以下基本要求：

1）应急保障基础设施布局应满足保障分区单元应急服务设施的交通、供水、能源电力和通信保障要求。

2）每个防灾分区的应急医疗卫生、应急物资保障等应急服务设施和应急给水储水设施应满足分区内部所有受灾人员有灾后生活需要；固定避难场所应满足分区内部避难人员的应急需求。

（3）重大危险源的单独防灾分区

城市相关重大危险源布局及其安全防护距离和防护措施应符合以下基本要求：

1）重大危险源厂址应避开不适宜用地，与周边工程设施应满足安全和卫生的防护距离要求，并应采取防止泄漏和扩散的有效防护措施。

2）重大危险源区、次生灾害高危险区应单独划分防灾分区。

同时应满足：

1）重大危险源区应规划消防供水系统、应急救援行动支援场地、人员避难场地、应急救援和疏散通道以及应急救援装备配置要求。

2）重大危险源区、次生灾害高危险区所在防灾分区周边宜设置防灾隔离带。满足控制灾害规模效应和防止灾害大规模蔓延的要求。

4.7.1.3　防灾隔离带与安全岛

（1）防灾隔离带

城市可能发生连锁性次生、衍生灾害，造成特大灾害损失的地区，应按照与灾害规模分级相适应的原则，采取综合防护或防治措施，必要时设置防灾隔离带，控制灾害规模效应，防止次生、衍生灾害大规模蔓延。

防止灾害蔓延空间分隔带的设置重点是考虑控制灾害的规模效应和防止灾害的大规模蔓延，可利用应急交通设施、防灾绿地、铁路、高压走廊和水体、山体等其他天然界限作为分隔，有效利用各类开敞空间和防灾设施，分级设置重大灾害及其次生灾害防护及蔓延防止空间分隔，并提出相应防灾技术要求。

城市防灾隔离带应统筹考虑灾害的影响规模和后果及综合防护和防治措施的有效性，确定是否设置和设置方式。确需设置时，宜根据灾害特点和影响规模分类分级进行规划，并应符合下列规定：

1）防灾隔离带应根据灾害危险性和影响规模、灾害的蔓延方式，结合综合防护和防治措施设置，并满足相应灾害类别的防护要求。

2）城市次生火灾高风险区宜利用道路、绿地等开敞空间设置防灾隔离带，并符合表4.7.1-2的规定。

次生火灾蔓延防止分隔设置要求表　　　　　表 4.7.1-2

级别	最小宽度（m）	设 置 条 件
1	40	防止特大规模次生火灾蔓延； 需保护建设用地规模 7～12km²
2	28	防止重大规模次生火灾蔓延； 需保护建设用地规模 4～7km²
3	14	一般街区分隔

注：1. 根据该表划分次生火灾防灾隔离带级别，从1级开始向3级依次推定，表中"设置条件"为多项时，其中一项属于该类即划为该级别。
　　2. 表中给出的最小宽度是指其他防护和防治措施失效时的安全防护距离。

（2）防灾安全岛

城市规划应有效整合应急服务设施周边的场地空间和建筑工程，配置应保障基础设施，形成有效、安全的防灾空间。避难资源不能满足就近避难要求的疏散困难区域，应制定专门的疏散避难方案和实施保障措施。

"安全岛"是城市综合防灾的重要理念。在城市中依托避难场所等应急服务设施，形成相对独立的安全空间，以应急保障基础设施为支撑，是增强镇区防灾能力的重要措施。

对于疏散困难地区，可综合考虑跨区疏散、建设避难建筑等综合避难对策，必要时考虑分阶段避难方案。但这些地区通常人口密度大，需避难人员多，应急通道少。因此，提前制定疏散避难实施方案和保障措施非常重要。接纳超过责任区范围之外人员的避难场所，亦应制定专门疏散避难方案和实施保障措施。

城市应规划建立应急标识系统，指明各类防灾设施的位置和方向，并符合以下基本要求：

1）应急避难标识应结合疏散路线设置，便于民众通过标识实现安全、快速疏散。

2）城市综合防灾规划应结合城市道路交叉口、应急服务设施主要出入口及大型公共场所，综合设置区域位置指示系统。

3）对灾害潜在危险区或可能影响受灾人员安全的地段，城市应规划设置相应的警示标识。

4）城市综合防灾规划宜综合考虑城市功能布局，设置综合防灾宣传教育展示体系，指导民众应对灾害和进行避难。

城市应急标识系统应完整、明显、适于辨认和宜于引导。设置原则、标识的构造、反光与照明、标识的颜色及标识中汉字、阿拉伯数字、拉丁字大（小）写字母、标识牌的制作、设置高度等可遵循《道路交通标志和标线》GB 5768.1—2009，GB 5768.2—2009，GB 5768.3—2009 中的规定。

疏散路线应急标识设计中，信息的连续性是使标识发挥引导作用的可靠保证，其中最为重要的是疏散路线上转折点和交叉路口转折点处诱导标识的设置，标识在内容上以所在地点为中心将信息逐层体现，设置方向与最优逃生路线方向一致，标识牌本身所传达的信息量适中并分出层次。

城市应急标识系统中，道路及其交叉口、应急服务设施主要出入口和公共场所适宜设置区域标识，指示各类应急设施的位置、方向和基本情况。

城市中的高危险区、需要人员避开的危险地段，通过设置警告标识，防止造成人员伤害。

4.7.2 防灾工程设施与应急保障设施统筹

4.7.2.1 防灾工程设施

（1）防灾工程体系及基本要求

城市防灾工程体系主要包括以下几类：

1）防洪、防泥石流工程体系

主要包括：

① 挡洪工程含堤防、防洪闸等工程设施。

② 泄洪工程含河道整治、排洪河道、截洪沟等工程设施。

③ 蓄（滞）洪工程含分蓄洪区、调洪水库等工程设施。

④ 排涝工程含排水沟渠、调蓄水体、排涝泵站等工程设施。

⑤ 泥石流防治工程含拦挡坝、排导沟、停淤场等工程设施。

2）消防工程体系

主要包括：消防站，消防通信和消防供水工程。

3）城市应急指挥体系

城市规划应详细分析自然环境、灾害类型，并根据城市规模、结构形态、用地布局及技术经济条件等因素，合理确定防灾工程体系。

在各专项规划防灾工程设施方案的基础上，发挥防灾工程设施的综合救援和防护作用，确定防灾工程设施的灾害防御目标和设防标准，协调防灾工程设施用地布局，提出防灾减灾措施。

（2）防洪工程体系规划要求

城市防洪工程体系规划应综合考虑水上应急救援要求，加强对应急保障基础设施和应急服务设施及其他防灾工程设施的防护，并应符合现行国家和行业标准 GB 50201—94、《城市防洪工程设计规范》GB/T 50805—2012 的规定。

易受涝地区应按照"高低水分流、主客水分流"原则，划分排水区域，由排水管网、调蓄水体、排洪渠道、堤防、排涝泵站及渗水系统、雨水利用工程等组成综合排涝体系。

充分保护利用各类水系，提高防洪、除涝能力。在城市内涝易发地段，应采取雨洪蓄滞与渗透设施建设等综合防灾措施。

城市防洪防泥石流工程体系规划的主要要求：

1）江河沿岸城市依靠流域防洪工程体系提高自身防洪能力，山丘区江河沿岸城市防洪工程体系宜由河道整治、堤防和调洪水库等组成；平原区江河沿岸城市可采取以堤防为主体，河道整治、调洪水库及蓄滞洪区相配套有防洪工程体系。

2）河网地区城市根据河流分隔形态，宜建立分片封闭式防洪保护圈，实行分片防护，综合采取堤防、排洪渠道、防洪闸、排涝泵站等组成的防洪工程体系。

3）滨海城市在重点分析天文潮、风暴潮、河洪的三重遭遇的基础上，采取以海堤、防潮闸、排涝泵站为主的防洪工程体系，形成以防潮工程为主，生物消浪等措施为辅，防潮设施、消浪设施、分蓄洪设施协调配合的防洪体系。

4）山洪防治宜在山洪沟上游采用导流墙、截流沟及调洪水库，下游采用疏浚排泄等组成的防洪工程体系；泥石流防治宜采用由拦挡坝、停淤场、排导沟等组成的防洪工程体系，通过规划区段宜修建排导沟。除防洪工程外，在山洪沟上游采用水土保持、下游采用疏浚排泄等组成综合防治措施。

5）泥石流防治除防洪工程外，尚需采取综合防治措施：上游区宜采取预防措施，植树造林、种草栽荆、保持水土、稳定边坡；中游区宜采取拦截措施；下游区宜采取排泄措施。

城市排涝体系及其各组成部分规模需根据汇水面积计算其流量，再根据小城镇自身的调蓄能力，排洪渠道排洪能力等合理确定小城镇是以调蓄为主，还是以强排为主。根据城市条件，尽可能增大调蓄滞水能力，降低排涝泵站流量。

城市应急保障基础设施、防灾工程设施和应急服务设施的排水设计重现期宜按城市重点地区来确定，并通过高程控制或排水系统等措施来实现其防灾目标，以免其周边区域积水影响应急功能发挥。

（3）消防工程体系规划要求

城市消防站、消防通信和消防给水工程的布局和规划建设要求应在城镇消防专业规划基础上，统筹其他灾害次生火灾防御，考虑综合救援要求，符合现行《城市消防站建设标准》及相关法律法规的规定。

上述包括城市消防站、消防通信和消防给水工程的布局和规划建设要求的确定途径。而统筹其他灾害次生火灾防御，考虑综合救援要求，是当前消防队伍从传统单纯防火向综合救援队发展趋势的重要要求。

（4）应急指挥中心规划要求

城市综合防灾规划应综合协调应急指挥体系布局，并应符合以下要求：

1）城市宜整合各类应急指挥要求，综合协调应急指挥中心布局和建设。城市应急中心布局应综合考虑相互备份、相互支援，并满足应急保障基础设施配套要求。

2）城市应综合利用中心避难场所和长期固定避难场所备份设置应急指挥区，并配置相关应急保障基础设施。

3）城市应急指挥中心宜分散位于不同灾害影响区，避免一次灾害同时造成破坏。相互备份的应急指挥中心之间的距离宜根据其抗灾能力按照发生特大灾害时不发生同时破坏确定。

4）城市应综合协调整合应急、公安、消防、地震、水利、气象等应急指挥专用通信平台，协调共享应急通信专线和数据通道等资源，发挥社会通信网络的补充作用，加强应急指挥、接警报警和信息发布平台的统合。

上述中的相互备份应急指挥中心布局应充分考虑灾时功能保障要求，确定其相互之间的间距和抗灾设防标准。

4.7.2.2 应急保障设施

城市突发灾害应急保障设施包括应急保障基础设施和应急保障服务设施。主要是直接关系到集中避难和救援人员的基本生存与生命安全的应急医疗卫生、供水、交通、供电、通信、物资储备分发消防等应急生命线系统工程设施。

（1）应急保障基础设施

1）应急保障级别

小城镇应急交通、供水、能源电力、通信等应急保障基础设施的应急功能保障级别应按下列规定划分为Ⅰ、Ⅱ和Ⅲ级：

① Ⅰ级：灾时功能不能中断或灾后需立即启用的应急保障基础设施，涉及国家公共安全，影响区域和市级应急指挥、医疗卫生、供水、物资储备分发、消防等特别重大应急救援活动，一旦中断可能发生严重次生灾害或重大人员伤亡等特别重大灾害后果。

② Ⅱ级：灾时功能基本不能中断或需迅速恢复的应急保障基础设施，影响集中避难和救援人员的基本生存或生命安全，影响大规模受灾或避难人群中长期应急医疗卫生、供水、物资储备分发、消防等重大应急救援活动，一旦中断可能导致次生灾害或大量人员伤亡等重大灾害后果。

③ Ⅲ级：除Ⅰ、Ⅱ级之外的其他应急保障基础设施。灾时需尽快设置或恢复的应急保障基础设施，影响集中避难和救援活动，一旦中断可能导致较大灾害后果。

上述应急保障级别的确定应满足保障对象的应急保障要求。

2）建筑工程应急保障级别

以下应急保障基础设施的建筑工程为Ⅰ级保障：

① 政府应急指挥机构、应急供水、应急物资储备分发、应急医疗卫生和专业救灾队伍驻扎区的避难场所、大型救灾用地。

② 承担保障基本生活和救灾应急供水的主要取水设施和输水管线、水质净化处理厂的主要水处理建（构）筑物、配水井、送水泵房、中控室、化验室等，以及应急电源变配电站与供电线路的建（构）筑物。

③ 承担重大抗灾救灾功能的小城镇主要出入口、交叉口建筑工程，承担抗灾救灾任务的机场、港口。

④ 消防指挥中心，特勤消防站。

⑤ 国家级和省级救灾物资储备库。

以下应急保障基础设施的建筑工程为不低于Ⅱ级保障：

① 应急指挥机构、中长期避难场所，重大危险品仓库，承担重伤员救治任务的应急医疗卫生场所，疾病预防与控制机构等。

② 承担保障基本生活和救灾应急供水的主要配水管线及配套设施，固定建设的应急储水设施，以及中低压配电站与供电线路的建（构）筑物。

③ 县级救灾物资储备库，镇级应急物资储备分发场地。

④ 燃气门站，应急燃气储备设施。

⑤ 一级重大危险源。

以下应急保障基础设施的建筑工程为不低于Ⅲ级保障：

① 城市供水系统中服务人口超过 30000 人的主干管线及配套设施，配电线路与配电设施。

② 其他避难场所，承担应急任务的其他医疗卫生机构、应急物资储备分发场地。

③ 市区储气设施。

④ 二级重大危险源。

确定建筑工程应急功能保障级别通常需要考虑以下因素：

① 建筑工程的重要性，特别是在所属工程系统中的地位和等级，其使用功能失效后，对全局的影响范围和规模、抗灾救灾影响及恢复的难易程度。

② 建筑工程需要发挥应急保障功能的时段，特别是是否需要在临灾时或灾害发生过程中发挥作用。

③ 建筑工程破坏可能造成的危害范围和规模、人员伤亡、直接和间接经济损失及社会影响的大小。

④ 建筑工程所保障的目标对象的上述应急要求。

不同行业的相同类型建筑，当所处地位及破坏所产生的后果和影响不同时，其应急功能保障级别可不相同。

根据城市灾害防御目标，应急保障基础设施的设计目标需达到：在遭受相当于预定抗灾设防水准的灾害影响时，与基本和重要应急功能相关的主体结构不发生中等及以上破坏；在遭受超过相当于预定抗灾设防水准灾害影响时，不得发生危及人员生命安全的破坏。根据应急功能保障级别的不同，应急保障性能要求可分述如下：

① Ⅰ级：灾时不中断或灾后需立即启用、修复时间也就是几分钟或几个小时；灾前通过设计保证主体结构安全，应急附属设施安全。

② Ⅱ级：灾后允许一定的紧急性检查准备时间、时间控制在几个小时到1天，但通常不包括主体结构的抢修；灾前通过设计保证主体结构及影响重要应急功能的附属设施安全。

③ Ⅲ级：灾时可能发生破坏，但可由其他措施替代或灾后通过应急抢修恢复及紧急设置即可投入使用；主体结构通过灾前设计确保安全或灾后应急评估选择和设置，主要应急设施配置到位或预留配置，相应应急功能临时迅速设置。

对于需要在临灾时期和灾时发挥应急功能的建筑工程其应急功能保障级别通常为Ⅰ级。

3）规划布局与防灾减灾措施

① 布局与若干措施

城市综合防灾规划应根据城市基础设施防灾性能评价，结合城市基础设施建设情况及相关专业规划，确定应急保障基础设施规划布局和防灾减灾措施：

a. 明确应急保障基础设施中需要加强安全的重要建筑工程。

b. 确定应急保障基础设施布局、明确其应急功能保障级别、设防标准和防灾措施，针对其在防灾、减灾和应急中的重要性及薄弱环节，提出建设和改造要求。

c. 对较适宜、有条件适宜和不适宜基础设施用地，提出限制建设条件和综合改造对策。

城市中的应急指挥、医疗、消防、物资储备、避难场所、重大工程设施、重大次生灾害危险源等应急保障对象需要规划安排应急交通、供水、能源电力、通信等应急保障基础设施。

应急保障基础设施的设防标准，可针对其防灾安全和在应急救灾中的重要作用，根据小城镇规模以及基础设施的重要性、使用功能、修复难易程度、发生次生灾害的可能性和危害程度等进行确定。

② 冗余设置与多种保障方式

应急保障基础设施应分别采用冗余设置、增强抗灾能力或多种保障方式组合来保证满足其应急功能保障性能的可靠性要求；当无法采用增强抗灾能力方式时，应采取增设冗余设置方式。

应急保障基础设施应急功能保障性能目标的实现，与建筑工程的抗灾可靠性和应急保障途径的多少直接相关，因此可通过提高建筑工程的抗灾能力和多途径应急保障的方式来保证建筑工程达到应急功能保障性能目标。

应急保障途径和方式通常可以划分为以下几类，见表 4.7.2-1 所示。

应急保障途径和方式分类表   表 4.7.2-1

应急保障途径	应急保障方式	适用的基础设施
冗余设置类	增设一种独立来源	—
	增配一个备份	—
	通过采取加密环状网络、提高网络的容量、提高骨干网段的抗灾可靠性等提高网络可靠度	供水、供电、通信、交通等
增强抗灾能力类	提高设防标准等级	—
	提高抗灾措施等级	—
	采用保证性能目标的设计方法和抗灾措施	—
	消除危险类方式。清除或避开所有可能影响应急功能的因素	—

③ 抗震要求确定方式

位于抗震设防区的应急保障基础设施，按上述的要求采用增强抗震能力方式时，Ⅰ级应急保障基础设施的主要建筑工程应按高于重点设防类进行建设，Ⅱ、Ⅲ级应急保障基础设施的主要建筑工程应按不低于重点设防类进行建设。

采用增设冗余设置方式应急保障，可酌情适当降低抗震设防类别，但其中Ⅰ级应急保障基础设施的主要建筑工程不得低于重点设防类，Ⅱ、Ⅲ级应急保障基础设施的主要建筑工程不得低于标准设防类。

上述要求实际上，应急保障对象本身的抗震能力是达到应急保障能力的根本。其抗震要求应按《建筑工程抗震设防分类标准》GB 50223—2008 和《城市抗震防灾规划标准》（附条文说明）GB 50413—2007 的规定进行确定。

4) 应急交通保障体系和疏散通道

根据应急保障要求，综合利用水、陆、空交通方式建立综合应急交通保障体系，规划安排应急救灾和疏散通道，采取有效应急保障措施。

① 应急救灾和疏散通道的设置应满足表 4.7.2-2 要求。

② 桥梁隧道应急措施

应急救灾和疏散通道上的桥梁、隧道等关键节点应提出相应防灾减灾和应急保障措施。当通道有效宽度小于 7m 时，宜沿道路每隔一定距离考虑预留车辆检修空间，检修空间的有效宽度应不小于 3.0m，有效长度应不小于 12.0m。

应急救灾和疏散通道的设置要求表 表 4.7.2-2

应急功能保障级别	应急救灾与疏散通道可选择形式
Ⅰ	救灾干道 两个方向及以上的疏散主通道
Ⅱ	救灾干道 疏散主通道 两个方向及以上的疏散次通道
Ⅲ	救灾干道 疏散主通道 疏散次通道

③ 疏散通道宽度与净空限高

应急救灾和疏散通道的宽度和净空限高应符合下列规定:

a. 应急救灾和疏散通道的有效宽度,救灾干道应不小于 15m,疏散主通道应不小于 7m,疏散次通道应不小于 4m。

b. 跨越应急救灾和疏散通道的各类工程设施应保证通道净空高度不小于 4.5m。

应急救灾和疏散通道的应急保障措施,从冗余度设置、有效宽度要求和关键节点保证 3 方面提出要求。

有效宽度是指应急救灾和疏散通道在发生预定抗灾设防水准灾害后去掉道路两侧建筑工程破坏造成的影响宽度和防止掉落物等其他安全隐患所需避开的安全距离后的净宽度。

计算应急救灾和疏散通道的有效宽度时,道路两侧的建筑倒塌后瓦砾废墟影响可通过仿真分析确定;对于救灾干道两侧建筑倒塌后的废墟的宽度可按《城市抗震防灾规划标准》GB 50413—2007 的规定进行评估。

防止坠落物安全距离可根据建筑侧面和顶部所存在的可能落物按照不低于预定抗灾设防水准对应的加速度和速度进行评估确定,并不应小于 3m。可通过针对建筑物可能落物的整治改造防止坠落伤人。

上述应急通道的最小有效宽度是保障应急车辆通行的最小宽度,并未考虑应急通行流量的需求。

保障应急救灾和疏散通道灾后畅通还应重视跨越通道上方的各类工程设施的安全问题。根据应急救灾车辆的通行要求,汽车载高度不应超过 4.0m,加上车辆自身颠簸和安全高度等因素,任何情况下,穿行建筑物的净空高度都不应小于 4.5m。

5) 应急供水保障

① 应急生活与医疗供水

城市应急供水可按照本地区预定抗灾设防标准对应的灾害影响,确定受灾人员基本生活用水和救灾用水保障需要,其中应急给水期间的人均需水量可按表 4.7.2-3 的规定,考虑城市自然环境条件综合确定。

应急给水期间的人均需水量表 表 4.7.2-3

应急阶段	时间	需水量(L/人·日)	水 的 用 途
紧急或临时	3	3~5	维持饮用、医疗
短期	15	10~20	维持饮用、清洗、医疗

应急阶段	时间	需水量(L/人·日)	水 的 用 途
中期	30	20～30	维持饮用、清洗、浴用、医疗
长期	100	＞30	维持生活较低用水量以及关键节点用水

注：表中应急供水定额未考虑消防等救灾需求。

规划布置应急保障水源、水处理设施、输配水管线和应急储水及取水设施尚应考虑：

a. 应急供水保障对象的市政应急供水来源按设置两种应急储水装置或应急取水设施的供水方式保障。

b. 应急储水装置或取水设施供水保障不少于紧急或临时阶段饮用水和医疗用水的需水量。

c. 核算应急市政供水保障的供水量需包括根据平时供水漏水与灾后管线破坏率确定的漏水损失。

② 应急消防供水

应急消防供水可采用多途径、多水源综合保障。

消防供水根据灾后次生火灾的评估情况，按照现行国家相关标准中消防供水的规定设置应急消防供水系统。

应急消防供水保障时间，可参考表 4.7.2-4 根据灾种确定。

常见灾害的应对时间表　　　　　　　　　　　　　　　　　表 4.7.2-4

灾害种类	紧急	临时	短期	中期	长期
地震	1d	3d	15d	30d	100d
风灾	1d	2d	3d	7d	15d
洪水	1d	3d	7d	15d	30d
火灾	0.5～5h	1d	3d	—	—

注：d——天，h——小时

根据城市人口规模按同一时间内的火灾次数和一次灭火用水量的乘积确定。当市政给水管网系统为分片（分区）独立的给水管网系统且未联网时，城市消防用水量需分片（分区）进行核定。简化估算时，同一时间内的火灾数和一次灭火用水量可按表 4.7.2-5 的规定。

城市消防用水量表　　　　　　　　　　　　　　　　　表 4.7.2-5

人数(万人)	同一时间内火灾次数(次)	一次灭火用水量(L/s)	人数(万人)	同一时间内火灾次数(次)	一次灭火用水量(L/s)
≤1.0	1	10	≤40.0	2	65
≤2.5	1	15	≤50.0	3	75
≤5.0	2	25	≤60.0	3	85
≤10.0	2	35	≤70.0	3	90
≤20.0	2	45	≤80.0	3	95
≤30.0	2	55	≤100.0	3	100

注：城市室外消防用水量应包括居住区、工厂、仓库（含堆场、储罐）和民用建筑的室外消火栓用水量。

消防供水体系包括小城镇给水系统中的水厂、给水管网、市政消火栓（或消防水鹤）、消防水池，特定区域的消防独立供水设施，自然水体的消防取水点等，也可考虑利用应急储水体系。利用人工水体、天然水源和消防水池等供给时，需确保消防用水的可靠性和数量，且设置道路、消防取水点（码头）等可靠的取水设施。每个消防站的责任区至少设置一处消防水池或天然水源取水码头以及相应的道路设施，作为自然灾害或战时重要的消防备用水源。

6）应急供电保障

应急供电保障应根据应急保障对象的供电保障要求设置应急供电系统，按预定抗灾设防标准灾害影响计算灾时负荷，采取防灾减灾与应急保障措施。Ⅰ、Ⅱ级应急供电保障应采用两路独立电力系统电源引入，两路电源同时工作，任一路电源应满足平时一级负荷、消防负荷和不小于50%的正常照明负荷用电需要，电源总容量应分别满足平时和灾时总计算负荷。

应急发电机组的配置，Ⅰ级应急供电保障的应急发电机组台数不应少于2台，其中每台机组的容量应满足灾时一级负荷的用电需要；当应急发电机组台数为2台及以上或应急发电机组为备用状态时，可选择设置蓄电池组电源，其连续供电时间不应小于6h。

Ⅲ级应急供电保障宜采用本条规定的应急保障措施。无法采用两路电力系统电源引入时，应配置备用应急发电机组。

（2）应急服务设施

1）基本要求

应急服务保障包括应急避难、医疗卫生、物资保障等应急服务设施的服务规模、布局和重点建设方案，确定其灾害防御目标和设防标准，明确分区建设指标和控制对策，提出防灾减灾措施。

应急服务设施布局体现"以人为本"，普遍服务和重点保障相结合的原则，需要保证应急服务设施体系的应急功能的可靠性，并结合"安全空间"理念明确其规划控制要求。

城市可以结合应急服务设施统筹设置应急指挥、通信、标识和综合宣传教育体系。

应急服务设施及应急通道应评价突发灾害发生时的可达性及用地防灾适宜性、次生灾害、其他重大灾害等对其防灾安全产生的影响，相应建筑工程尚应进行单体抗灾性能评价，确定建设、维护和应急管理要求与防灾减灾措施。

2）避难场所

① 避难场所的类型与布局

城市避难场所应根据避难人口数量及分布估计、可作避难场所资源调查和安全评估，按照紧急、固定和中心避难场所3种类型，与应急交通、供水等应急保障基础设施和应急医疗卫生、物资储备分布等应急服务设施共同协调布局，规模与布局同时考虑：

a. 满足预定抗灾设防标准对应的灾害影响下的避难需求。

b. 固定避难场所应按其责任区综合考虑建筑工程可能破坏和潜在次生灾害影响核算避难规模。

c. 紧急疏散人口规模应包括城镇常住人口和流动人口，核算单元不宜大于2km²。人流集中的公共场所周边区域紧急疏散人口中流动人口规模不宜小于年度日最大流量的80%。

　　避难场所重点是要解决针对各类不同灾害的避难场所资源的统筹利用问题。不同灾害对应的避难场所空间布局要求和场所类型要求均有不同，应通过针对各灾种的分析合理统筹避难场所的选择和整合利用。如地震避难场所通常选择绿地或避难建筑，需要适度规模和开敞要求；洪水灾害包括就地避洪场所和转移避洪场所，场所类型多为高地或避洪建筑，并对场所高程和转移路线有特定要求；台风灾害通常选择避难建筑，通常要求能有较高的排水防涝能力。

　　避难场所布局可根据不同水准灾害和不同应急阶段要求，满足根据城市预估的破坏情况所确定的避难规模，与城市建设、经济发展相协调，兼顾应急交通、供水等应急保障基础设施和医疗、物资储备等应急服务设施的布局，估计需避难人口数量及其分布，合理安排避难场所与应急通道，配置应急保障基础设施，提出规划要求和防灾措施，与城市经济建设相协调，符合各类防灾规划的要求。

　　② 避难场所的选择要求

　　a. 避难场所外围形态应有利于避难人员顺畅进入和向外疏散。

　　b. 中心避难场所宜选择在与城镇外部有可靠交通连接，易于伤员转运、物资运送，并与周边避难场所有安全疏散通道联系的区域。

　　c. 固定避难场所通常可以居住地为主的原则进行布局。

　　d. 紧急避难场所可选择居住小区内的花园、广场、空地和街头绿地等设施。

　　e. 防风避难场所宜选择避难建筑安排应急宿住。

　　f. 洪灾避难场所可根据淹没水深度、人口密度、蓄滞洪机遇等条件，通过经济技术比较选用避洪房屋、安全堤防、安全庄台和避水台等形式。

　　③ 避难场所设置

　　避难场所的设置应满足其责任区范围内受灾人员的避难要求以及城市的应急功能配置要求，分级控制要求设置，见表4.7.2-6所示。

各级避难场所分级控制要求表　　　　　　表 4.7.2-6

项目 级别		有效避难面积 （hm²）	疏散距离 （km）	避难容量 （万人）	责任区服务建设 用地规模（km²）	责任区服务人口 （万人）
中心避难场所		≥20，一般50以上	—	—	—	—
固定避难场所	长期	5.0～20.0	1.5～2.5	1.00～6.40	7.0～15.0	5～20
	中期	1.0～5.0	1.0～1.5	0.20～2.00	1.0～7.0	3.0～10.0
	短期	0.2～1.0	0.5～1.0	0.04～0.50	0.8～2.0	0.2～3.0
紧急避难场所		不限	0.5	根据城镇规划建设情况确定		

　　注：1. 表中各指标的适用是以满足需避难人员的避难要求及城镇的应急功能配置要求为前提。
　　　　2. 表中给出范围值的项，后面数值为上限，不宜超过；前面数值为建议值，可根据实际情况调整。

　　④ 避难场所设置其他要求

　　a. 紧急和固定避难场所的避难责任区范围应根据其避难容量确定，其疏散距离和责任区服务用地及人口规模宜按表4.7.2-6控制；承担固定避难任务的中心避难场所应满足长期固定避难场所的要求。

　　b. 城市应急医疗卫生和物资储备分发等功能服务范围，宜按建设用地规模20.0～50.0km²，人口20万～50万人控制。

c. 中长期固定避难场所总容量和分布宜满足预定抗灾设防标准下的中长期避难需求。

d. 避难人员人均有效避难面积可按不低于表4.7.2-7规定的数值乘以表4.7.2-8规定的人员规模修正系数核算。

不同避难期人均有效避难面积表　　　　　　　　　　　　　　表4.7.2-7

避难期	紧急	临时	短期	中期	长期
人均有效避难面积(m²/人)	0.5	1.0*	2.0*	3.0	4.5

注：*对于位于建成区人口密集地区的避难场所可适当降低，但按表4.7.2-6修正后应不低于临时0.8m²/人、短期1.5m²/人。

人均有效避难面积修正系数表　　　　　　　　　　　　　　　表4.7.2-8

避难单元内人员集聚规模(人)	1000	5000	8000	16000	32000
修正系数	0.9	0.95	1.0	1.05	1.1

⑤ 需医疗救治人员的有效使用面积紧急疏散期应不低于$15m^2$/床，固定疏散期应不低于$25m^2$/床。考虑简单应急治疗时，紧急疏散期不宜低于$7.5m^2$/床，固定疏散期不宜低于$15m^2$/床。

按照服务范围的大小，避难场所中通常可能存在四种级别的应急设施：服务于市区（县）级应急功能或人员的；服务于责任区范围应急功能或人员的；仅服务于场所内部应急功能或人员的；仅服务于场所避难单元内部应急功能或人员的。可分别称为城市级、责任区级和场所级、避难单元级。避难场所配置应急指挥、医疗和物资储备区时，其服务范围通常是城镇级的。避难场所的应急物资储备分发、医疗卫生服务通常是责任区级的。

确定避难场所配置规模与其最长开放时间关系密切，而不同灾种的各应急阶段的时间长短应各有其固有规律。城市通常需避难应对的地震、洪灾、火灾、地质灾害、气象灾害等最长开放时间，见表4.7.2-9所示。

常见灾害的应对时间表　　　　　　　　　　　　　　　　　　表4.7.2-9

应急避难阶段 灾害种类	灾前有效疏散期，灾后应急防护处置期 紧急避难	紧急救灾期 临时避难	应急评估处置期 短期避难	应急恢复期 中期避难	应急安置期 长期避难	恢复重建期 长期安置
地震	1d	3d	15d	30d	100d	>100d
风灾	1d	2d	3d	7d	15d	*
洪灾	1d	3d	7d	15d	30d	*
火灾	0.5h	1h	5h	1d	3d	*
可能采用避难场所	紧急避难场所	紧急、固定避难场所	固定避难场所	固定/中心避难场所	固定/中心避难场所	中心/安置型场所

"*"表示根据灾害影响情况确定，对于特大地震可能达到3~5年甚至10年以上，"d"表示天，"h"表示小时。

3）应急医疗与物资保障设施

① 应急医疗卫生建筑工程

城市应急医疗卫生建筑工程应根据城市应急医疗卫生需求及其在应急保障中的地位和作用确定交通、供水等应急保障基础设施，并应符合下列规定：

a. 具有相关Ⅰ级应急功能保障医院的服务人口规模宜为30万～50万人。

b. 具有Ⅱ级应急功能保障医院的服务人口规模宜为10万～20万人。

c. 行动困难、需要卧床的伤病人员应急医疗保障规模不宜低于评价区域城镇常住人口的2%。

d. 城市可根据预定抗灾设防标准所确定的受伤规模，结合中心避难场所和长期避难场所集中设置应急医疗卫生区和重伤治疗区。

e. 应急医疗卫生场所布局和规模应满足灾时卫生防疫的要求，对避难场所及人员密集城区应规划安排灾时卫生防疫临时场地。

② 救灾物资储备库

县（市）级以上救灾物资储备库按不低于保障较大规模灾害下需救助人口的应急需求进行配置，应急物资储备分发用地规模应不低于保障本地区预定抗灾设防标准对应的灾害影响情况下需救助人口的应急需求。

城市救灾物资储备库的储备物资规模应满足辐射区域内突发灾害救助应急预案中三级应急响应启动条件规定的紧急转移安置人口规模的需求，各类救灾物资储备库的建设规模应符合表4.7.2-10的规定。

救灾物资储备库规模分类表　　　　　　　　　　表4.7.2-10

规　模　分　类		紧急转移安置人口数（万人）	总建筑面积（m²）
中央级（区域性）	大	72～86	21800～25700
	中	54～65	16700～19800
	小	36～43	11500～13500
省级		12～20	5000～7800
市级		4～6	2900～4100
县级		0.5～0.7	630～800

城市中应急物资保障系统包括了物资储备库和灾时应急物资储备区。核算应急物资储备用地规模时，包括物资储备库和各类场所内的应急物资储备区用地之和。物资储备是大区域层面的问题，储备规模除了需配合救助规模外，还要与储备物资的日常流通有关系，也与周边城镇的物资储备规模有关。按照目前我国物资储备库的建设要求，按照较大规模灾害的救助人口规模规定城市级物资储备要求，可根据各灾害应急预案来确定。例如对于地震，较大规模灾害大体相当于中震水平灾害。

在确定城市应急物资保障系统时，需统筹考虑应急物资的储备和分发方式，根据城镇应急体系中有关救灾、饮食、医疗等不同类别应急物资储备设施、储备与调拨方式、储备品种与数量等要求综合确定。

4) 应急服务设施的抗震要求

① 承担特别重要医疗任务、具有Ⅰ级应急功能保障医院的门诊、医技、住院用房，抗震设防类别应划为特殊设防类；具有Ⅱ级应急功能保障医院的门诊、医技、住院用房，承担外科手术或急诊手术的医疗用房，抗震设防类别应不低于重点设防类。

② 国家级救灾物资储备库应划为特殊设防类，省、市、县级救灾物资储备库抗震设防类别应不低于重点设防类。

③ 避难建筑的抗震设防类别应不低于重点设防类。

5）特殊场所应急服务设施

以下防灾特殊场所宜设置直升机起降和停机设施：

① 具有Ⅰ级应急功能保障医院、应急医疗区。

② 县（市）级以上救灾物资储备库。

③ 中心避难场所和长期固定避难场所。

4.7.3 防灾保障体系统筹

4.7.3.1 次生灾害预防与生命线系统保障

（1）次生灾害预防

次生灾害预防包括以下内容：

1）按照有关规程、规定和规范的要求，合理布局危险品库区，合理设计危险品库区的各单位工程。

2）制定各类危险品的储运规定，严禁野蛮装卸与违章储运。

3）确立救灾组织体系，制定各项管理制度，定岗定编，按级按区把责任落实到人，实施危险品库区安全管理奖罚制度。

4）认真维护保养储运容器、管道、设备、仪表等设备设施，保持各类设备设施与环境的整洁，确保危险品存储、运输与使用的安全。

5）危险品库区内合理配置各类消防器材与设施，设专职或兼职消防人员，消防器材与设施必须保持良好状态。

6）普及危险品防灾知识，组织防灾训练，开展危险品灾害及其防灾的研究。

7）确定灾害发生后灾情信息收集、联络与通信手段和向受灾者传递信息的措施。

8）制定灾后紧急救援、救急、医疗与灭火预案以及防止灾害扩大的措施和危险品大量溢流的应急对策。

9）制定防止灾害扩大的交通限制和紧急运输的交通保障。

10）分析预测可能发生的火灾、爆炸、溢毒、环境或放射性污染、疫病蔓延等的破坏程度，制定相应的综合减灾规划。

（2）生命线系统保障

城市生命线系统包括交通、能源、通信、给水排水等主要基础设施，它们均有自身规划布局原则，但由于它们与城镇防灾关系密切，应特别强调其防灾要求，使之具有比普通建（构）筑物要高的防灾能力。

1）设施高标准设防

一般情况下，城镇生命线系统都应符合本地区抗震设防烈度提高一度的要求；高速公路和一级公路路基按百年一遇洪水设防，城市重要通信局所，电信枢纽防洪标准为百年一遇，大型火电厂设防标准为百年一遇或超百年一遇。

由上可知，各项规范中关于城市生命线系统设防标准普遍高于一般建筑。城市规划设计也要充分考虑这些设施较高的设防要求，将其布局在较为安全的地带。

2）设施地下化

城市生命线系统地下化被证明是一种行之有效的防灾手段。城市生命线系统地下化之后，可以不受地面火灾和强风影响，减少灾时受损程度，减轻地震作用，并为城市提供部分避灾空间。但是，城镇地下生命线系统也有其自身防灾要求，比较棘手的有防洪、防火问题；另外，由于地下敷设管网与建设设施成本较高，一些城市在短期内难以做到完全地下化，应该预留地下空间。

3）设施节点防灾处理

城市生命线系统的一些节点，如交通线桥梁、隧道、管线接口，都必须进行重点防灾处理。高速公路和一级公路的特大型桥梁防洪标准应达到 300 年一遇；震区预应力混凝土给排水管道应采用柔性接口；燃气、供热设施管道出、入口均应设置阀门，以便在灾情发生时及时切断气源和热源；各种控制室和主要信号室防灾标准又要比一般设施高。

4）设施备用率

要保证城市生命线系统在设施部分损毁时仍保持一定服务能力，就必须保证有充足备用设施在灾害发生后投入系统运作，以维持城市最低需求。这种设施备用率应高于非生命线系统故障备用率，具体备用水平应根据系统情况、城市灾情预测和经济水平来决定。

依据城市生命线系统的现状、存在的主要问题以及可能发生的重要灾害，通过数学模拟计算、历史灾害的总结、防灾减灾的经验教训以及科学研究成果，评价城市生命线的综合抗灾能力，特别是对生命线系统破坏力比较大的地震灾害、空袭、洪涝灾害和火灾等的抗灾能力。

针对存在的主要薄弱环节和防灾减灾工作的需要，制定相应的综合防灾对策。从各生命线的共性出发，可以采取如下综合防灾减灾措施：

1）对现有生命线进行抗灾诊断，未达到抗灾设防标准的设施和构筑物实施技术改造、加固或更新。

2）制定快捷、有效的灾害应急对策、灾后恢复与重建的合理方案，防止次生灾害发生。

3）建立生命线系统灾害监控系统、物流监视系统、断路系统或物流控制系统、警报系统，对生命线系统实施自动化、网络化管理。

4）开展防灾减灾宣传教育，提高防灾减灾意识，积累防灾减灾的实践经验。

5）有目的地进行各种灾害及其防灾减灾方法的研究，提高灾害管理与防治的科学化、现代化水平。积极采用抗灾型的设施、设备与部件，地下管路与接头宜用强度高、变形吸收能力好的材料与结构；重视生命线系统场地条件的选取与改良。

6）建立基于 GIS 或 3S 的城市生命线综合防灾系统，灾后快捷、准确地收集、传递灾情与抗灾信息，确保综合防灾指挥机构与各级防灾领导机关、生命线系统相关机构的通信畅通，及时、有效地实施决策与指挥。

7）成立生命线抢险抢修队伍，配备必需的交通工具、设备、仪表和防护设施，备足易损设备的部件。

8）适当提高城市生命线系统的功能冗余度，通过完善、控制系统网络的形态，安全、实时地进行紧急对应与恢复作业，例如：管路与线路的多重化、多线路化、系统之间连接等，利用城市供电源点以及给排水、供电、供气、供热、交通与通信的迂回线路，确保系统网络的连接性；建立设备的备用系统，灾后形成相互支援体制，或使生命线系统供给源复数化、多样化，各供给源形成相互替代功能。

9）服务机能的补充与备用，采用生命线系统的或非生命线系统的服务手段，对受灾地区进行临时的替代服务，例如：用给水车等灾后为居民临时供水，用移动电源车临时供电等；建立具有外部机能的辅助系统，例如：备用发电机、干电池和无线电设备等；在生命线网络上安装断路装置，实现网络微区划，缩小机能障碍区域。

10）优化恢复过程，依据灾种和受灾程度制定生命线系统的恢复顺序，优先恢复生命线之间相互影响度大的系统、重要机构和设施、受灾轻的地域或地段、对恢复起关键性作用的设施；利用最大梯度法、动态规划法、遗传算法等数学手段优化灾后恢复过程。

制定城镇生命线系统综合防灾规划必须注意不同生命线系统的不同特点、功能和设施的差异，分别制定各自的防灾减灾规划。

4.7.3.2　综合防灾对策与措施

（1）综合防灾对策

城市综合防灾包括对灾害的监测、预报、防护、抗御、救援和灾后的恢复重建等内容，并注重各灾种防灾系统的彼此协调、统一指挥、协同作用，强调防灾整体性和防灾措施综合利用。同时，城市综合防灾还应注重城市防灾设施建设和使用同城市开发建设有机结合，形成规划-投资-建设-维护-运营-再投资的良性循环机制。具体而言，综合防灾包括以下对策：

1）加强区域减灾和区域防灾协作

城市防灾减灾是区域防灾减灾的重要组成部分，尤其是对洪灾和震灾等影响范围大的自然灾害而言，防灾工作的区域协作十分重要。

我国已在大量的研究和实践的基础上，对某些灾害作了相应的大区划，并成立了一些灾种固定或临时的管理协调机构。城市防灾减灾应在国家灾害大区划的背景下进行，根据国家灾害大区划确定设防标准，以因灾设施，因地减灾。同时，城市防灾应服从区域和所辖城市防灾机构指挥、协调与管理，服从区域整体防灾。1991年我国太湖水系发生特大洪水期间，经过区域协调，采取了一系列分洪、顺洪和泄洪的措施，牺牲了一些局部利益，但有效地降低了太湖的高水位，缩短了洪水持续时间，保障了沿湖大多数大中城市的安全，区域整体防灾取得了良好的效果。

此外，城市防灾还应根据城市及其防灾特点，重视与周边城市防灾联手，配置共用防灾设施，重视城镇群联合防灾。

2）合理选择与调整城市建设用地

城市总体规划通常通过城市建设用地适用性评价来确定未来用地发展方向和进行现状用地布局调整。城市的地形、地貌、地质、水文等条件往往决定了城市地区未来可能遭受的灾害及影响程度。因此，城市用地布局规划时，特别是重大工程选址时应尽量避开灾害易发地区或灾害敏感区，并留出空地。

另外，城市灾害区划工作是对城市用地灾害与灾度的全面分析评估，它为制定城市总体防灾对策、确定城市各分区设防标准提供了充分依据，可以节省并合理分配防灾投资。

3）优化城市生命线系统防灾性能

从城市生命线体系构成、设施布局、结构方式、组织管理等方面提高城市生命线系统防灾能力和抗灾功能，是城市防灾的重要环节。

一方面，保证城市生命线系统自身安全十分重要。道路、电力、燃气、通信、给水等生命线系统在火灾（尤其是地震）时极易受到破坏，并发生次生灾害。1906年旧金山地震，因煤气主管震裂，75％的市区被大火焚毁。1989年10月发生的美国加州地震和1995年1月发生的日本阪神大地震中，都出现了城市高架路被震倒而造成城市干道交通瘫痪的现象。

另一方面，城市防灾对生命线系统依赖性极强。如城市消防主要依靠城市给水系统，灾时与外界联系和抗灾救灾指挥组织主要依靠城市通信系统，城市交通必须在灾时保证救灾、抗灾和疏散通道畅通，应急电力系统要保证城市重要设施电力供应等。这些生命线系统一旦遭受破坏，不仅使城市生活和生产能力陷于瘫痪，而且也使城市失去抵抗能力。所以，城市生命线系统破坏本身就是灾难性的。优化城市生命线系统防灾性能尤为重要。日本阪神大地震时，由于神户交通、通信设施受损，致使来自20km外的大阪援助不能及时到达。

4）强化城市防灾设施建设与运营管理

城市防灾设施是城市综合防灾体系中主要的硬件部分。除城市生命线系统以外，城市堤坝、排洪沟渠、消防设施、人防设施、地震监测报告网以及各种应急设施等，都属于城市防灾设施。这些设施一般专为防灾设置，直接面对城市灾害，担负着城市灾前预报、灾时抗救的重要任务。城市防灾设施标准和建设施工程水平直接关系到城市总体防灾的能力。

提高城市防灾设施使用效益，也是当前防灾工作的关键。城市防灾设施一般都是针对单个灾种设置的，如堤坝是为防洪而建，消防站是为防火而建。各种设施分属不同防灾部门，在建设、使用和维护、管理、运营上高度专门化，设施使用频率较低，防护面较差。同时，现有防灾设施布局和功能也很难适应城镇灾害多样化、网络化、群发性特点。建设城市综合防灾体系，有利于防灾设施的综合利用：一方面，防灾设施建设布局要充分考虑城市灾害特点，尤其是针对灾害链特点，综合布局防灾设施，并在其管理指挥机构之间保持畅通联系，协调渠道，以在对付连发性与群发性灾害时形成防灾设施联动机制；另一方面，防灾设施使用平灾结合也十分重要。近年来，我国城市地下人防设施综合利用已得到推广普及，产生了较好的社会效益和经济效益。一些省、市开始实施"110"报警电话，由单纯报警发展成为社会救助提供综合服务网络，为城镇防灾设施综合利用提供了好的思路。也就是说：城市防灾设施也应融入整个城市社会服务体系，服务社会，并从社会服务中获得建设、维护、管理所需的部分经费，走上良性循环、自我发展的路子。

5）建立城市综合防灾指挥组织系统

城市防灾涉及部门很多，包括了城镇灾害的测、报、防、抗、救、援以及规划与实施诸项工作。由于许多部门在防灾责任、权利方面，既有交叉，又存在盲区，缺乏综合协调城市建设与防灾、城市防灾科学研究与成果综合利用关系的能力，使政府防灾职能难以发挥。

在城市防灾工作中，灾前预防预报工作、灾时抗救工作和灾后恢复重建工作同样重要。在单项灾害管理的基础上，建立从中央到地方、条块结合、由常设综合性防灾指挥机构进行组织协调和统筹指挥机制，将有效地提高城市总体防灾能力。

6）健全、完善城市综合救护系统

城市急救中心、救护中心、血库、防疫站和各类医院是城镇综合救护系统的重要组成部分，具有灾时急救、灾后防疫等重要功能。城市规划必须合理布置这些救护设施，要避免将这些设施布置在地质不稳定地区、洪水淹没区、易燃易爆设施与化学工业及危险品仓储区附近，以保证救护设施的合理分布与最佳服务范围及其自身安全；同时，还要加强对这些设施平时救护能力和自身防灾能力的监测，尤其要维护与加强这些设施灾时急救能力，并从人员、设备、体制上给予保证。

7）提高全社会城市灾害承受能力

面对城市灾害的正确态度应该是：一不要怕，二要研究，三要预防，要树立防灾、抗灾、救灾相结合的长期战略思想，增强全民灾害意识，坚持经济建设与防灾规划同步进行，把全社会城市灾害承受能力建立在科学基础之上，具体而言：

① 树立灾害与人类共存的历史唯物主义观点，摒弃侥幸心理，增强全社会防灾、抗灾观念，是树立长期防灾战略思想的根本。要把经济建设与防灾规划结合起来，统筹兼顾，全盘考虑，防止盲目追求发展速度、忽视可能存在的灾害威胁现象；要把城市灾害对策研究放到战略高度来抓，坚持生产与救灾、防灾与救灾、救灾与扶贫、救灾与保险相结合，真正使城市防灾救灾工作既有思想准备、又有社会保证。

② 开展城市灾害规律研究，提高对城市灾害产生与发展过程的认识，建立城市灾害信息系统和城市防灾救灾决策体系，加强有关职能部门、城市之间灾害信息交流与管理，开展重大灾害对比研究，建立相应数据库，使城市防灾学研究真正具有预警作用。

③ 增强全民防灾减灾意识，提高全民安全文化素质，不断调整全社会行为规范，消除城市化过程中派生的各种弊端，减少天灾人祸相互叠加的可能性。具体措施有：加强相关知识教育，包括对城市资源、环境和灾情的介绍；通过各种手段，对居民和学生进行灾害防护救援基本知识培训；对广大干部进行减灾管理知识培训与考核；帮助居民转变"等、靠、要"的观念，树立"自力更生、艰苦奋斗、奋发图强、建设家园"的精神，努力提高全社会防灾减灾综合能力；借鉴国外经验，让市民免费体验灾害，通过模拟演习掌握防灾知识。

④ 制定针对城市不同灾种的应急救援行动预案，一旦发生重大突发性灾害，即按照预案有条不紊的开展防、抗、救，以保持社会秩序稳定，将灾害损失和不利影响控制在尽可能低的水平；同时，组织城市不同群体参加不同灾种应急救援演习，提高居民防灾意识和应变能力。

8）强化城市综合防灾立法体系建设

加强法制建设、健全防灾减灾法则是一项迫在眉睫的工作，目前，我国已颁布了不少有关减少和制止人们不当行为作用于自然环境的法律和法规，取得了明显效果，但尚无一个有关综合防灾减灾的法律。大部分人还未对城市灾害管理引起高度重视，所以应以立法手段来确立城市防灾在城市经济社会发展中的地位与作用，明确政府、企事业单位在防灾减灾中的责任与义务，并加强居民法制教育，特别是各级领导干部更要重视法规的学习，提高以法制灾、以法保城意识，主管部门要做到"有法可依、有法必依、执法必严、违法必究"，维护法律严肃性。因此，各级人大和职能部门要加强城市防灾法规制订工作，把城镇防灾纳入法制轨道，保护居民生命财产安全，促进城市经济社会可持续发展。

9）大力发展灾害保险业务

城市防灾减灾工作离不开保险事业。首先，国家要建立政策性保险公司，同时对商业性保险公司愿意经营城市灾害保险业务的采取自愿政策；其次，根据我国的财力情况，可采取联名共保办法，共同发展灾害保险；此外，国家应从整体经济利益出发，在财政上优先照顾灾害保险发展，并在税收、政策上扶持灾害保险业务发展，推动城市防灾走向社会化，将减灾纳入各行各业行政计划，把减灾责任分解、落实到各单位和个人。

10）重视城市防灾科学研究

城市综合防灾减灾是城镇实现可持续发展的重要方面；要作好这一工作，必须充分依靠科学技术，不断提高城市防灾减灾科技水平。城市既然是国家防灾减灾的重点，在科研上就应加大投入，全面开展灾情调查，加强城镇灾害评估工作。利用先进科学技术推动城市防灾系统工程，大力开展城市综合防灾体系理论研究和城市各类灾害防治措施研究，重点开展建筑工程结构抗震、隔震、减震、消防技术研究，并注重高层建筑防火技术研究。此外，还要注意借鉴国外城市防灾减灾先进技术，研究城市灾害综合管理系统。

（2）综合防灾措施

城市综合防灾措施可以分为以下两种：一种是政策性措施，另一种是工程性措施；二者相互依赖，相辅相成。政策性措施又称为"软措施"，而工程性措施可称为"硬措施"；只有从政策制定和工程设施建设两方面入手，"软硬兼施、双管齐下"，才能搞好城市综合防灾工作。

1）城市政策性防灾措施

城市政策性防灾措施建立在国家和区域防灾政策基础之上，它包括以下两方面内容：

① 城市总体规划及城镇内务部门发展计划是政策性防灾措施的主要内容。城市总体规划通过对城市用地适建性评价来确定城市用地发展方向，实现避灾目的。城市总体规划中有关消防、人防、抗震、防洪等防灾工程规划，更是城市防灾建设的主要依据，并对城市防灾工作有直接指导作用。除城镇总体规划以外，城镇各部门发展计划也直接或间接地与城市防灾工作相关联，尤其是市政部门基础设施规划与城市防灾有着非常紧密的联系。

② 法律、法规、标准和规范的建立与完善也是政策性防灾措施的重要内容。近年来，我国相继制订并完善了《城乡规划法》、《人民防空法》、《消防法》、《防洪法》、《防震减灾法》、《减灾法》等一系列法律，各地、各部门也根据各自情况编制并出版了一系列关于抗震、消防、防洪、人防、交通管理、基础设施建设等多方面的法规和标准、规范，对指导城镇防灾工作起到了重要作用。

2）城市工程性防灾措施

城市的工程性防灾措施是在城市防灾政策指导下进行的一系列防灾设施与机构建设工作，也包括对各项与防灾工作有关设施所采取的防护工程措施。城市防洪堤、排洪泵站、消防站、防空洞、医疗急救中心、物资储备库和气象站、地震局、海洋局等带有测报功能机构的建设，以及建筑各种抗震加固处理、管道柔性接口等处理方法等，都属于工程性防灾措施范畴。

政策性防灾措施只有通过工程性防灾措施才能真正起到作用。但我国许多城市都存在着有法不依、有规不循的情况，致使城市防灾能力十分薄弱。

3）城市技术性防灾措施

① 成灾模式分析与综合防灾数学模型开发。搜集城镇及其邻区古今地震、岩溶和采空区塌陷资料，掌握城市成灾规律，研究其成因机制。以总体规划为龙头，建立综合成灾

预测数学模型。

② 城市发展和灾害损失评估方法。建立灾害损失评价数学模型，并针对城市的具体情况做实际分析。

③ 地理信息系统（GIS）在城镇综合防灾工作中的应用。地理信息系统的发展为其在防灾减灾中的应用既提供了良好的机遇，又带来了新的挑战，是提高防灾减灾技术水平和灾害管理工作的关键。

④ 人工神经网络评价模型的建立和综合灾害效应评价。灾害效应受多种因素控制且这种关系不能简单的用线性关系或用权重系数来表示，故建立合适的多元非线性模型，是准确评价灾害危险性的关键。应用人工神经网络方法建立灾害危险性预测模型，依据灾害调查资料，建立灾害危险性评价模型实例，分析计算结果，是解决问题的关键。

4.7.3.3　综合防灾管理

综合防灾管理详见 7.1 综合防灾管理的 7.1.1～7.1.3 内容。

思考题：

1. 试述城市与以特大城市、大城市为中心的城市带城市群区域工程系统统筹的共同点与不同侧重点及不同要求。

2. 试述不同专项工程系统设施统筹的不同规划要素与方法。

3. 区域能源统筹规划及分布式能源应用有何特点与要求，在实际应用中如何与专业规划结合并协调？

5 跨镇小城镇密集地区的区域性工程 系统设施统筹及案例分析

提要： 本章是第4章相关章节内容和案例分析的补充，重点突出跨镇城镇区域性工程系统设施统筹配置的要求。上述配置要求及案例分析基于国家科技攻关计划课题成果和教学研究成果，两者有机结合，使知识点掌握与实际应用技能训练更好融合。

5.1 跨镇小城镇密集地区的区域性工程系统设施统筹配置要求——以相关统筹规划导则为例

5.1.1 总则

5.1.1.1 适用范围：跨镇城镇密集区域工程系统设施统筹，包括区域性公路、给水、排水、供热、燃气、电力、通信工程系统设施统筹规划与共享配置。

5.1.1.2 跨镇城镇密集区域指市、县域或跨市、县域范围的密集分布的城镇区域，也包括近郊紧临城市型小城镇跨镇城镇区域。

5.1.1.3 跨镇城镇密集区域工程系统设施应以区域城镇体系规划为依据，结合依据相关区域规划、流域规划，统筹规划综合安排。

条文重点说明：

5.1.1.4 跨镇城镇密集区域工程系统设施主要在相关区域城镇体系规划中统筹规划，同时上述统筹规划也往往涉及相关区域规划和流域规划。

5.1.2 跨镇城镇区域性公路设施统筹配置

5.1.2.1 跨镇城镇区域性客、货运公路与过境公路

5.1.2.1-1 跨镇城镇区域性公路是以小城镇为主的城镇区域范围内涉及的公路。应包括市、县域范围小城镇与城市之间、小城镇与小城镇之间、小城镇与乡之间客运、货运公路；也包括跨市、县行政范围的城镇区域范围小城镇与城市之间的客运、货运公路；以及上述区域范围的小城镇过境公路。

5.1.2.1-2 跨镇城镇区域涉及的公路按其在公路网中地位分干线公路和支线公路。其中干线公路分国道、省道、县道和乡道；按技术等级划分可分为高速公路、一级公路、二级公路、三级公路和四级公路。

5.1.2.1-3 跨镇城镇区域性客运、货运道路应能满足跨镇城镇区域性客运、货运交通的要求，以及救灾和环境保护的要求，并与跨镇城镇区域性客运、货运流向相结合。

5.1.2.1-4 小城镇过境公路应遵循下列原则：

1) 小城镇过境公路应与镇区道路分开，过境道路不得穿越镇区。

2）小城镇过境道路路由选择应结合小城镇远期规划，在小城镇镇区之外，规划区边缘布置。

3）对原穿越镇区的过境道路段应采取合理手段改变穿越段道路的性质与功能，在改变之前应按镇区道路的要求控制两侧用地布局。

5.1.2.2　小城镇区域性共享公共运输站场

5.1.2.2-1　小城镇应设置专用的公路汽车客运站，县城镇和中心镇应设长途客运站1～2个，其中1个为中心站。镇区人口5万以上至少应有1个4级或4级以上长途客运站；一般镇宜设1个长途客运站，并宜结合公交站设置。

5.1.2.2-2　小城镇应按不同类型、不同性质规模的货运要求，设置综合性汽车货运站场或物流中心，以及其他经过车辆的集中经营场所。

5.1.2.2-3　小城镇区域性公路汽车客运站、汽车货运站场等公共运输站场预留用地面积，按相关规范规定。

5.1.2.2-4　小城镇过境、跨镇外来机动车公共停车场，应设置在过境道路和镇区出入口道路附近，主要停放货运车辆，同时配套相应的服务设施。

条文重点说明：

5.1.2.1　跨镇城镇区域性客、货运公路与过境公路

5.1.2.1-4　提出小城镇过境交通应遵循的主要原则。

我国许多小城镇一开始往往依靠公路，并沿着公路两边逐渐发展的。常常是公路和城镇道路不分设，它既是城镇的对外公路，又是城镇的主要道路，两侧布置有大量的商业服务设施，行人密集，车辆来往频繁，相互干扰很大。由于过境交通穿越，分隔城镇生活居住区，不利于交通安全，也影响居民生活安宁。因此，在处理小城镇过境道路时，最基本的原则就是要使过境道路与城镇道路分开，过境道路不得穿越镇区；如已穿越，则应对穿越镇区段过境道路进行合理改造，并从新规划建设过境道路。

5.1.2.2　小城镇区域性共享公共运输站场

5.1.2.2-1～5.1.2.2-3　在各类有代表性的小城镇调查分析基础上，参照交通运输部的相关规定，提出小城镇公路汽车客运站、汽车货运站站场设置及其用地一般规定。

5.1.2.2-4　根据小城镇的特点及其调查分析，提出小城镇过境与外来机动车公交停车场的设置相关要求，以及镇内机动车停车位分布要求。镇中心区的停车需求高于镇的其他地区，且以客车为主，有50%～60%的机动车停车位，应基本满足镇中心区的停车需要。

5.1.3　跨镇城镇区域性给水工程系统设施统筹配置

5.1.3.1　区域给水系统、水源保护地与水资源供需平衡

5.1.3.1-1　跨镇城镇区域给水系统统筹规划应依据区域城镇体系规划或区域规划以及河流流域规划，并与跨镇城镇区域排水系统统筹规划等相关专业规划相协调。

5.1.3.1-2　跨镇城镇区域给水系统供水范围的水资源和用水量之间应保持平衡，当区域城镇用同一水源时或水源在规划区域以外，应进行区域或流域范围的水资源供需平衡分析。

5.1.3.1-3　选择跨镇城镇区域性给水水源，应以跨镇城镇区域水资源勘察或分析研

究报告和跨镇城镇区域供水水源开发利用规划及区域、流域水资源规划为依据，同时应满足跨镇城镇区域用水量和水质等方面的要求。

5.1.3.1-4　涉及流域的水资源和近郊紧临城市型跨镇城镇区域供水水源地应依据相关区域规划和城市总体规划在相关区域规划范围中和统筹规划和协调共享配置。

5.1.3.1-5　涉及城市远郊、密集分布型跨镇城镇区域供水水源地应在市域城镇体系给水系统规划中统筹规划和协调共享配置，当城镇群区域涉及跨行政区域时，其共享水源地应在跨行政区域的相关城镇区域规划中确定。

5.1.3.1-6　跨镇城镇区域水源选择的其他要求同城镇水源选择有关标准要求。

5.1.3.1-7　跨镇城镇区域水源保护应符合有关标准规定。

5.1.3.2　区域性水厂设置

5.1.3.2-1　跨镇城镇区域性的水厂设置应以区域城镇体系规划或区域规划为依据，统筹规划、优化配置、联建共享。

5.1.3.2-2　涉及城市规划区近郊紧临型跨镇城镇区域性水厂应依据城市总体规划，在相关城市区域规划范围中统筹规划和协调共享配置。

5.1.3.2-3　涉及城市远郊、城镇密集分布型跨镇城镇区域性水厂设置应在市域城镇体系规划中或城镇密集区域、核心区域的区域规划中统筹规划，协调共享配置。

5.1.3.2-4　10 万 m^3/d 左右供水规模跨镇城镇区域性水厂，一般宜在县（市）域或市域城镇体系规划中统筹规划确定。

5.1.3.3　输水管渠

5.1.3.3-1　跨镇城镇区域性共享输水管渠布置应以区域城镇体系规划或区域规划中的给水系统规划为依据。

5.1.3.3-2　跨镇城镇区域性共享输水管渠应结合相关区域性共享水厂配置和共享输水管渠下一级给水工程，统筹规划与协调优化配置。

条文重点说明：

5.1.3.1　区域给水系统、水源保护地与水资源供需平衡

5.1.3.1-1　提出小城镇区域给水系统统筹规划依据和基本要求。

城镇密集地区跨镇区域给水系统工程规划的水资源、水源地保护与区域规划以及河流流域规划相关。

跨镇城镇区域给水系统规划与跨镇城镇区域排水系统工程规划之间联系紧密。用水量与排水量、水源地与排水受纳体、水厂和污水处理厂厂址选择、给水管道与排水管道管位之间协调十分重要。

5.1.3.1-2　提出跨镇城镇区域给水系统供水范围的水资源和用水量之间平衡及对策。

城镇密集地区或同一流域的城镇往往同一水源共享同一水资源，在相关区域或流域规划中水资源和用水量应在相关区域或流域范围进行水资源和用水量供需平衡分析。

水资源是城镇发展的主要制约因素。对于水资源匮乏地区小城镇，强调限制其发展规模和限制其耗水量大的乡镇企业及农业发展，发展节水农业是很有必要的。

5.1.3.1-3　提出跨镇城镇区域性给水水源选择依据和要求。

跨镇城镇区域性给水系统应进行区域或流域水资源综合规划和专项规划，并与国土规划相协调以满足整个区域或流域的城镇用水供需平衡，同时满足生态环境和人文环境的相

关要求。

5.1.3.1-4、5.1.3.1-5　提出涉及流域的水资源和不同分布形态小城镇跨镇区域供水水源地的统筹规划、协调共享配置的基本要求。

5.1.3.3-1~5.1.3.3-2　跨镇城镇区域性共享输水管渠布置与城镇密集区域共享水厂厂址及共享输水管的下一级给水工程、相关城镇分布有关，其布置应以区域城镇体系规划或区域规划的给水系统规划为依据。

5.1.4　跨镇城镇区域性排水工程系统设施统筹配置

5.1.4.1　区域排水系统、区域排水设施

5.1.4.1-1　跨镇城镇区域排水系统工程规划应依据区域城镇体系规划或跨镇城镇区域规划和河流流域规划，并应与跨镇城镇区域给水、环境保护、道路交通、水系、防洪、规划及其他相关专业规划相协调。

5.1.4.1-2　跨镇城镇区域排水系统主要是区域污水排除系统，区域排水设施主要为共享污水处理厂，污水排出口有其共享的排水管渠。

5.1.4.1-3　跨镇城镇区域污水排除系统应根据跨镇城镇区域城镇群布局，结合竖向规划和道路布局、坡向以及污水受纳体和污水处理厂位置进行流域划分和系统布局。

5.1.4.2　区域性污水处理厂

5.1.4.2-1　城镇密集分布的跨镇城镇区域污水处理厂应统筹规划，联建共享。

5.1.4.2-2　涉及城市规划区近郊紧临型跨镇城镇区域污水处理厂应依据城市总体规划，在相关城市区域规划范围中统筹规划和协调共享配置。

5.1.4.2-3　涉及城市远郊、城镇密集分布型跨镇城镇区域性污水处理厂设置应在市域城镇体系规划中或城镇密集区域、核心区域的区域规划中统筹规划，协调共享配置。

5.1.4.2-4　10 万 m^3/d 处理水量以下规模相邻小城镇共享区域性污水处理厂，一般宜在县（市）域或市域城镇体系规划中统筹规划，协调共享配置。

5.1.4.3　区域性污水排出口排水管渠

5.1.4.3-1　跨镇城镇区域性污水排出口选择和排水管渠布置应以跨镇城镇区域城镇体系规划或区域规划的排水系统规划为依据。

5.1.4.3-2　跨镇城镇区域性共享污水排出口和排水管渠布置应结合相关区域性污水处理厂配置和污水排除设施共享相关的城镇布局，统筹规划与协调优化配置。

条文重点说明：

5.1.4.1　区域排水系统、区域排水设施

5.1.4.1-1　提出跨镇城镇区域排水系统工程规划依据和基本要求。

城镇密集地区跨镇城镇区域排水系统工程规划的排水受纳体、污水处理厂与河流流域规划、区域规划相关；排水工程与给水工程规划之间联系紧密：排水工程规划的污水量、污水处理程度、受纳水体及污水出口应与给水工程规划的用水量、回用再生水的水质、水量和水源地及其卫生防护区相协调。跨镇城镇区域排水工程规划的受纳水体与跨镇城镇区域水系规划、区域防洪规划相关，应与区域规划水系的功能和防洪设计水位相协调。

5.1.4.2-4　根据小城镇及相邻城镇区域相关调查分析，县（市）域或市域一般相邻小城镇共享区域性污水处理厂规模在 10 万 m^3/d 处理水量以下，其共享配置宜在县（市）

域或市域城镇体系规划中统筹规划与协调。

5.1.5 跨镇城镇区域性供热工程系统设施统筹配置

5.1.5.1 区域供热系统、区域供热设施

5.1.5.1-1 城镇密集区供热系统应按其区域统筹规划，并应依据国家能源政策与区域电力规划、环境保护规划相结合。

5.1.5.1-2 跨镇城镇区域供热系统统筹供热区划定，应符合以下原则：

1）按距离热源的远近划分供热区域，减少管材的投资；

2）按城镇热负荷的分布、热用户的种类、热媒的参数划分；

3）考虑城镇空间发展划分；

4）考虑城镇地形、地貌和布局形态划分；

5）考虑旅游、环境保护、能源综合利用等其他相关因素划分。

5.1.5.1-3 跨镇城镇区域性供热设施应主要包括共享的热电厂与热力管网。

5.1.5.2 热电厂

5.1.5.2-1 跨镇城镇区域性热电厂应遵循"经济合理"和"以热定电"的原则，合理选取热化系数，热化系数应小于1。以工业热负荷为主的供热系统，热化系数宜取0.8～0.85；以采暖热负荷为主的供热系统，热化系数宜取0.52～0.63；工业和采暖热负荷兼有的供热系统，热化系数宜取0.65～0.75。同时应发展多种供热负荷，提高热电厂年利用小时数。

5.1.5.2-2 工业热负荷和民用热负荷常年稳定的城镇密集分布区域应统筹建设区域性热电厂。

5.1.5.2-3 长江流域与黄河流域之间采暖期短和有条件的县城镇、中心镇等小城镇区域供热规划可采取三联供模式。

5.1.5.2-4 涉及城市规划区近郊紧临型含镇区域热电厂应依据城市总体规划，在相关城市区域规划范围中，统筹规划和协调共享配置。

5.1.5.2-5 涉及城市远郊、密集分布型跨镇城镇区域性热电厂设置应在城镇密集区域、核心区域统筹规划和协调共享配置。

5.1.5.3 共享区域供热管网

跨镇城镇共享区域性热力管网布置应结合相关区域性热电厂规划选址及共享相关的城镇布局，统筹规划，协调配置。

条文重点说明：

5.1.5.1 区域供热系统、区域供热设施

5.1.5.1-1 提出城镇密集地区供热系统工程规划的相关依据及与相关规划的协调要求。

热力属于能源，城镇密集地区供热系统工程规划依据国家能源政策。

同时，供热系统工程规划涉及电力、燃气等能源规划及环境保护规划的合理布局要求，供热系统规划与电力工程规划、环境保护规划、燃气供应规划、排水规划之间协调同样是完全必要的。

5.1.6　跨镇城镇区域性燃气工程系统设施统筹配置

5.1.6.1　区域性燃气系统、区域性燃气设施

5.1.6.1-1　跨镇城镇区域燃气系统规划应依据区域城镇体系规划或区域规划及国家能源政策，并与区域能源规划、环境保护规划等专项规划相协调。

5.1.6.1-2　跨镇城镇区域性燃气设施应主要为天然气长输高压管道、门站、储气站等。

5.1.6.2　天然气长输管道

5.1.6.2-1　跨镇城镇区域天然气长输管道布置应依据国家西气东输等天然气输送规划、小城镇区域燃气系统规划布局确定。

5.1.6.2-2　跨镇城镇天然气长输管道布置应结合受气端的城镇布局以及门站、储气站的选址要求。

5.1.6.3　门站储气站

5.1.6.3-1　涉及城市规划区近郊紧临型跨镇城镇区域共享天然气系统门站和储气站应依据城市总体规划，在相关城市规划范围中统筹规划和协调共享配置。

5.1.6.3-2　涉及城市远郊、密集分布型跨镇城镇区域性天然气系统门站、储气站设置应在市域城镇体系燃气系统规划中统筹规划，协调共享配置。

5.1.6.3-3　跨镇城镇区域燃气系统规划天然气门站和储配站站址应在城镇区域范围统筹考虑，并应符合以下选择要求：

1）符合城镇区域统筹规则、城镇安全的要求；

2）结合长输管线位置确定；

3）根据输配系统具体情况，储配站与门站可合建；

4）站址应具有适宜的地形、工程地质、供电、给排水和通信等条件；

5）少占农田，节约用地并应与城镇景观等协调；

6）储配站内的储气罐与站外的建、构筑物的防火间距应符合现行国家标准《建筑设计防火规范》GB 50016—2006 的有关规定。

条文重点说明：

5.1.6.1　区域性燃气系统、区域性燃气设施

5.1.6.1-1　提出小城镇区域燃气系统工程规划的相关依据和与相关规划的协调依据。

燃气属于能源，燃气规划应依据国家能源政策。同时，燃气工程涉及能源、环境保护、消防等的全面布局，上述规划之间协调同样是完全必要的。

5.1.7　跨镇城镇区域性电力工程系统设施统筹配置

5.1.7.1　区域电力系统与区域电力设施

5.1.7.1-1　跨镇城镇区域接受区域电力系统电能的区域电力系统一般应是地区行政范围（也含部分跨地区供电范围）的区域电力系统。

5.1.7.1-2　跨镇城镇区域电力系统统筹规划应依据区域城镇体系规划或区域规划及国家能源政策，环保政策，并结合本区域能源资源、能源条件和区域环境保护规划。

5.1.7.1-3　跨镇城镇区域相关的区域电力系统规划应根据其区域电力负荷预测和现

有电源变电所、发电厂的供电能力及供电方案，进行电力电量平衡，测算规划期内电力、电量的余缺，提出规划年限内需增加的区域电源变电所和发电厂的装机容量。

5.1.7.1-4 跨镇城镇区域共享电力设施主要是指跨镇城镇区域接受区域电能的上一级电力系统设施，包括共享的发电厂、220kV以上（含部分110kV）变电站及其高压输送电力线路。

5.1.7.2 共享区域发电厂与区域变电站

5.1.7.2-1 涉及选址在大中城市规划区近郊紧临型小城镇的城镇区域性发电厂，500kV、220kV变电站应依据区域电力规划和城市总体规划，在城市规划区域范围统筹规划和协调共享配置；跨镇城镇区域共享的25万kW以下中、小型电厂、220kV变电站应在县（市）域范围内统筹规划和协调共享配置。

5.1.7.2-2 涉及选址在城市远郊、密集分布型小城镇区域性发电厂、500kV、220kV变电站应在市域城镇体系电力规划中和在含小城镇的城镇密集区域、核心区域电力系统规划中统筹规划和协调共享配置；跨镇城镇区域共享25万kW以下中、小型电厂、220kV变电站应在县（市）域或市域城镇体系规划中统筹规划与协调共享配置。

5.1.7.3 高压输送电力线路

跨镇城镇区域共享的高压输送电力线路应结合跨镇城镇区域共享相关的发电厂、变电站规划，在相关区域范围内统筹规划与协调共享配置。

条文重点说明：

5.1.7.1 区域电力系统与区域电力设施

5.1.7.1-1 提出不同地区小城镇接受区域电力系统电能的区域电力系统划分。

5.1.7.1-2 提出跨镇城镇电力系统规划的依据和基本要求。

5.1.7.1-3 提出跨镇城镇相关区域电力系统规划的电力电量平衡原则要求。

需要指出本条是根据电力电量平衡测算规划期内电力电量余缺，提出规划年内需增加电源变电所和发电厂的装机总容量。

5.1.8 跨镇城镇区域性通信工程系统设施统筹配置

5.1.8.1 区域通信系统、区域通信设施

5.1.8.1-1 跨镇城镇相关区域通信系统应主要以地级市行政范围为主（含直辖市范围）的本地网通信系统。

5.1.8.1-2 跨镇城镇相关区域通信系统规划应依据相关区域城镇体系规划或区域规划。

5.1.8.1-3 跨镇城镇相关区域通信系统设施主要应是共享的本地网长话局、汇接局、骨干传输网线路、中继网线路。

5.1.8.2 共享本地网长话局、汇接局

跨镇城镇相关区域的本地网长话局、汇接局应在城市规划区及其市域范围内统筹规划与协调共享配置。

5.1.8.3 共享骨干传输网、中继网

5.1.8.3-1 涉及大中城市规划区近郊紧临型小城镇相关区域的骨干传输网线路和局间中继网线路应在以中心城区为核心的城镇核心区域、密集区域及相关本地网范围统筹规

划与协调共享配置。

5.1.8.3-2 涉及城市远郊、密集分布型小城镇相关区域骨干传输网线路和局间中继网线路应在大中城市市域城镇体系规划和城镇密集区区域规划中统筹规划与协调共享配置。

5.2 跨镇小城镇密集地区的区域性工程系统设施统筹案例

5.2.1 例1 苏州西部次区域（城镇群）市政设施布局的区域协调与资源共享

本例侧重于说明城镇群基础设施的区域协调和资源共享的统筹规划分析。苏州西部次区域含苏州（西部）新区和16个小城镇，本例分析结合西部次区域发展战略研究的城镇布局，同时省略了专项规划的许多中间环节，在规划条件尚不充分的情况下，分析说明中涉及的一些设施预测与规模的粗略数据，仅借以对协调共享问题的分析说明，不作为规划建设的依据，同时说明涉及的是规划研究范围的城镇，不涉及乡村。

本分析主要依据：

1）江苏省城镇体系规划；

2）苏州市城镇体系规划；

3）苏州市总体规划；

4）苏州新区总体规划；

5）苏州市生产力布局概念规划；

6）苏州西部次区域发展战略研究；

7）调查收集专业部门资料；

8）相关政策、法规与标准。

5.2.1.1 规划原则和区域协调、资源共享的必要性

西部次区域市政设施包括给水、排水、电力、供热、信息化、燃气、防洪、环卫等诸多内容，规划应遵循下列原则：

1）区域协调、统筹规划、联合建设、资源共享的原则；

2）因地制宜、合理布局、节约用地、经济适用的原则；

3）经济效益、社会效益、环境效益统一，可持续发展的原则；

4）规划优化原则；

5）设施之间空间布局的整体性、统筹性和综合性考虑原则。

区域协调、资源共享的必要性：

1）有利于本区域和全市基础设施的空间总体优化，同时便于为不同等级的城镇提供不同的基础设施条件；

2）有利于克服目前存在的各自为政，重复建设，资金、资源浪费，以及规模小、运行成本高、效益低等弊病；

3）有利于生态环境保护和可持续发展；

4）有利于引导城镇空间集聚。

5.2.1.2　布局的区域协调与资源共享

（1）给水

在相关规划的预测基础上，结合苏州西部次区域发展战略研究，采用规划延伸和比较的方法，估测本区域近期用水量为 100～120 万 t/d。

区域供水和水源保护

根据就近区域供水和分质供水，节约用水的原则，对本区域内已有的城镇规划供水规划作合理调整和统筹安排，初步考虑本区域分 3 大片区供水，如表 5.2.1-1。

西部次区域水厂方案

表 5.2.1-1

水厂	供水片区范围	水厂规模（万 t/d）	水源（取水门）
北片区	浒望新城（含通安）	20～50	太湖（白洋湾）
中片区	新区、木渎、太湖组团	65～75	太湖（渔阳山）
南片区	太湖度假区、胥口、西山、东山、越溪	15～20	太湖（寺前港）

表中方案应在相关片区规划和总规中作出论证并优化调整，同时规划中应考虑：

1）各镇区规划一般设配水厂；

2）统筹规划，区域协调，论证片区水厂时宜淡化行政界限；

3）分质供水，在保证水质前提下，对工业用水、景观用水和灌溉用水，采取水网就近供水；

4）严格控制地下水开采；

5）水资源供需平衡在全市和市域范围进行并调整；

6）在加强太湖流域污染治理同时，太湖水源地必须设置一级、二级保护区和准保护区。

（2）排水

本区域远期污水量估测按用水量乘以标准系数，估为 80～95 万 t/d。

1）排水体制

新区、开发区全部采取分流制；

老镇区近中期可采取截流式合流制，中远期过渡到分流制。

2）污水处理

污水处理率低和污水的直接排放是水环境污染的主要根源。苏州城镇和乡村的工业废水和生活废水未经处理直接排放的现象普遍存在，即使已建污水处理厂的城镇，大多数规模小，处理能力不高，不能满足污水达标排放要求，苏州及其西部次区域都有必要加快速度增建、扩建大型污水处理厂，集中处理城市污水。

初步考虑本区域排水分片和污水处理厂方案见表 5.2.1-2。

排水分片和污水处理厂方案

表 5.2.1-2

排水分片	排水片范围	初拟规划建设污水厂（万 t/d）	初选址
北片区	望亭、通安、镇湖、东渚、浒墅关	望亭、浒关、通安 20	近京杭大运河

续表

排水分片	排水片范围	初拟规划建设污水厂(万 t/d)	初选址
中片区	新区、木渎、横塘、太湖组团	新区北 15 新区南 15 木渎、胥口(含度假区)12 太湖组团 20	近京杭大运河 近京杭大运河 近光渎运河 近光浒运河
西南片	藏书、光福、太湖度假区、香口、东山、越溪、西山	东山(含度假材、浦庄、横泾等镇)6~8	近东横运河(注2)

注:1. 表中方案应在相关片区规划和总规中作出论证,并根据地形等条件优化调整。
  2. 西山的处理污水不考虑排入太湖,宜进行较高标准的处理后,排入农田、果园,进行中水回用,防止深层
  土壤污染,并在规划设计阶段对方案进一步作出论证。

(3)电力

苏州南部电网(包括市区、吴江)电源有望亭电厂 1200MW,2005 年装机达 1500MW。

北部电网(常熟、张家港)电源有常熟电厂 1200MW,2005 年、2006 年各投 1 台 600MW 机组,张家港电厂 250MW。

东部电网(太仓、昆山)华能电厂规划远期 4×300MW。

苏州供电局 2000 年预测 2015 年苏州市区最高负荷 236kW,苏州市域最高负荷 912 万 kW,2010 年 220kV 电网正常缺电 393~423 万 kW,规划新建 500kW 苏州西郊变电厂,2015 年 220kV 电网正常缺电 601~631 万 kW,规划扩建 500kV 西郊、吴江、石牌和东坊变电站。

初步估测苏州西部次区域远期 2025 年用电负荷 180~190 万 kW(其中新区 90~100 万 kW),规划本区 220kV 站有阳山、新区、浒关、狮山、金山、度假区、越溪、特钢(用户变)8 个站。

在本片区规划中尚需重点考虑相关规划的协调问题:

1)太湖畔望亭电厂现分别为 2×300MW 燃煤机组和 2×300MW 燃油机组,环境污染严重,考虑沿太湖区域,尤其太湖畔,需重点保护生态环境,减少电厂粉尘和酸雨污染至关重要,建议结合天然气西气东输工程,望亭电厂尽早改为燃天然气机组,同时电厂规划规模不宜再扩大,苏州市缺电及相关电力平衡宜通过国家 2010 年前三峡电厂往华东送电和其他西电东送,由系统增加供电解决。

2)新区 110kV 线路宜考虑电缆与架空结合。

3)原则按苏州市总体规划,预留本区域高压线走廊,同时结合本片区的重点开发地域作必要适当调整。

(4)信息网

统筹规划区域信息传输有线网络与无线网络以及信息交换网络。

1)网络交换平台统筹规划

① 规划预测本区远期主线普及率:

开发区、度假区为 75~80 线/百人;

镇区为 65~70 线/百人。

② 规划局所 7 个,新区规划局所 4 个,木渎、浒望新城、太湖组团各 1 个,其中汇接局 2 个(设在新区),远期局所容量每局在 10～20 万门;规划模块局约 10 个。各镇、风景名胜区、旅游度假区近中期没模块局,远期改设 OLT。

③ 通过汇接局开通直达两个 TS 的中继信道。

④ 全市统筹考虑移动通信规划和移动交换局,西部次区域规划若干基站。

⑤ 全市统筹规划地面卫星站、远期规划收信号与发信区。

⑥ 中心交换局、长途局和交换中心设在中心城区。

⑦ 西部与全市心统一数字城市基础平台和数据库标准,建立完备的、面向政府和公众的公益型数据库体系和面向微观经济活动的商用型数据库体系,形成系统完善的信息收集和发布机制,为政府和公众提供高质量的服务,结合网络互通,拓展信息市场。

⑧ 在全市数字城市规划指导下,协调规划西部数字城市及其与数字城市网络的联结,同时利用现代信息和现代交通技术的引导作用,提升苏州西部城镇空间网络布局的质量。

⑨ 与全市相关信息系统规划相协调,全面推进苏州西部次区域社会各区域的信息化。

2) 信息传输网规划

① 城域骨干传输网

规划连接新区交换局和木渎交换局,组成西部次区域城域骨干传输网。

西部次区域城域骨干传输网与中心城区城域核心传输网相连。

沿西部次区域环城十道及连结其他西部城镇的交通干线,规划 2～3 个西部次区域城域边缘传输网。

西部次区域城域边缘传输网与其城域骨干传输网相连。

② 推动三网融合,并通过建设西部次区域和全市数字化、宽带化、智能化高速信息网络和规划苏州信息网络互联中心,提高西部次区域和市区的信息网络交互能力,逐步实现各类应用网络的互联互通,满足西部次区域现代化建设和社会多层次信息需求。

3) 城镇用户接入网

西部次区域城镇按功能小区(各类工业区、工业小区、居住区、居住小区、商业区、办公区、商住混合区等)规划用户接入网。

其网络系统由代理服务器、中心路由、中心交换机、楼宇集线器组成。

用户接入网与城域干网的联系可采用中国电信、中国联通等的 DNN 专线。

新区、开发区、度假区等用户驻地网原则上采用综合有线系统。

4) 城际干线传输网

城际干线传输网是采用光纤、卫星和微波连接以市或一个长途区号为单位的地域间通信端口构成的高速宽带信息传输链路。

① 在全省规划的以中心城市为依托沿主要城镇聚合轴建设省内信息化高速公路基础上,规划沿环太湖主要交通干线的苏、锡、常、嘉、湖信息高速公路,西部相关道路应预留城际信息通信管孔,以适应和强化苏州及其西部城市次区域环太湖的核心腹地作用。

② 通过苏州信息港与上海、南京、杭州等国际性、国家信息港建设的规划协调,完善区域信息基础设施,并规划苏州与上海间直达高速信息路由,提升苏州及其西部在区域中的整体竞争力。

(5) 供热

新区等热电厂原则上主要考虑工业用汽。根据用汽、用热的规模，以热定电，相关规划宜同时考虑环保等要求，进行优化调整，并建议热电厂采用燃天然气机组。

本地区不属供热区域，生活用热可考虑电和天然气。

（6）天然气

西气东输初定主干线苏州段走向方案为沿沪宁高速公路北侧，由常州市龙虎塘经无锡的东北塘至苏州陆慕镇，并沿高速公路北侧经过市区段之后，管道在阳澄湖服务区前穿越京沪铁路和312国道，末站上海白鹤。

苏州市域内设两个分输点，其一在市区长青，另一个在昆山张浦镇。

规划建两个门站：

一个门站选在本片区浒关新区大新村与长亭材间（靠近312国道处），另一门站在昆山张浦镇。

高压管网规划为其中一路沿本片区新区长江路和本市中心城区北环路、东环路、南环路外侧敷设，管径为DN500的高压天然气环网。

（7）防洪

1）西部次区域防洪标准应在区域防洪规划的基础上，结合本区域城镇总体规划进行编制，并依据所需流域水系防洪标准和城镇规模、性质、经济发展水平、区位及其重要性，确定城镇防洪标准。

2）西部次区域所需水系主要考虑太湖流域水系和京杭大运河水系，同时考虑相关长江流域水系。

3）西部次区域新区（含木渎）、浒关开发区防洪标准为百年一遇，其他城镇防洪标准应不低于太湖流域的防洪标准，近期50年一遇，远期百年一遇。

4）根据流域统一防洪的原则，规划建设防洪设施，采取防洪措施。

（8）环卫

1）从全市规划考虑，在市域内建设一处大型的垃圾综合处理场，采取焚烧与填埋相结合的方式，综合处理城镇生活垃圾。西部次区域城镇应规划垃圾转运站。

2）城镇环卫宜与整治河道、污水处理相结合。

5.2.2 例2 湖州城镇群综合交通规划和给排水分散与集中规划建设方案比较

本例选自中国城市规划设计研究院、湖州市城乡建设委员会、湖州市规划设计院编制的湖州市区城镇群总体规划（1996～2020年）。作为小城镇基础设施区域统筹规划与联建共享案例分析，编者对原相关章节内容作了较大删改，突出城镇群规划区小城镇基础设施的综合统筹规划与联建共享的规划理念与规划方法。

表5.2.2-1为湖州市城镇群综合规划中心城和22个建制镇人口与用地规格一览表。

湖州市城镇群综合规划中心城和22个建制镇人口与用地规模一览表 表5.2.2-1

	城镇人口规模（万人）			用地规模（km²）		
	现状 （1995年）	原规划 （2010年）	本规划期末 （2020年）	现状 （1995年）	原规划 （2010年）	本规划期末 （2020年）
中心城	20	43	55	17.4	49.45	63.15
织里	3.3	6	5.1	1.825	4.8	5.09

续表

	城镇人口规模(万人)			用地规模(km²)		
	现状 (1995 年)	原规划 (2010 年)	本规划期末 (2020 年)	现状 (1995 年)	原规划 (2010 年)	本规划期末 (2020 年)
轧村	0.6	1.5	1.0	0.453	1.55	0.97
漾西	0.2	1.0	0.6	0.2995	1.16	0.598
南浔	4.5	12	10.3	4.167	2.00	10.78
东迁	0.37	1.5	0.7	0.634	1.68	1.36
马腰	0.38	1.2	1.0	0.582	1.34	1.03
练市	2	4	4.8	2.122	4.88	4.87
双林	1.9	4	4.2	2.183	4.86	4.63
镇西	0.3	0.95	0.8	0.438	1.26	0.85
旧馆	0.24	1.08	0.8	0.283	1.19	0.8
菱湖	2.6	7.0	5.3	1.55	6.50	5.22
下昂	0.25	1.2	0.8	0.41	1.19	0.79
重兆	0.32	1.5	0.8	0.63	1.68	1.17
东林	0.35	—	0.8	0.67	—	1.50
锦山	0.3	—	0.8	0.36	—	0.71
埭溪	0.6	2.3	2.00	0.63	3.00	1.99
和孚	0.25	0.83	0.8	0.37	0.55	0.78
长超	0.25	1.2	0.8	0.24	0.75	0.75
石淙	0.25	1.28	0.8	0.36	1.46	0.79
千金	0.41	1.04	0.7	0.405	1.38	0.701
含山	0.3	1.0	0.6	0.25	1.0	0.603
善琏	0.63	1.6	1.0	0.52	1.6	1.01

注：湖州镇随中心城的扩大纳入中心城；八里店镇除保留行政职能外，其他纳入湖东新区统一考虑。东林和锦山镇未做规划。

5.2.2.1 城镇群综合交通规划

（1）规划原则

1）与中心城规划及市域城镇体系规划相协调；

2）适应江南水网地区不断增长的综合交通需要，建立公路、水运、铁路并举的综合运网；

3）规划有弹性，具备应变能力；

4）协调好市区和整个沪宁杭长江三角洲大区域交通的衔接关系，适应铁路、公路、水路不同运网系统要求，使之协调衔接；

5）从市区长远的观点出发，同时满足近期发展需要；

6）城镇群道路和过境路走向要兼顾各城镇的发展方向，出入口分布要均衡；

7）适应城市市政道路系统和公路系统不同要求，使之协调衔接；

8）保护市区内自然生态，减少对自然环境的干扰和破坏。

（2）发展战略

市区城镇群应依托沪宁杭大都市群交通三角走廊，强化区内杭嘉湖干线交通轴，开辟市区内多载体快速集散交通运网，培育区位优越的重点城镇。

市区城镇群综合交通建设重心的发展时序应经历从以高速公路为核心的快速路网建设到以四级骨干航道为轴心的综合航道整治直至大规模的综合运网整治。

1）1996～2000 年，市区城镇群要依托西部的杭宁高速公路，改造现有干线路网，形成初具规模的城镇群主干道系统。

根据干线路网交通量预测分析，市区干线路段的交通量基本上每十年要翻一番。由于市区北临太湖，西靠天目山，开辟新的交通走廊已无自然条件，因而原有交通干线交通压力将会十分巨大。市区历史上是以自然航道来进行交通集散，公路等级低、路网密度明显低于周边县市，特别是过境干线混杂了大量的区内城镇生活交通，运网质量不高。目前市区交通建设的重心是以杭宁高速公路为契机，全面改造 318 国道、104 国道和湖盐公路，建设以主干道为核心的城镇群区内交通，初步形成以机动车为载体、公路运网为主导的交通系统，适度发展航运和铁路。

2）2001～2010 年，市区城镇群交通建设要突出内河航运和港口的集散作用，同时进一步完善和优化主干运网，开辟从市区到乍浦港的铁路。

市区城镇群人口密集，作为沪宁杭长江三角洲重要的组成部分，其城市化进程的建设在这一时段将达到高潮，交通的需求和公路运网的矛盾日趋尖锐。公路建设量过大，会把水乡原已破碎的自然地块分割得更加零乱，造成直接和间接的土地资源浪费，同时桥梁众多使得投资很不经济。面对这种交通压力，城镇群应以大力发展航道运网作为这一期间交通建设的重心。长湖申线和京杭大运河要整治到国家四级和三级航道，作为区内航运轴心，大力拓展浚湖申复线、杭湖锡线等集散航道，形成渠网化的内河航运体系。

3）2010～2020 年，市区城镇群交通建设应以运网全面充实整治、加强枢纽建设和交通管理为核心，形成公路、水运、铁路并举的多载体综合运网系统。

湖州市区城镇群在交通紧张的条件下，只能大力发展综合交通，加强交通管理，限制私人小汽车的无节制出行，同时公路、航道运网要大力开发集装箱规模运输，提高运网质量，形成以实现人和物的快速安全转移为最终目的的多载体综合交通网络。

（3）交通量预测

根据《湖州市"九五"和 2010 年经济发展纲要》以及《浙江省交通建设"九五"规划及 2020 年设想纲要》的精神，规划期间湖州市的工农业生产发展将持续增长，科技进步因素在经济增长中的比重大幅度提高。其中 2000 年前全市国内生产总值年均增长 15%，2000～2010 年平均增长 11%。产业结构以丝绸、纺织、建材、机械、食品等为主。湖州市区交通运输基本格局应为运入的主货种是以煤为主的能源、原材料；运出的主货种是建材及非金属矿石。随着湖州市市区工农业生产和外向型经济发展，以及长江三角洲区际经济交流的扩大，各种工业原料、成品、半成品及生产生活资料的调运量将进一步上升。铁路运输、集装箱运输将明显增长，水运、公路运输稳步增长。

客运量也随着经济发展和私人小汽车逐步普及而大幅度增长，客运服务水平提高，在空间距离和时间距离上大为缩短。表 5.2.2-2～表 5.2.2-4 为市区交通客运量、市区货运量、干道交通量预测。

根据市交通局对近十年国民经济主要指标与运输量相关分析，以及 2020 年内全市经济发展趋势。市规划水平年货运增长率与国民生产总值增长率的弹性系数为 0.5～0.8。

市区交通客运量预测　　　　　　　　　　　　　　　　　　表 5.2.2-2

	1995 年		2000 年		2010 年		2020 年	
	客运量 （万人）	客运周转量 （万人/km）	客运量 （万人）	客运周转量 （万人/km）	客运量 （万人）	客运周转量 （万人/km）	客运量 （万人）	客运周转量 （万人/km）
公路	2325	111948	2860	177500	3857	289500	4900	400600
水运	26	463	20	36	20	400	20	400
铁路	12	1200	19	2850	45	8100	70	1400
合计	2363	113611	2899	180386	3922	298000	4990	415000
年均增长率	—	—	4.20%	9.70%	3.10%	5.10%	2.40%	3.40%

市区货运量预测　　　　　　　　　　　　　　　　　　表 5.2.2-3

	1995 年		2000 年		2010 年		2020 年	
	货运量 （万 t）	货运周转量 （万 t/km）	货运量 （万 t）	货运周转量 （万 t/km）	货运量 （万 t）	货运周转量 （万 t/km）	货运量 （万 t）	货运周转量 （万 t/km）
公路	1045	59737	1400	86800	1800	129000	2300	170000
水运	769	122783	1000	168500	1400	239000	2000	335000
铁路	26	5200	100	24000	400	108000	600	180000
合计	1840	187720	2500	279300	3600	476000	4900	685000
年均增长率	—	—	6.32%	8.20%	3.71%	5.50%	3.13%	3.70%

干道交通量预测（标准车/d）　　　　　　　　　　　　表 5.2.2-4

线路	1995 年	2000 年	2010 年	2020 年
G318 国道	6476	10426	20509	33409
G104 国道	12397	19959	39260	63954
G318,G104 复合段	17812	28677	56408	91889
湖盐省道	4500	7245	14251	23215
鹿唐省道	6524	10504	20661	33656
年增长率		10%	7%	5%

（4）综合交通空间布局

1）对外交通布局

市区城镇群综合交通空间结构有 1 条杭宁通过性交通走廊和 2 条集散性交通走廊（湖申走廊和乍湖走廊）。

这 3 条走廊依托杭宁交通走廊以湖州中心城为支撑点，以南浔和练市为门户，向东形成钳形开放布局，北支湖申走廊包括 318 国道一级汽车专用道和长湖申四级航道，南砟湖走廊包括湖盐一级汽车专用道、乍湖铁路和东部的京杭大运河四级航道。

2）市区城镇群交通网的 5 个出入口

湖州出入口：西北经长兴通往南京、安徽；

南浔出入口：东北通往嘉兴、苏州、上海；

练市出入口：东南通往桐乡、沪杭高速公路、铁路、320 国道、京杭大运河及乍浦港；

菱湖出入门：四通杭宁高速公路的青山出入口，西南经 104 国道联系埭溪，通往德清、杭州；

新市出入口：新市镇位于德清县境内，紧临湖州市区东南，是湖州市区交通经含山向南的出入口，通往德清、杭州及沪杭 320 国道。

3）规划交通线路走向

① 市区杭宁高速公路走向：路线自德清县进入市区境内依次沿山经过赵家桥、南村，在东风桥下游跨埭溪港，与 104 国道平行至解桥山，在青山乡附近与 104 国道互通立交。路线至新桥头后，沿东苕溪至塘西山脚，跨三世河至施家桥，并跨 104 国道、经湖州蚕种场至鹿山。在鹿山与 104 国道设互通式立交。跨大港桥、经杨家庄，再跨龙溪港、庞儿港，至三天门。在三天门与 104 国道和 318 国道互通式立交，至界牌岭进入长兴县境内。

② 规划 318 国道线段走向：由湖州北环线向东经戴山乡南侧、织里镇北侧、轧村镇北侧，转向东南由东迁镇北部进入南浔镇并交于原 318 国道，自南浔省界进入江苏省。

③ 湖盐公路走向：自北环线向南经八里店东侧跨越长湖申航道，沿长超山北侧向东经重兆、镇西镇北侧，在镇西镇东侧向南跨越湖申复线，转而向东南自双林镇南侧经莫蓉乡跨京杭大运河到练市镇，平行于乍湖铁路进入嘉兴市。

④ 乍湖铁路走向：自宣杭铁路在基山分线向东南经鹿山南侧、云巢南侧、再向东跨越东苕溪；经下昂北侧向东再跨越杭湖锡航道在菱湖镇北侧设一站场。自铁路站场向东由石淙镇北侧经莫蓉乡转而向东南平行于湖盐公路跨京杭大运河进入练市镇，设一铁路站场、再向东进入嘉兴市乌镇镇。

和云公路自云巢沿南郊风景区向东北跨越东苕溪转向东，再跨越杭湖锡航道和湖盐公路交汇于和孚镇北。

104 国道基本在原有线路上改造。

4）城镇群交通源空间体系类型

市区城市化水平到 2020 年将达到 74%，已经成为一个大范围的城市化地区，湖州城镇群各城镇经济结构相近，互补性不强，直接服务于湖州中心城、上海、杭州、南京及各级中心城市。湖州城镇群交通集中在中心城、各重点镇和出入口之间。

国内外有关学者将城市化地区空间形态体系划分为 5 类，即综合交通体系（沟通性构筑空间，含对外的交通走廊和区内交通空间）；城市化片区（高密度建筑空间，含中心城、重点城镇、建制镇等）；开敞空间体系（分散的低密度建筑空间，含农田、村庄、乡集镇等农作社区空间）；环境保护区（非建没开发刚地）；基础设施（支撑性构筑空间）。考虑到过境交通因而交通源主要有以下 3 种：交通走廊、城市化片区、农作社区。湖州市区城镇群交通量分布集中在重点城镇和交通走廊、中心城三者之间的交通联系。

5）城镇群交通网

市区城镇群交通以公路运网为主，内河运网为辅。镇际运网以城镇群主干道为骨架，沟通南北两个交通走廊和 5 个出入口之间的交通联系。城镇群主干道在湖州、织里、南浔、练市、菱湖形成"田"字形城镇群主干道圈网，各个经济区内部的次干道直接与主干道圈网衔接，构成城镇群文通网。航运网由长湖申线、京杭大运河、杭湖锡线和湖申复线四条航道构成骨干。

5.2.2.2 综合道路规划

（1）道路交通混合交通量分配

湖州城镇群道路交通混合交通量分配，根据干线交通显预测，主要公路的交通量分配见表5.2.2-5。

干线交通量分配（标准车/d）　　　　表 5.2.2-5

道路名称	交通量	道路名称	交通量
杭宁高速公路	70000	织里—含山—新市	5000
原 318 国道	7000	南浔—含山	7000
湖盐公路	18000	规划 318 国道	20000
青山—菱湖—练市	7000	环太湖路	6500
104 国道	25000	鹿唐省道	8000

注：依据市域体系规划，鹿唐省道市区段大部分交通量将分流到安吉—德清—新市公路上。

（2）道路规划

规划道路见表 5.2.2-6。

规划道路一览表　　　　表 5.2.2-6

道路种类	道路起讫	道路等级	道路长度（km）	道路密度（km/km²）
杭宁高速	黄芝山—鸿仲坞	高速公路	33.30	0.02
318 国道	南浔—104 国道井线	一级汽车专用道	40.10	
104 国道	黄芝山界牌—跃武关	一级汽车专用道	42.90	
湖盐省道	八里店—318 国道	一级汽车专用道	41.80	
和云公路	和孚—云巢	一级汽车专用道	9.80	
合计			134.60	0.09
城镇群主干道	八里店—南浔(原 318 国道)	二级加宽	23.90	
	南浔—练市—含山	二级加宽	30.30	
	青山—菱湖—练市	二级加宽	32.00	
	环太湖路	二级加宽	29.70	
	和孚—菱湖	二级加宽	9.90	
	织里—含山—市界	二级	33.10	
	鹿山—市界	二级加宽	14.00	
	湖州—小梅口	二级	4.40	
	南浔—市界	二级加宽	3.60	
合计			180.90	0.12

续表

道路种类	道路起讫	道路等级	道路长度 （km）	道路密度 （km/km²）
	新增县乡道路			
	长超—菱湖—市界	三级	11.16	
	长超—原318国道	三级	5.60	
	双林—马腰	三级	4.70	
	市界—千金至新市道路	三级	3.81	
	马腰—南浔至练市主干	三级	2.51	
	埭溪—市界	三级	4.74	
	千金—善琏	三级	6.28	
	马腰—花林	三级	8.65	
	旧馆—马腰	三级	10.00	
	马腰—东迁	三级	4.80	
	下昂—锦山	三级	5.40	
	锦山—市界	三级	2.00	
	漾西—环太湖路	三级	1.60	
	湖盐公路保留老线	三级	23.20	
	和菱公路保留老线	三级	3.80	
	合计		98.25	0.06
城镇群次干道	保留县乡道路			
	环渚—大钱	三级	12.40	
	晟舍—太湖	三级	10.46	
	三济桥—漾西	三级	10.12	
	菱湖—千金	三级	10.63	
	埭溪—芳山	三级	14.50	
	妙西—新路头	三级	18.45	
	军部—造纸厂	三级	6.00	
	三天门—火车站	三级	2.70	
	城南—油库	三级	1.66	
	青山—竹墩	三级	10.10	
	保国—锦山	三级	7.60	
	仙材—上溪	三级	4.20	
	张村—关上	三级	9.09	
	花城—含山	三级	11.11	
	横街—桃源	三级	5.52	
	九九桥—铁水中	三级	2.80	
	陈家桥—军部	三级	2.82	

道路种类	道路起讫	道路等级	道路长度 （km）	道路密度 （km/km²）
城镇群次干道	三济桥—双林	三级	12.00	
	城北—小梅口	三级	11.15	
	莫蓉—墙千里	三级	9.30	
	千金—新市	三级	5.40	
	升山—戴山	三级	6.18	
	柳堡—洪塘	三级	2.82	
	地震台—大众山	三级	1.57	
	张村—南边	三级	1.80	
	莫村—大城	三级	7.69	
	水库—南坞电站	三级	1.80	
	上溪—大冲	三级	3.00	
	庄上—大方	三级	2.42	
	庄上—殿坞	三级	1.00	
	轸岭—白鸠坞	三级	1.58	
	崇塘—长兴板	三级	0.50	
	青山—两平头	三级	10.01	
	章家山—狭港埠	三级	4.50	
	三天门丝厂—弁南	三级	2.53	
	贾家—盛家坞	三级	2.85	
	石淙—凡石	三级	2.35	
	合计		230.61	0.15
合计			677.66	0.43

1）高速公路近期按 4 车道，路基宽度为 26.0m，预留 6 车道，路基宽度为 33.5m。控制征地宽度为 55.0m，两侧各留 30m 绿带。分离、互通式立交的主线桥梁按 6 车道设计，与之相交道路一般上跨高速公路。设 3 个出入口，即：三天门市、鹿山、青山。

2）104 国道、318 国道和湖盐公路及和云公路以湖州中心城为核心形成环放射的布局，组成对外交通骨架。它把过境交通引出到中心城外围的过境一级公路环中，区内与之相交的主干道考虑立交，对外交通和区内交通通过互通立交口衔接起来。四条公路的道路等级均为一级公路，道路控制征地范围两侧各留 20m 绿带。

3）练市互通口：位于练市镇西北，主要解决城镇群主干道南浔—练市—含山，跨越乍湖铁路并和湖盐省道的互通立交，作为练市镇及附近乡进出湖盐省道的出入口，同时解决好湖盐公路、乍湖铁路跨越京杭大运河的分离式立交。

4）镇西互通口：位于镇西镇西北，主要解决含山—织里城镇群主干道，以及重兆、镇西、双林镇进出湖盐公路。

5）织里互通口：位于织里镇规划用地东北角，主要解决含山—织里城镇群主干道，织里镇、太湖乡进出规划 318 国道。

6）中心城外围一级公路环在和孚、八里店、云巢、北环线、三天门远期应考虑一系列互通立交，较好的解决过境交通和中心城内部交通的衔接关系，及邻近的和孚、长超、八里店以及各乡出入一级公路交通网。

7）城镇群主干道的交叉口一般采用平面渠化交叉口，包括含山、下昂、石淙、环太湖路交叉口，主次干道相交，是采用平交，间距控制在 1km 以上。

8）长湖申航道和原 318 国道作为一条旅游景观道路，需控制好一系列跨航道桥和互通立交口：

南浔 5 座跨航道桥，加之东迁、三济桥、旧馆、织里、八里店、长超共 11 座跨长湖申四级航道桥，其中八里店、织里和南浔东桥为互通立交口。应解决好四级航道 8m 净空、用地局限大与互通式立交的建设矛盾。

（3）交通用地规模

交通用地规模见表 5.2.2-7。

湖州城镇群综合交通用地总面积为 15.87km²。

表 5.2.2-7

交通用地规模

用地	类别	里程（km）	用地（km²）	用地比例（%）
公路	高速公路	33	1.11	7
	一级公路	135	3.51	22
	二级公路	181	4.34	28
	三级公路	329	3.95	25
	小计		12.91	82
铁路	乍湖铁路	38.6	0.46	3
	宣杭铁路	46	0.55	4
	铁路站场	4	0.50	3
	小计		1.52	10
出入口		3	0.45	3
互通立交		11	0.88	6
渠化口		6	0.12	1
合计			15.87	100

注：未含乡级以下公路。

5.2.2.3 城镇群独立、分散供水与统筹、集中供水比较

（1）供水方案

1）方案 1. 独立、分散供水

沿用现有供水形式、各镇自成独立供水系统、每镇建水厂供水。

2）方案 2. 统筹集中供水

在规划城镇群范围内选择水源等条件较好的厂址，规划建设大、中型水厂分片城镇群统一供水。

（2）方案比较

方案 1

优点：

1）可以充分利用现状供水设施；

2）新建、扩建供水设施的时间、规模由各城镇根据本镇情况自行决定，不存在不同行政区之间的协调；

3）每个水厂的供水范围较小，可避免长距离的净水输送；

4）近远期之间易于衔接。

缺点：

1）水厂规模普遍偏小，单位水量投资和制水成本较高，现已存在的净水工艺落后、出水水质无保证的状况难以改变；

2）需设 20 余个生活饮用水水源保护区，保护的点多面广，难度很大。

工程总投资受水源条件的影响，如果各城镇可供水量能满足需求，取水口水质符合常规净化对原水水质的要求，则水厂分散建设较为经济。如果上述条件不具备，则已经建成的水厂将不得不在如下两种措施中择其一：

值得指出：

1）取水口外移，最终结果原输水管的投资将与水厂集中建设方案的净水输水管的投资相近甚至更大，总投资较集中建设方案大；

2）在水厂内增加预处理设施或深度处理设施，根据国内已经建成投运的此类水厂工程投资和运行费资料，工程投资将比常规净化大 40%～60%，运行费是常规净化的 3～5 倍，其工程投资和运行费用在湖州市区比取水口外移更不经济。

方案 2

优点：

1）水厂规模大，单位水量工程投资较小，有条件引进先进技术设备和管理方法，保证出水水质；

2）可根据市区水资源条件，优选水源，未来因水源污染影响正常供水的风险小；

3）生活饮用水水源保护区数量少，易于保护。

缺点是：

1）几个城镇统一供水，供水设施建设过程中资金的筹措、分摊和建成投运后输配水需多个城镇共同协调，近期实施难度大；

2）一些城镇净水需进行长距离输送，增加输水管道投资。

经方案技术经济比较，远期规划方案 2 为好。并按此考虑相关各项设施的总体布局，以便控制好用地，保护好水源。

（3）供水设施布局规划

1）水厂布局

① 中心城区主要建设城西、城北、西塞 3 座水厂，供中心城区及周围的白雀、塘甸、环渚、八里店、道场、龙溪、杨家埠等乡镇，规划期末供水能力 58 万 t/d。原规划的小梅口水厂因水源条件差，拟由城北水厂供水，其 2020 年的供水能力相应由 20 万 t 提高到 23 万 t，用地按 5 公顷控制。

② 东部城镇初步确定划分为 4 个供水分区，集中建设 4 座水厂。

第一供水分区：水厂在现状织里水厂的基础上扩建。供织里、旧馆、轧村、漾西4镇及太湖、戴山乡，2020年用水量7.28万t，水厂供水能力按7.5万t建设，用地3.5～3.8公顷，水源继续取自南横塘，若水质有大的变化，还可以从太湖引水。

第二供水分区：水厂新建于南浔西部东迁至马腰公路的西侧（暂称南浔第二水厂）。供南浔、东迁、马腰3镇及横街、三长乡，3020年用水量10.83万t，水厂供水能力按11万t建设，用地4.0～4.5公顷，水源就近取自白米塘。

第三供水分区：水厂新建于莫蓉乡南部（暂称莫蓉水厂）。供石淙、善琏、含山、重兆、镇西、双林、练市7镇及莫蓉、洪塘、花林乡，2020年用水量12.54万t，水厂供水能力按13万t建设，用地4.5～5.0公顷，水源取自附近河道。

第四供水分区：水厂新建于下昂镇西南部（暂称下昂第二水厂）。供埭溪、尔林、锦山、菱湖、千金、下昂、和孚、长超8个镇及云巢、青山、新溪乡，2020年用水量11.45万t，水厂供水能力按11.5万t建设，用地4.0～4.5公顷，水源取自东苕溪。

2）输配水工程

① 中心城区的城西水厂、城北水厂、西塞水厂直接向中心城配水，小梅口旅游度假区现状水厂不再扩大净水能力，配水能力由现状的1500t逐步扩大到3万t。

② 东部平原织里镇和下昂镇分别巾织里水厂和下昂第二水厂直接配水，其余各镇现状水厂尽可能作配水厂利用。

③ 相应建设各供水分区的输水管道。为便于施工，输水管道原则上沿公路一侧布置。市区共建设输水管道114.70km，其中城北水厂至小梅口配水厂5.94km；东部城镇第一供水分区16.84km；第二供水分区9.82km；第三供水分区33.98km；第四供水分区48.12km。

5.2.2.4 城镇群独立、分散污水处理与统筹、集中污水处理比较

（1）污水处理两种规划建设方案

1）方案1 独立分散污水处理

各镇自成独立污水分区，每镇设污水处理厂。

按方案1，规划区共需建设污水处理厂27座，其中城区5座，其余22个建制镇各1座，污水处理厂规模最大为15万t，最小0.3万t。

2）方案2 统筹集中污水处理

综合考虑规划区城镇布局、水环境条件，以及给水工程水源地选择等因素，统筹规划污水分区与污水处理厂设置。

按方案2，规划区共需规划建设污水处理厂7座，2020年污水处理能力共74.3万t/d。

中心城区原规划的5座污水处理厂合并为2座，即小梅口污水处理厂按原规划设计规模为2万t不变，占地3公顷；其余4座污水处理厂合并为1座，集中在中心城区东北部建设，其设计规模因近期中心区改造拟将原有的合流制排水系统改为分流制系统，由45.5万t降为39.5万t（即减去初期雨水6万t），占地20.05公顷。

其余城镇分为5个污水分区，各区集中建污水处理厂1座，即：

① 第一污水分区（织里片），包括织里、旧馆、轧村、漾西4镇。2020年平均日污水量3.87万t，加上附近的戴上、太湖乡共约4万t。污水处理量按3.8万t考虑，即处理

率达到95％。污水处理厂布置在织里镇东北部，占地4.5公顷。

② 第二污水分区（南浔片），包括南浔、马腰、东迁3镇。2020年平均日污水量7.55万t（含南浔镇初期雨水），加上附近的横街乡共约7.8万t。污水处理量按7.5万t考虑，即处理率达到96％。污水处理厂布置在南浔镇东南部，占地7.5公顷。

③ 第三污水分区（双林片），包括双林、镇西、重兆3镇。2020年平均日污水量3.71万t。污水处理量按3.5万t考虑，即处理率为94％。污水处理厂布置在双林镇东部，占地4.4公顷。

④ 第四污水分区（练市片），包括石淙、4金、善琏、含山、练市5镇。2020年平均日污水量4.14万t，加上附近洪塘等乡共约4.3万t。污水处理量按4.0万t考虑，即处理率达到93％。污水处理厂布置在练市镇东部，占地4.6公顷。

⑤ 第五污水分区（菱湖片），包括下昂、埭溪、东林、锦山、菱湖、和孚、长超7镇。2020年平均日污水量8.01万t（含菱湖镇初期雨水），加上附近的新溪乡等，共约8.2万t，污水处理量按8万t考虑，即处理率达到97％。污水处理厂布置在菱湖镇北部，占地7.7公顷。

污水输送有自流管道输送、明渠输送、压力管道输送3种形式。由于湖州市区具有地势低平、河湖水面纵横交错、地下水位高、淤泥层厚等不利条件，采用自流管道输送需设数十座中途提升泵站，投资和运行管理困难；明渠输送存在影响周围环境、跨越河流水面困难，汛期高水位时期容易污染其他水体、渠道淤积等问题，建议主要采用压力输送方式。

市区共设污水泵站25座，其中织里片3座，南浔片2座，双林片2座，练市片5座，菱湖片9座，中心城区4座。区域性污水管道总长125.4km。

（2）方案比较

1）工程投资和占地

分散布置工程投资为145900万元（不包括任何方案都需建设的城镇内部污水收集系统，下同），占地77.02公顷。集中布置工程投资为126500万元（其中污水处理厂112600万元，管道10330万元，泵站3570万元），占地53.09公顷（其中污水处理厂51.84公顷，泵站1.25公顷，不含管道占地）。集中布置比分散布置可节省工程投资19400万元，约节省工程投资10％；节省用地23.93公顷，约节省用地30％～40％。

2）运行管理

分散布置需建27座污水处理厂，其中有16座日处理能力在1万t以下，只有2座日处理能力在10万t以上，规模普遍较小，不利于运行管理。如果管理不严，一些小型污水处理厂污染物去除率很可能达不到设计要求。此外，从目前国内一些城市污水厂运行情况看，许多小型污水处理厂因运行成本高而经常不正常运行，使已经建成的污水处理厂未发挥应有的作用。

集中布置方案在市区只建设7座污水处理厂，设计规模最小为2万t，最大为39.5万t，便于集中管理，并有条件引进先进技术设备和管理经验，开展综合利用，降低运行成本。

3）实施难易

分散布置方案不存在不同行政区之间的协调，在建设时间、资金筹措等方面较为灵活，便于实施。而集中布置在 22 个镇的 5 座污水系统中，每一系统都涉及多个行政区，存在大量的协调工作。

综上分析方案 2 在节约用地、工程投资、运行管理和采用先进技术方面具有明显的综合效益优势，同时有利于实施资源共享和污水处理的综合利用。

思考题：

1. 试述跨镇小城镇密集地区的区域性工程系统设施统筹配置要求。
2. 近郊紧临城市型小城镇跨镇城镇区域工程系统设施统筹有何特点？

6 市政工程规划管理

提要： 本章内容包括规划管理概述、规划组织编制与审批管理、市政管线工程与市政交通工程规划管理，以及规划实施监督检查。除城镇规划管理的主要基础外，侧重市政管线工程与市政交通工程规划管理的内容、方法与要求。同时重点突出与市政工程规划统筹相对应的市政工程规划管理的综合性要求，突出规划管理与规划统筹的相辅相成的互相促进作用。这也是从规划与管理两个层面理解和掌握本书知识的要领。

6.1 规划管理概述

6.1.1 规划管理任务与目标

城镇市政工程规划管理是城镇规划管理的重要组成部分。市政工程规划管理贯穿于规划整个管理过程，既有规划管理的共同性又有市政工程专项规划的不同特性。

6.1.1.1 规划管理内涵

把城镇规划好，建设好，管理好是各级城市政府及镇政府的主要职责。政府作为城镇规划建设最重要的主体，担负着确定战略、决策、规划管理等一系列重要职责。

城镇规划管理是行使政府基本职能之一的政府行为。是城市各级政府及镇政府管理职能的主要组成部分。

6.1.1.2 规划管理目标

城镇规划建设目标是保证城镇可持续发展和满足城镇经济、社会可持续发展的科学合理规划建设要求。

1）保证城镇发展战略目标的实现

城镇规划是城镇未来发展的战略部署，是城镇战略目标的具体体现。城镇规划管理则是通过日常的管理保证规划目标的实现，从而保证城镇发展战略目标的实现。

2）规划管理应保证政府公共政策的全面实施

规划管理是政府对城镇规划、建设和发展进行干预的手段之一。城乡规划是政府实现城乡统筹和可持续发展的公共政策。规划管理就是在管理过程中保证各类公共政策在实施过程中的相互协同、为公共政策的实施作出保证。一方面要将政府的各项公共政策纳入到规划过程之中，使规划能够预先协调好各项政策与规划之间的相互关系，并在规划编制的成果中得到反映；另一方面要在建设和发展管理过程中充分协调好各项政策在实施过程中可能出现的矛盾，避免为实现这一政策而使另一项政策受损而对社会整体利益造成损害，充分发挥规划的宏观调控和综合协调作用。

3）规划管理应保证城镇社会、经济、环境整体效益的统一和社会利益的实现在市场经济体制下，对城镇建设的市场行为者而言，其行为的基础和决策的依据是对经济效益的追求，这种追求可以对建设起到积极的推动作用，但如果以此作为惟一的尺度或过度片面追求经济利益，往往为对社会的公正、公平和环境等方面带来负面影响。基于社会的整体利益和社会、经济、环境整体效益，必须由政府对城镇发展进行宏观调控和综合协调。规划是政府指导调控城市建设的重要手段。这是西方国家近 200 年来在市场经济体制中得出的经验。

6.1.2 规划管理的基本特点与要求

6.1.2.1 政策性管理

城镇规划管理是政府行为必须遵循公共行政的基本目标和管理原则。规划管理旨在促进经济、社会、环境的协调发展，保证城镇有序、稳定、可持续发展。规划管理为公共利益和长远利益而采取的控制措施是一种积极的制约，目的使各项建设活动纳入城镇发展整体的、根本的和长远的利益轨道。

规划管理涉及经济、社会、文化各个方面和政府的各个部门，必须以国家和地方的方针政策为依据，以法律法规为准绳，依法行政，依法行使管理的职能。

6.1.2.2 统筹规划基础上的综合性管理

城镇是一个复杂的有机综合体。城镇社会、经济、环境资源等系统，不仅具有各自的运行规律和特征，自成体系，而且相互关联有影响、有制约，并与外界环境密切相连，因此决定了小城镇规划管理具有综合性的特点。小城镇规划管理的任务首先是要保证城镇内各项规划和建设正常运转，因而不能局限于对城镇的某一方面的运转管理上，还应协调、控制城镇各个方面的相互联系，使之各得其所、协调发展。城镇规划管理的综合性，不仅体现在其内容的包罗万象（例如涉及气象、水文、工程地质、抗震、防汛、防灾等方面的内容；涉及经济、社会、环境、文物保护、卫生、绿化、建筑空间等方面的内容；涉及市政设施工程管线、交通、农田水利、公共设施等方面的内容；涉及法律法规、方针政策以及小城镇规划等的技术规定各方面的内容），还体现在整个规划建设管理的过程中，不管是局部的还是整体的规划建设管理，都应从总体的规划和战略协调上进行综合性的管理、组织和协调好城镇功能的发挥，保证城镇的有序发展和整体发展目标的实现。在此过程中，城镇规划管理中的所有决策都必须遵循以社会、经济、环境综合效益为核心的基本原则，促进城镇的可持续发展。

6.1.2.3 区域性统筹管理

城镇是一个开放的系统。每个城镇都有自己的优势与不足，万事俱全的"孤立国"是根本不存在的。伴随着我国市场经济体制的建立和城市化水平的不断提高，区域城镇群的发展越来越受到经济一体化、区域整体化、城乡融合、产域融合等趋势的深刻影响。区域内外由于市场一体化所导致的经济一体化，不仅对各城镇的产业结构、产品结构、技术结构、投资结构、劳动力结构等方面产生深刻的影响，而且还由于上述影响，导致各城镇在区域内的竞争优势和不利因素也发生了变化。这些变化在不同程度上影响甚至决定着城镇发展的方向、目标和规模。为了适应经济结构的这一变化，要求各城镇在土地利用和空间结构等方面作出相应调整，要求工程系统设施区域统筹规划、联合建设、资源共享，并使区域内工程系统设施（水利防汛、给水排水、交通、通信、能源等）的布局最有利于区域的整体发展。这种在各城镇间、各部门间、各行业间乃至各区域间通过相互协调，调剂余缺，使各城镇的协作建设形成综合的整体效益，从而保障真正意义上的持续发展的实现，是城镇政府及其建设行政主管部门行使宏观与微观管理的基本职能之一。因此，城镇规划管理是一项区域性统筹的管理工作。

6.1.2.4 多样性管理

由于城镇发展的基础条件、经济条件不同，决定了城镇不同建设阶段和建设阶段目标，同时不同地区、不同性质类别、不同规模城镇规划建设本身也有许多不同，这一些体现在城镇规划管理方面，就具有管理多样化的特性。一个城镇的形成与发展，总是与其外部周边环境紧密相连。资源、交通、对外联系等条件的不同，区位条件的不同，不仅使城镇的内部管理结构存在差异，城镇的发展方向、发展重点、发展水平亦不尽相同，近几年国内出现的小城镇几种发展类型，如工业型、市场型、农牧加工型、旅游服务型、三产服务型、交通枢纽型等就是最好的例证。正是由于城镇的建设发展阶段性和发展模式、道路的不同，决定了城镇规划管理的多样性。因此，必须坚持从实际出发、从城市的市情和小城镇的镇情出发，必须坚持实事求是、因地制宜的基本原则。

6.1.2.5 动态性管理

现代城镇作为一个有机体，无论是立足于单一城镇还是区域城镇群的角度，其局部或单体的运转都会影响到整体的运行，同时事物在不断变化，城镇规划要素、规划建设条件和情况在不断变化，因此，必须以动态的、整体的理念进行城镇规划，并在建设中坚持长远的、动态的管理原则，管理好城镇局部的规划与建设，协调好城镇总体的运行，最终保证城镇各项发展战略目标的实施。

6.1.3 规划建设管理基本方法

正确处理城镇社会经济的发展和生态环境的保护利用，是城镇规划管理的核心问题。不断获取最佳的经济效益、社会效益和环境效益，就需要实现社会、经济和环境三重管理目标的不断优化。实现三重管理目标的优化，最基本的一点是要求我们在认识上要将三个目标置于统一平等的位置上，在管理中要力争使三个目标都达到最优。实际操作中，我们经常通常采用以下方法来实现管理三重目标的优化。

（1）行政管理方法

行政管理方法是自有城镇管理机构以来最为古老的管理方法之一，它是指依靠行政组织，运用行政力量，按照行政方式来管理城镇规划建设活动的方法。具体地说，就是依靠各级行政机关的权威，采用行政命令、指示、规定、指令性计划和确定规章制度、法规等方式，按照行政系统、行政区划、行政层次来管理规划建设的方法。它的主要特点是以鲜明的权威和服从作为前提。这种权威性源于国家是全体人民利益和意志的代表，它担负着组织、指挥、调控和监督城镇规划建设活动的任务。因此，行政手段在规划管理中具有重要的作用，它是执行城镇规划管理职能的必要手段。行政方法的强制性源于国家的权威，它的有效性，更有赖于它的科学性。科学的行政管理手段，必须以客观规律为基础，使国家所采取的每一项行政干预措施和指令，尽可能符合和反映客观规律及经济规律的要求。

行政管理方法用于以下方面的城镇规划管理：

1）研究和制订城镇规划与建设的战略目标及发展目标，编制城镇各类规划；

2）研究拟定城镇规划建设的各项条例和制度；

3）进行行政管理的组织与协调；

4）对城镇规划建设活动进行监督，保证城镇规划的实施和建设目标的实现。

（2）经济管理方法

随着社会主义市场经济体制的建立和城镇文明的进步，城镇规划管理的经济管理方法和手段日益突出，并适用于管理的方方面面。这一方法是指依靠经济组织，运用价格、税收、利息、工资、利润、资金、罚款等经济杠杆和经济合同、经济责任制等，按照客观规律的要求对城镇建设、发展实行管理与调控，其管理方法的实质是通过经济手段来协调政府、集体和个人之间的各种经济关系，以便为城镇高效率运行提供经济上的动力和活力。运用经济方法来管理城镇建设，具体地说，一是运用财政杠杆，对城镇不同设施的建设，实行财政补贴和扶持政策，实行"民办公助"，国家或地方财政给予一定的补助，以调动建设的积极性。二是运用税收杠杆，即通过征收土地使用税、乡镇建设维护税等，为城镇公用设施筹集建设与维护资金。三是运用价格杠杆，实行公用设施"有偿使用"和"有偿服务"，从中积累一定的资金，促进和加快城镇公用设施的发展。四是运用信贷杠杆，支持城镇综合开发和配套建设。五是运用奖金、罚款杠杆，如运用奖金鼓励好的建设行为，以调动广大群众的积极性；运用罚款，制止违章者，以戒歪风。

（3）法律管理方法

法制化是衡量一个社会文明进步水平的重要标志。在社会主义市场经济建设中，依法治市不仅成为我国城镇规划建设管理中越来越重要的管理方法，并且已构成城镇现代化建设的重要目标，是保障城镇规划建设在社会主义法制的轨道上顺利进行的有力工具。城镇管理的法律方法就是通过制定一系列的规范性文件，规定人们在城镇规划建设活动中的权利与义务，以及违反规定所要承担的法律责任来管理建设的方法。维护广大市民的根本利益是法律管理方法的出发点，它具有权威性、综合性、规范性和强制性等特点。

用法律方法管理小城镇建设，主要有以下几个方面：

1）依法管理好城镇规划的实施，保证小城镇建设目标的实现；

2）依法管理好土地的利用，保证合理布局，节约用地；

3）依法管理好建筑设计和施工，确保建设项目的工程质量；

4）依法建设和管理好城镇环境，建设一个环境优美、生态良好的社会主义新型城镇；

5）依法处理和调解城镇建设活动中的各种纠纷，保证城镇建设的正常秩序和建设活动的协调发展。

（4）宣传教育方法

当今城镇中所出现的生态与社会经济发展的不协调问题，主要是人们不正确的经济思想和经济行为造成的。因此，要解决这个问题，重要的就是要端正人们的经济思想和经济行为。所以，必须加强宣传教育，提高人们的生态环境意识和综合效益意识。宣传教育方法，作为实现社会、经济和环境三大效益统一的基础管理方法，具有十分重要的作用。它是指在城镇建设活动中采取各种形式，宣传城镇建设的方针、政策、法规，城镇规划、建设目标，以教育群众，实现预定的城镇建设目标的一种方法。开展宣传教育工作的形式是多种多样的，一般有学习讨论、广播、板报、展览、示范、实例处理等形式，在运用时，应根据城镇建设的实际进行选择。

（5）技术服务方法

技术服务方法是指城镇规划管理部门，无偿或低收费解决居民在城镇建设中所遇到的有关规划、建设、管理等方面问题的一种技术性方法。在城镇建设中，技术服务的内容主要有：为建房户提供设计图纸，进行概预算、决算、房屋定位放线、找平、施工质量检查、房屋竣工验收以及管理城镇房产、环境、建设档案等。通过这些技术服务，使城镇建设达到高质量、高水平、高效益。

6.2 规划组织编制与审批管理

市政工程规划是城镇规划的重要组成部分，市政工程规划组织编制落实在城镇规划的组织编制中，在相关城镇规划内容中着重市政工程规划内容。

6.2.1 规划组织编制与审批管理内涵及任务要求

（1）管理内涵

城镇规划组织编制与审批包括城镇总体规划和详细规划两个层次。总体规划应包括专业规划，市政规划统筹侧重总体规划层次。特大城市、大城市在总体规划阶段还需编制与审批分区规划；详细规划又分控制性详细规划与修建性详细规划。

为保证一定区域内的城镇群体在经济、社会和空间上协调发展，统筹安排区域内工程系统设施和大型公共设施，从而指导总体规划的制定，在国家、省、自治区范围内应当制定城镇体系规划。市域、县域范围内城镇体系规划则纳入城市和县级城市人民政府所在地的总体规划一并制定。

（2）管理任务要求

1）促进经济、社会和环境协调发展，保障国家和政府城市规划、建设法律、法规和方针政策的落实。城镇规划涉及面广、政策性强。编制城镇规划是为了实现城镇政府关于经济、社会发展的长远和阶段性目标。城镇规划具有一定期限，在一定的期限内城镇规划要保持稳定，随着阶段性目标的完成，再根据经济、社会发展需要进行调整，如此保证城镇稳定、有序的发展。这就要求城镇规划必须符合国家和政府在不同时期经济、社会发展要求和方针政策。城镇规划编制与审批管理的任务，就是要求通过管理工作，使城镇规划的编制和审批符合上述要求。

2）协调和裁决城镇规划编制过程中的重大矛盾。城镇规划是对城镇发展中各项物质要素的统筹安排，每一项物质要素背后都涉及到相关方面的权益和有关管理部门的要求。在社会主义市场经济条件下利益趋于多元化，要保证城镇布局结构的合理，必然涉及到相关方面权益的调整和制约。因此，城镇规划的编制要倾听相关方面的意见。对于不同的意见，属于一般技术性的问题，城市规划编制单位可以协调解决；对于某些重大问题，则需要政府部门出面协调，达成共识。对于难以达成共识的问题，则需要进行综合分析，提出意见，报告城市政府裁决，以利于城市规划编制工作的进行。

（3）促进城镇规划编制内容的科学化。城镇规划是通过统筹安排各项物质要素，使城镇形成一个有机的、合理的布局结构，充分发挥城镇的综合功能，从而实现城镇的经济、社会发展目标。这就一方面要求城镇规划编制人员具有适应规划工作需要的知识结构和能力，科学、合理地编制城镇规划。另一方面，也需要通过城镇规划编制和审批管理，监督、指导城镇规划编制，并组织有关方面专家进行论证，借助"外脑"，集思广益，使城镇规划编制得更加科学、合理。

4）推进城镇规划组织编制和审批的民主化和法制化。城镇是市民工作和生活的环境。一个城镇规划、建设得如何，与广大市民切身利益休戚相关。实践证明，市民越来越关注城市的建设和发展。要使城市建设好、管理好，首先必须把城市规划好。在城市规划和审批阶段，倾听人民代表、政协委员和广大市民的意见显得十分必要。"公众参与"是现代城镇规划和建设的发展趋势。在城镇规划组织编制和审批管理中必须积极推进这项工作，在实践中不断探索、不断总结、不断提高。同时，推进城市规划的法制化，也是城镇规划编制与审批管理的一项重要任务。

6.2.2 规划组织编制管理

城镇规划组织编制管理是指，依据有关的法律、法规和方针政策，明确城镇规划组织编制的主体，规定规划编制的内容要求，设定城镇规划编制和上报程序，从而保证城镇规划依法编制。由于城镇规划具有不同的层次，因此其编制的主体、内容和程序也是不同的。

6.2.2.1 规划组织编制主体

城镇规划组织编制主体是城镇人民政府，这是因为城镇规划特别是城市总体规划涉及城市建设和发展的大局，要通盘考虑城市的土地、人口、环境、工业、农业、科技、文教、商业、金融、交通、市政、能源、通信、防灾等方面的内容，必须站在城镇发展整体利益和长远利益的立场上，统筹安排，综合部署。因此，需要收集多方面的发展资料，协调多方面的关系。这样一件综合性很强的重要工作必须在城镇人民政府直接领导和组织下，委托具有相应规划设计资格的规划设计单位联合其他有关部门共同完成。按照规定，在一些大城市，详细规划的组织编制工作可以委托城镇规划行政主管部门进行。

1）城镇体系规划组织编制主体。全国和省、自治区、直辖市的城镇体系规划分别由国务院城乡规划行政主管部门和省、自治区、直辖市人民政府组织编制，用以指导城镇规划的编制。直辖市域、其他市域和县域城镇体系规划，由直辖市、市、县或自治县、旗或自治旗人民政府结合城市总体规划组织编制。

2）城市总体规划组织编制主体。直辖市和市城市总体规划由城市人民政府负责组织编制。县人民政府所在地镇的总体规划，由县级人民政府负责组织编制。县域县人民政府所在地之外的其他建制镇的总体规划由镇人民政府组织编制。

3）城镇详细规划组织编制主体。城市详细规划的组织编制主体是城市人民政府，但在实际工作中，由于详细规划覆盖的面比较广、组织工作量比较大、专业技术要求比较高，因此，一般由城市人民政府委托或法律授权城乡规划行政主管部门进行具体的组织编制工作。县（自治县、旗）人民政府所在地镇的详细规划由县（自治县、旗）人民政府城乡规划行政主管部门组织编制；县域县所在地镇之外的其他建制镇的详细规划，由镇人民政府组织编制。

6.2.2.2 规划编制内容

按本书结构以下是各规划编制中的市政规划编制内容。

城镇体系规划编制内容

1）城镇体系规划的编制内容。城镇体系规划是国家和地方人民政府引导区域城市化与城市合理发展，协调和处理区域中各城市发展的矛盾和问题，合理配置区域空间资源，防止重复建设的手段和行动依据。对城市总体规划的编制具有重要的指导作用。城镇体系规划市政工程规划包括以下内容：

① 确定水资源、能源等方面保护和利用的综合目标和要求；

② 统筹安排市域区域工程系统设施，确定市域区域交通发展策略，原则确定市域区域交通、通信、能源、供水、排水、防洪、垃圾处理等主要工程系统设施布局。

2）城市总体规划纲要的编制内容。总体规划纲要是研究确定城市总体规划的重大原则，经过批准后作为编制城市总体规划的依据，其中市政工程规划内容：

研究确定城市能源、交通、供水等城市工程系统设施开发建设的重大原则问题。

3）城镇总体规划的编制内容。城镇总体规划的主要任务是，综合研究和确定城镇性质、规模和空间发展形态，统筹安排城镇各项建设用地，合理配置城镇各项基础设施，处理好远期发展与近期建设的关系，指导城市合理发展。其中市政工程规划内容：

① 确定主要对外交通设施和主要道路交通设施布局；

② 确定电信、供水、排水、供电、燃气、供热、环卫发展目标及主要设施总体布局；

③ 确定综合防灾与公共安全保障体系，提出防洪、消防及抗震、防风、防地质灾害等其他易发灾害的防灾规划与防灾设施布局。

4）分区规划的编制内容。大、中城市，在总体规划的基础上，根据城市规划工作的需要，可以编制分区规划。分区规划的目的，主要是落实总体规划的要求，深化总体规划的内容，控制和确定不同地段的土地用途、范围和容量，协调各项基础设施和公共设施的建设，以便指导城市详细规划的编制。其中市政工程规划内容：

① 确定河湖水面、供电高压线走廊、对外交通设施等控制规划；

② 确定主要工程干管及设施的规划。

5）城镇详细规划的编制内容。

城镇详细规划分为控制性详细规划和修建性详细规划。

① 城镇控制性详细规划的内容。控制性详细规划的组织编制是政府行为。编制控制性详细规划的目的是，将城镇总体规划（含分区规划）所确定的各项内容予以进一步的细化和深化，从而达到能指导城镇规划实施管理的要求。其中市政工程规划内容：

市政工程设施的用地规模、范围及具体控制要求，地下管线控制要求；

市政设施用地的控制界线（黄线）、地表水体保护和控制的地域界线（蓝线）。

② 修建性详细规划内容。修建性详细规划是用水指导较大用地范围内开发建设的规划。在建设用地范围确定之后，经城乡规划行政主管部门同意，可以由开发建设单位组织编制。其中市政工程规划内容：

根据交通影响分析，提出交通组织方案和设计；

市政工程管线规划设计和管线综合；

估算工程量和总造价，分析投资效益。

6.2.2.3 规划组织编制的程序和操作要求

城镇规划组织编制的程序一般按以下几点进行：

1）拟定编制计划。规划编制工作应当有条不紊地、有序地开展。特别是在城镇控制性详细规划的编制中，更要强调编制工作的计划性，避免规划编制工作的重复和随意性。规划编制计划要适应城镇建设的发展和城镇规划实施管理的需要，要考虑城镇总体规划实施的要求。

2）制定规划编制要求。城镇规划的编制要有明确的目标，要体现政府的意志，这都需要通过规划编制要求来控制。城镇规划的编制要求一般包括：城镇规划的目标、指导思想、基本原则，以及技术要求，如编制内容深度、成果要求等。城镇规划组织编制部门应当根据上一层次规划对拟规划区域的各项要求，以及上级政府或上级城乡规划主管部门的具体指导意见，制定规划编制要求。

3）确定编制单位。城镇规划的编制涉及许多技术工作，需要有专业资质的单位来具体承担。组织编制单位应当根据城市规划设计单位资质管理规定，对于不同层次的规划，委托具有相应资质的城市规划设计单位进行编制。在社会主义市场经济条件下，对于一些比较重要的城市详细规划，为了集思广益，可以用规划项目招标的方式，确定规划设计单位。

4）协调城镇规划编制中的重大问题。由于城镇规划是一项综合性很强的工作，涉及城镇建设和管理的方方面面；同时也是一项敏感性很强的工作，影响许多单位和个人的利益。对于这些在城镇规划的编制过程中出现的非技术性的矛盾和问题，城乡规划设计单位是无法进行协调的，需要组织编制者即政府或其城乡规划管理部门进行综合协调和决策。

5）评审规划中间成果。对于一些重要的城市规划，一般在编制的中间阶段，由城乡规划组织编制部门召集有关部门及专家进行中间阶段的初步评审，并根据情况征求市民代表的意见，推进公众参与，以利于规划编制得科学、合理，对规划的初步成果存在的问题及早进行修正。必要时，需进行多方案的比较论证。

6）验收规划成果。一项城镇规划由规划设计单位编制完成以后，组织编制单位要依照规划编制的要求对规划成果进行验收，主要是审核成果的指导思想是否正确、内容是否完备，深度是否合适等。

7）申报规划成果。验收合格后，由组织编制单位依照法定程序，向法定的城镇规划审批机关提出审批该城镇规划的申请。同时，对于在审批过程中，审批机关提出的对规划的修改意见，组织编制单位应责成承担该规划项目的规划设计单位进行相应的修改。

6.2.3 规划审批管理

城镇规划的审批管理，就是在城镇规划编制完成后，城镇规划组织编制单位按照法定程序向法定的规划审批机关提出规划报批申请，法定的审批机关按照法定的程序审核并批准城镇规划的行政管理工作。编制完成的城镇规划，只有按照法定程序报经批准之后，方才具有法定约束力。

6.2.3.1 规划审批主体

（1）城镇体系规划的审批主体

1）全国城镇体系规划，由国务院城市规划行政主管部门报国务院审批。

2）省域城镇体系规划，由省或自治区人民政府报经国务院同意后，由国务院城市规划行政主管部门批复。

3）跨行政区域的城镇体系规划，报有关地区的共同上一级人民政府审批。

4）市辖市域、其他市域、县域城镇体系规划，纳入城市和县级人民政府驻地镇的总体规划，按照总体规划审批权限审批。

（2）城市总体规划（含分区规划）的审批主体

1）国务院审批直辖市、省和自治区人民政府所在地城市、城市人口在100万人以上的城市及国务院指定的其他城市的城市总体规划。

2）省、自治区、直辖市人民政府审批其管辖范围内除上述城市以外的设市城市和县级人民政府所在地镇的总体规划；市人民政府审批市管辖的县级人民政府所在地镇的总体规划。

3）县级人民政府审批其他建制镇的总体规划。

4）城市人民政府审批城市分区规划。

（3）城镇详细规划的审批主体

1）城市详细规划一般由城市人民政府审批；编制分区规划的城市的详细规划，除重要地区的详细规划由城市人民政府审批外，其他一般地区的详细规划可以由城市人民政府城乡规划行政主管部门审批。

2）县级人民政府所在地镇的详细规划由县级人民政府审批；

3）县级人民政府所在地以外的镇详细规划由县（市）人民政府城乡规划行政主管部门审批。

6.2.3.2 规划审批依据

城镇规划审批依据是指，城镇规划的审批机关在受理了城镇规划的申报以后，如何把握有关法律、法规、上一层次城市规划对拟审批规划的控制要求，以及与周边地区的关系等。城镇规划的审批依据与城镇规划的编制依据是一致的。

上述可见统筹规划是规划编制与审批的重要内容。

6.2.3.3 规划审批的内容

规划的审批不同于其他设计的审批，既要注重对规划图纸的审核，更要注重对规划文本的审核；既要注重对规划定性内容的审核，也要注重对定量性内容的审核。以下是其中市政工程规划审批时需要重点把握的内容，在审批过程中，还需针对不同类型、规模的规划，其审批的要点和深度有所不同。

（1）城镇体系规划工程规划审批

区域主要工程系统设施。对于设施容量的预测是否科学；其布局是否合理，是否有利于设施的高效利用，是否有利于城镇的发展；是否考虑到重点城镇发展的需要。

（2）总体规划工程规划审批

1）水资源对城镇发展人口规模的制约是否经过科学预测并经专题论证。

2）基础设施建设。区域城镇工程系统设施的发展目标是否明确并相互协调，是否合理配置并正确处理好远期发展和近期建设的关系。

3）交通。城市交通规划的发展目标是否明确；体系和布局是否合理；是否符合现代化管理的需要；城市对外交通系统的布局是否与市域交通系统及城市长远发展相协调。

（3）分区规划工程规划审批

1）分区的城市干道、对外交通设施等控制，是否符合总体规划的要求，与周边分区规划是否协调。

2）市政基础设施建设。分区市政设施的发展目标是否明确并相互协调；是否合理配置并正确处理好远期发展与近期建设的关系。基础设施容量是否符合规划功能的要求；市政设施用地是否落实。

（4）详细规划工程规划审批

1）道路交通。道路交通规划是否满足城市详细规划目标的实施；其系统和布局是否合理；是否符合现代化管理的需要；道路的规划控制线是否合理、可行。

2）市政基础设施建设。地区市政基础设施是否合理配置并正确处理好远期发展与近期建设的关系，市政设施用地规模、位置是否恰当。

6.2.3.4　规划审批程序

（1）总体规划审批

1）论证规划方案。城镇总体规划方案编制完成以后，由城乡规划行政主管部门会同有关主管部门及专家对规划的内容进行初步论证，并将有关论证意见报请城镇人民政府审核。

2）城镇政府组织审核。城镇人民政府组织更大范围的审核，经修改后、审核通过。

3）报请人大审议。城镇人民政府报请同级人民代表大会或其常务委员会审议并通过。

4）批准总体规划。同级人民代表大会或其常务委员会通过后，城市人民政府按法定程序报有权审批该城镇总体规划的上级人民政府批准。

5）公布批准的规划。该城镇总体规划一经批准，即由该城镇人民政府予以公布，并付诸实施。在公布时要略需要保密的内容。公布的方式也可选用适当的方式。

（2）详细规划审批

1）申报规划成果。法定的城镇详细规划组织编制单位，将已经编制完成的城市详细规划成果（包括图纸和文本）报法定的审批机关。

2）会审规划成果。审批机关收到报批的规划以后，一般先组织该详细规划所涉及的相关管理部门和单位、规划的组织编制申报部门、有关专家对规划进行联合审查，并协调有关问题，提出审核意见。确需修改的，由组织编制部门会同规划设计单位进行修改，直至达到要求。

3）批准详细规划。审批机关根据有关法律、法规以及有关部门的审核意见进行审查，并予以正式批准。对于一些城市发展敏感的地区，可以在批准规划前，以召开座谈会或征求书面意见的形式，充分听取规划所在地区单位和群众的意见，使规划的审批公开和公正。对于详细规划的审批的"公众参与"，要视条件积极、稳妥地推进。

4）公布批准的规划。审批机关根据有关规定，以一定的形式向社会公众公布批准的规划，公布规划的内容，可以是全部内容或部分主要内容，接受公众对规划实施的监督。

（3）专业（项）规划审批

城市的专业（专项）规划审批一般是纳入城市总体规划一并报批。确因特殊情况，也可以单独编制和报批（除单独编制的城市人防建设规划和国家级历史文化名城的保护规划外）。由于专业规划与城市总体规划关系密切，单独编制的专业规划，一般由当地的城市规划行政主管部门会同专业主管部门，根据城市总体规划要求进行编制，报城市人民政府审批。

单独编制的城市人防建设规划，直辖市要报国家的人民防空委员会和建设部审批；一类人防重点城市中的省会城市，要经省、自治区人民政府和大军区人民防空委员会审查同意后，报国家人民防空委员会和住建部审批；一类人防重点城市中的非省会城市及二类人防重点城市需报省、自治区人民政府审批，并报国家人民防空委员会、住建部备案；三类人防重点城市报市人民政府审批，并报省、自治区人民防空办公室、住建厅备案。

6.2.3.5 规划调整程序

城镇规划调整，是指城市人民政府根据城镇经济建设和社会发展的新情况、新问题，按实际需要，对已批准的城镇规划所规定的空间布局和各项内容进行局部的或重大的变更。前者指在不影响规划整体格局和基本原则的前提下，只对规划的一些局部或具体的控制要素进行改变；后者是指，由于城镇发展的外部环境和内部动因发生了较大的变化，使原已批准的城市规划的性质、布局和各项控制要素明显不适应城镇发展的需要，而需要对城镇规划进行整体性或系统的改变。

1）总体规划调整

其局部变更，应由城市人民政府审批，并报同级人民代表大会常务委员会和原批准机关备案；重大调整则必须经同级人民代表大会或其常务委员会审查同意后，报原批准机关审批。

2）详细规划调整

其局部变更，如局部用地性质变更，可征得原规划批准机关同意后，以专题形式报批；重大规划调整，应征得原批准机关同意后，重新编制详细规划，并按法定程序报原批准机关审批。

6.3 市政管线工程规划管理

市政管线工程规划管理及后的市政交通工程规划管理作为市政工程主要规划管理内容都是建设工程规划管理的主要组成部分。建设工程分为建筑工程、市政管线工程和市政交通工程三大类。

上述市政工程相关的建筑工程规划管理、建设项目选址规划管理建设用地规划管理不在本书详细介绍，系统学习可参考相关资料。

6.3.1 市政管线工程特点

1）整体运行的系统性。市政管线工程整体运行的系统性很强。不论电力、通信、给水、燃气、供热、排水，甚至一些特殊管线等都是一个独立完整的运行系统。它们或是由产生源的厂、站、所，通过管线输配系统到各用户点；或是由各收集点，通过管线输配系统到集中排放系统，组成一个完整的系统。其中各类管线是构成系统网络的基本要素，它是系统中的经络通道，把生产、运行、供应汇为一体，只有这样才能充分发挥它的系统功能。因此各类管线系统亦都有一个相对独立的专业系统规划，并经过近远结合和分阶段的建设，不断发展完善，从而提高它们的服务范围和服务标准。

2）服务对象的公众性。除一些特殊管线系统外，市政管线工程系统都是直接面向社会各种用户的公共服务设施，向他们提供生活和生产所必须的水、电、气、暖等供应，以及排水和通信服务，因而它们都是社会公益性事业。对市政管线工程的规划管理必须保证这些设施能够安全、可靠、经济地供给各类用户，以满足他们的多方面的需要。

3）工程敷设的综合性。虽然各类管线系统都是一个独立完整的工程系统，但为保证城镇的正常运转，它们又都是城镇居民、企业、公共设施等的共同供给商。因此，各个不同系统又必然会汇聚到它们共同的用户，处于同一地区、同一道路、同一建筑的地上、地下的共同空间之中。这就必须在城镇用地及空间的综合安排中，合理地分配给它们恰当的位置，并保证能够建立起使各类管线均能通畅运营的管线通道。

4）配套建设的超前性。市政公用设施的完善供应，是城镇居民能够正常进行生活和生产的基本条件；人们生活质量的提高和生产的发展，亦需要市政设施供应标准进一步的提高。因此市政公用设施应先于建设，亦即所谓的"先地下、后地上"。在没有市政公用设施的地区，就不能进行住宅、工厂等其他项目的建设，否则建成后也无法使用。建设工地开工前必须做到电通、燃气通、上水通、电话通、污水通、雨水通、道路通等"七通"，也说明了市政公用设施超前配套建设的重要性。任何新的建设就意味着对市政公用设施新的增长的要求，就必须事先落实市政设施的供给。城镇建设要实行"统一规划、合理布局、综合开发、配套建设"的原则，就是把市政公用设施作为城镇建设的重点，超前配套安排。

5）经营管理的垄断性。目前，我国大部分城镇的各类市政管线系统仍是隶属于各专业部门经营和管理的，它们具有较强的垄断性。整个系统的生产、输配、储存或使用都置于一个中心管理，并由其协调和确定各生产源的生产或输配运营，在输配过程中，使用一套与供应水平相匹配的管线系统。随着我国社会主义市场经济体制的逐步建立，市政公用系统的生产、输送、经营供应分离的机制已开始出现，市政管线工程规划管理工作也面临新的课题和任务。

6.3.2 市政管线工程规划管理依据和内容

6.3.2.1 管理依据

1）法律规范依据。《中华人民共和国城乡规划法》及其配套法规，与城镇市政管线工程相关的其他法规，各城市制订的相关的城市规划地方性法规、规章，都是市政管线工程规划管理的法律规范依据。

2）城镇规划依据。城镇总体规划（含城市分区规划）和各项市政管线的专业系统规划是市政管线工程规划管理的基本依据。根据城镇规划和各项管线工程专业规划编制的开发地区详细规划中的管线综合规划，是市政管线工程规划管理的规划依据。规划管理部门批准的市政管线建设项目的选址意见书和建设用地规划许可证，也是市政管线工程规划管理的规划依据。

3）技术依据。国家制订的《城市工程管线综合规划设计规范》、《城市给水规划规范》、《城市供电规划规范》等规范，以及根据各地具体情况制订的地方性技术规范和标准都是市政管线工程规划管理的技术依据。

6.3.2.2 管理内容

建设工程规划管理的目的和任务以及市政管线工程的特点，要求管线工程规划管理的主要控制市政管线工程的平面布置及其水平、竖向间距，并处理好与相关道路、建筑物、树木等关系，主要有以下几个方面：

1）管线的平面布置。所有管线的位置均应采取城市统一的坐标系统和高程系统，都应沿道路规划红线平行敷设，其规划位置相对固定，并具有独立的敷设宽度。

① 埋设管线的排列次序。应根据管线的性质和埋设深度等确定。其布置次序，依次从道路规划红线向道路中心排列：即电力电缆、电信电缆、配气管、配水管、热力管（以上一般在人行道下），输气管、输水管（以上一般在慢车道下），雨水干管、污水干管（以上一般在快车道下）。

② 埋设管线的水平间距。各类管线之间及其与建筑物、构筑物基础之间的最小水平间距，应符合表 4.5.4-1 规定。

在规划管理工作中，因为道路断面、现有管线的位置的因素，不能满足上述表格内的规定尺寸时，可在采取保护措施的前提下，适当缩小。

③ 架空管线的水平间距。架空管线之间及其与建筑物、构筑物之间的最小水平净距，应符合表 4.5.4-4 规定。

2）管线的竖向布置。各种市政管线不应在垂直方向上重叠直埋敷设。当交叉敷设时，自路面向下的排列顺序一般为：电力线、热力管、燃气管、给水管、雨水管、污水管。

① 埋设管线的竖向间距。市政管线交叉时的最小垂直净距，应符合表 4.5.4-2 的规定。

当市政管线竖向位置发生矛盾时，应按下列规定处理：

压力管让重力管；可弯管让不易弯曲管；支管让干管；小口径管让大口径管线。

② 埋设管线的覆土深度。市政管线的最小覆土深度应符合表 4.5.4-3 规定。

③ 架空管线的竖向间距。架空管线交叉的最小垂直净距应符合表 4.5.4-5 规定。

3）管线敷设与行道树、绿化的关系。沿路架空线设置，应充分考虑行道树的生长与修剪需要。地下煤气管敷设要考虑煤气管损坏漏气对行道树的影响。

4）管线敷设与市容景观的关系。各类电杆形式力求简洁，管线附属设施的安排应满足市容景观的要求；旧区架空管线应创造条件入地；同类架空管线尽可能合并设置，减少立杆数量。

5）综合相关管理部门的意见。市政管线工程穿越市区道路、郊区公路、铁路、地下铁道、隧道、河流、桥梁、绿化地带、人防设施以及涉及消防安全、净空控制等方面要求的，应征得有关管理部门同意。对于不同意见，城市规划行政主管部门应予协调。

6）其他管理内容。例如雨、污水管排水口的设置、管线施工期间过渡使用的临时管线的安排以及管线共同沟等，都需要城市规划行政主管部门协调、控制。

6.3.3 市政管线工程规划管理程序与操作要求

6.3.3.1 管理程序

（1）市政管线工程规划管理事前协调程序。由于管线工程的特点及其规划管理内容的要求，市政管线工程规划管理需要设定事前协调程序，具体如下：

① 计划综合。城镇各类管线是综合地安排在城市道路地上、地下空间内的。为了避免重复掘路，减少对城市交通的影响，并协调各类管线工程走向和施工时间，需要由城镇规划行政主管部门会同城市建设管理部门收集、汇总各类管线和道路建设部门年度工程计划，并根据各专业系统规划和城市近期建设规划，本着尽可能减少掘路和"一家施工，各家配合"的要求，综合分析，区别轻重缓急，统一协调编制城市道路和管线工程年度综合计划。各管线和道路建设部门，根据综合计划调整各自的年度工程计划。一般每年编制一次综合计划，并按季度和月份协调各管线和道路工程的施工安排，保证在一定时期内（一般为5年），不再重复掘路敷设管线。因此，计划综合是市政管线工程规划管理的关键环节。

② 管线综合。管线的计划综合主要解决了管线的布局、路径和施工时间上的矛盾，而管线综合则是协调各类管线的空间位置。由于有多根管线同时建设，因此要综合平衡，使各种管线在规划管理的协调下得到统筹安排，各得其位，避免干扰。管线综合是对多种管线同步建设中协调工作的过程。一般需要编制管线综合规划，综合协调管线平面布置、间距和竖向间距以及管线与绿化、建筑物、道路等方面的关系。进行管线的走向、管位多方案的比较，根据管线综合技术标准和规范，从而确定经济合理、切实可行的最佳方案，作为管线工程规划设计要求的依据。

（2）市政管线工程规划管理审理程序。市政管线工程规划管理在计划综合和管线综合的基础上，方可进行管线工程规划审批工作，主要审理程序如下：

① 申请程序。对于一般市政管线工程，建设单位的申请程序，一是申请管线工程设计要求，二是申请市政管线工程的建筑工程规划许可证。对于规模较大、矛盾复杂的市政管线工程，在上述一、二程序之间，还需要增加送审设计方案的程序。

② 审核程序。城乡规划行政部门针对上述申请程序，一是核定市政管线工程规划设计要求。二是对于规模较大、矛盾复杂的管线工程，审核市政管线工程设计方案。三是审核市政管线工程建设工程规划许可证的申请。

③ 核发程序。经城乡规划行政主管部门审核同意的，核发市政管线的建设工程规划许可证。

市政管线工程规划管理程序如图6.3.3所示。

6.3.3.2 管理操作要求

1）需申请建设工程规划许可证的市政管线工程：

① 雨水、污水、给水、燃气等管线工程；

② 电力、电信、路灯、电车等排管、埋设电线和架设线线宽；

③ 热力、气体、油料、化工物料等特殊管道。

2）建设单位申请核定市政管线工程的规划设计要求的操作要求。对于需要申请建设工程规划许可证的市政管线工程，建设单位须向规划行政主管部门申请核定市政管线工程的规划设计要求。申请时一般应报送下列图纸、文件：

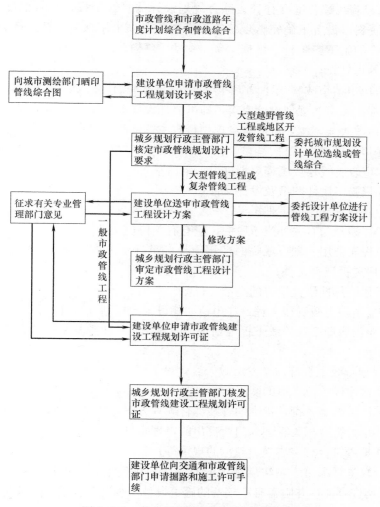

图 6.3.3 市政管线工程规划管理程序图

① 填报"市政管线工程规划设计要求申请单";

② 管线工程可行性研究报告及工程计划批准文件;

③ 管线建设范围的地形图（向城市测绘部门晒印，比例为 1：500～1：2000）;

④ 需要征地、临时借地或拆迁房屋的市政管线工程，需附送城乡规划行政主管部门批准的建设项目选址意见书和建设用地规划许可证。

3）城乡规划行政主管部门核定市政管线工程规划设计要求的操作要求。城乡规划行政主管部门接到上述申请后，首先应审核建设单位送审的图纸、文件是否齐全和有效，并在规定时限内核发"管线工程规划设计要求通知单"和标明管线走向、管位的地形图并盖审核章。在核定市政管线工程规划设计要求时，应区别以下三种情况：

① 对于经过事前计划综合和管线综合的市政管线工程，根据管线综合要求，提出管线平面布置，竖向位置和相关规划设计要求。

② 对于有管线综合规划设计的管线工程，根据批准的管线综合规划设计方案，提出管线的平面布置、竖向位置和相关设施的布置等规划设计要求。

③ 对于未经管线综合也没有管线综合规划设计的管线工程，必须根据工程范围内各类管线的现状资料（没有正确完整现状管线资料的必须采用探测、开挖等方式查清），综合考虑管线工程的施工、运行、维修等需要，并依据有关规范规定，提出管线的平面布置、竖向位置等规划设计要求。

4) 建设单位申请市政管线建设工程规划许可证的操作要求。管线建设单位根据城乡规划行政主管部门核定的规划设计要求，即可委托设计单位进行管线工程设计。设计完成后，对于一般市政管线工程，可向城乡规划行政主管部门申请市政管线《建设工程规划许可证》。应附送以下图纸、文件：

① 填报"市政管线建设工程规划许可证申请单"；

② 管线工程施工设计图纸及设计文件；

③ 相关专业管理部门的审理意见；

④ 管线工程涉及与有关部门矛盾的，应有有关协议文件；

⑤ 管线工程需征用、划拨或临时使用土地和拆迁房屋的，应另送相关管理部门批准的土地使用和房屋拆迁等文件；

⑥ 管线工程可行性研究报告的批准文件。

对于比较复杂的市政管线工程，在申请"建设工程规划许可证"前，尚需审核其工程设计方案，审核内容即市政管线工程规划管理内容，尤其注意其是否符合有关规定及规划设计要求。

5) 城乡规划行政主管部门核发市政管线建设工程规划许可证的操作要求。

① 首先审核建设单位送审的图纸、文件是否齐全和有效；

② 审核设计图纸是否符合批准的管线综合规划方案，核定的规划设计要求；

③ 审核其是否符合相关管理部门所提出的审理意见；

④ 审核其是否符合有关法规、规范的规定等；

⑤ 规划行政主管部门应在法规规定的时限内审理完毕，经审核同意的，核发市政管线建设工程规划许可证，并附盖有审核章的施工设计图和开工验线、管线施工跟踪测绘的通知单。

6.4　市政交通工程规划管理

6.4.1　市政交通工程特点

市政交通工程规划管理的对象主要是指城镇道路、公路及其相关联的工程设施，如桥梁、隧道、人行天桥等。近年来，城市高架路、出现的城市轨道交通工程的也当属市政交通工程规划管理的对象。根据市政交通工程设施的空间位置不同，一般可将其分为以下三类：

第一类是地面市政交通工程。地面市政交通工程，主要指地面城市道路系统。它构成城市的骨架，是城市功能和城市发展的基本要素。城市道路按其等级分为快速路、主干路、次干路和支路四级；按其不同的使用功能又可分为机动车专用道路、非机动车专用道路、机非混行道路、行人步行道等几类。公路又有高速公路、一级公路、二级公路、三级公路、乡镇公路之分。不同等级的道路或公路，其路幅宽度、平面线型、纵向坡度及交叉口形式等都有不同的设计标准；不同使用功能的道路其横断面的设置及其附属设施的设置都有不同的要求。由于城市道路或公路需要穿越河川、山谷等，为了保持城市道路交通的连续性就要需要配置与其相关的桥梁、隧道等交通设施。

一般是在一些特大城市，由于地面交通工程不能满足城市交通发展的需要才被采用。由于它们会对城市的环境（指噪声、废气排放影响）和城市景观带来不利影响，因此一般不宜在市中心地区设置。

第三类是地下市政交通工程。地下市政交通工程主要是城市轨道交通系统中的地下轨道交通工程部分（包括地铁车站等设施）、隧道、地下人行道等设施。随着科技进步和经济的发展，我国一些特大城市已经把建设地下轨道交通工程作为解决城市公共客运问题的主要措施之一。这也是充分利用城市土地资源、开发地下空间的重要方面。

同市政管线工程一样，市政交通工程在其布局、功能等方面都有其自身的特点，只有充分认识这些特点，才能对其进行更有效的规划管理。

1）布局的系统性。城市道路是城市的骨架。各条城市道路在城市中处于不同的区位，担负着不同的功能。城市的桥梁、隧道等交通设施，不仅联结两端道路，也将城市道路构筑成一个完整的网络系统，把城市有机地联系起来。城市轨道交通系统是城市客运交通中的另一个网络系统，通过各种换乘设施的联系，又将它和城市道路融合成一个立体的网络系统。在市政交通工程的规划管理工作中，面对的虽然是某一项具体的工程，但必须从城市道路交通系统整体性着眼，妥善处理该工程和其他相关交通工程的关系，工程的近期建设和远期发展的关系，以保证城市交通工程系统整体功能的发挥。

2）功能的关联性。城市道路是城市交通的载体，又是市政管线的载体。重要的城市道路，往往还是组织城市景观的导线。因此，城市道路建设宽度尺寸、横断面布置需满足道路规划功能的要求，还须兼顾地面、地下管线敷设的需要和城市景观的要求，一定要作好综合平衡和协调。在道路工程路面结构的选择上和工程计划的安排上，还需要与市政管线工程规划管理相互协调。桥梁、隧道、地铁、轻轨工程功能的发挥，均依赖于与它们相关的城市道路，因此，在市政交通规划管理中，要把两者协调起来。

3）服务对象的公益性。市政交通工程是面向社会的公共交通设施，它们的服务对象是社会公众，它们是一项社会公益事业。一般情况下，市政交通工程都是由政府投资建设的。因此，市政交通工程的规划管理，要提高为人民服务的责任感，要注重各项市政交通设施的公益性，重视对残疾人无障碍设计的审核，并考虑交通设施方便老人、儿童的使用。随着我国社会主义市场经济体制的建立，城市市政交通工程的投资将趋向多元化，但其社会属性的公益性并未改变。

6.4.2　市政交通工程规划管理依据和内容

6.4.2.1　管理依据

1）法律规范依据。《中华人民共和国城乡规划法》及配套法规的《城市道路管理条例》等相关的法规，各城市制订的相关的地方性法规和规章，都是市政交通工程规划管理的法律规范依据。

2）城镇规划依据。城镇总体规划中的城镇道路交通规划、城镇对外交通规划和城市轨道交通系统规划等，是市政交通工程规划管理的基本规划依据。城市总体规划（含分区规划）中确定的城市道路规划红线、其主要控制点的坐标和标高、主要交叉口的形式及用地控制范围、广场、停车场的位置和控制范围；轨道交通线路的走向、站点位置和控制范围，以及城市详细规划中确定的地区内道路规划红线、其他市政交通设施的位置、范围等，都是市政交通工程规划管理的具体规划依据。规划管理部门批准的市政交通工程建设项目的选址意见书和建设用地规划许可证也是市政工程规划管理的依据。

3）技术规范和标准依据。国家制订的《城市道路交通规划设计规范》以及地方制定的相关技术规范和技术标准，是市政交通工程规划管理的技术依据。

6.4.2.2　管理内容

1）地面道路（公路）工程的规划控制

① 道路走向及坐标的控制。道路的走向和坐标是通过道路规划红线来控制的。道路规划红线范围内的空间既是组织城市交通的基础，又是综合安排市政公用设施（如地上杆线、地下管线、街道绿化等）的基础。道路的走向能否得以准确有效的控制，首先取决于道路规划红线能否得到有效的控制。因此，道路走向的规划控制，首先是要求按道路规划红线进行控制，这就对道路的辟筑提供了一个有效的空间。如果道路是分期辟筑，对近期未辟筑部分，在红线范围内也应该严格控制建设。

坐标控制就是把道路的走向和平面位置加以量化，用直角平面坐标系来表示道路在区域内的平面位置。要注意的是，这个坐标系不是各建设部门自己假设原点的相对坐标系。道路的正确坐标，应按测绘管理规定，一律由城市测绘部门统一测量提供。

② 道路横断面布置的控制。影响城镇道路横断面形式与组成部分的因素很多，如交通量、车辆类型、设计行车速度、道路性质等等。城市道路横断面主要包括机动车道、非机动车道、人行道及绿化带等。在核定道路横断面布置时，要把握道路系统规划所确定的道路性质、功能，考虑交通发展要求。在未按道路规划红线一次辟筑的情况时，要考虑近期道路横断面布置向远期道路横断面布置的顺利过渡。

③ 城镇道路标高的控制。城镇道路的竖向标高应按照城镇详细规划标高控制，适应临街建筑布置及沿路地区内地面水的排除。道路纵坡不宜过大。纵坡宜平顺，起伏不宜频繁。要综合考虑土方平衡和汽车运营的经济效益等因素，合理控制路面标高。城市道路改建时，不应在旧路面上加铺结构层，以免影响沿路街坊的排水。

④ 道路交叉口的控制。道路交叉口形式的核定，一是城市规划明确设置立体交叉的，既要控制立体交叉用地范围，又要根据交通要求合理选择立体交叉形式，二是平面交叉路口要根据交通流量要求，渠化交叉口交通，即拓宽交叉口，增设左转或右转车道，合理确定拓宽段的长度。

⑤ 路面结构类型的控制。由于沥青价格的上涨，又由于水泥混凝土路面平时养护费用低，因此，市政工程部门往往希望采用水泥混凝土路面。水泥混凝土路面建成以后，地下管线的敷埋就很困难了。这样就提出了一个如何合理控制路面结构类型问题。凡是地下管线按规划一次就位的，应支持建设单位采用水泥混凝土路面；反之，如管线未能按规划一次到位的，应控制水泥混凝土路面的实施。对于人行道，考虑残疾人使用，路侧石部位设置轮椅坡道，人行路面设置"盲道"。人行路面选材应平坦，铺装美观，但也不宜过多使用彩色路面板。

⑥ 道路附属设施的控制。道路桥梁的附属设施包括管理用房、收费口、广场、停车

场、公交车站等等。应根据城镇规划和交通管理要求合理设置。

2）高架市政交通工程的规划控制。无论是城市高架道路工程，还是城市高架轨道交通工程，都必须严格按照它们的系统规划和单项工程规划进行控制。其线路走向、控制点坐标等控制，应与其地面道路部分相一致。它们的结构立柱的布置，要与地面道路及横向道路的交通组织相协调，并要满足地下市政管线工程的敷设要求。高架道路的上、下匝道的设置，要考虑与地面道路及横向道路的交通组织相协调。高架轨道交通工程的车站设置，要留出足够的停车场面积，方便乘客换乘，高架市政交通工程在城市中"横空出世"，要考虑城市景观的要求。高架市政交通工程还应设置有效的防止噪声、废气的设施，以满足环境保护的要求。

3）地下轨道交通工程的规划控制。地下轨道交通工程，也必须严格按照城市轨道交通系统规划及其单项工程规划进行控制。其线路走向除需满足轨道交通工程的相关技术规范要求外，尚应考虑保证其上部和两侧现有建筑物的结构安全；当地下轨道交通工程在城市道路下穿越时，应与相关城市道路工程相协调，并须满足市政管线工程敷设空间的需要。地铁车站工程的规划控制，必须严格按照车站地区的详细规划进行规划控制。先期建设的地铁车站工程，必须考虑系统中后期建设的换乘车站的建设要求，车站与相邻公共建筑的地下通道、出入口必须同步实施，或预留衔接构造口。地铁车站的建设应与详细规划中确定的地下人防设施、地区地下空间的综合开发工程同步实施。地铁车站附属的通风设施、变配电设施的设置，除满足其功能要求外，尚应考虑城市景观要求，体量宜小不宜大，妥善处理好外形与环境。地铁车站附近的地面公交换乘站点，公共停车场等交通设施应与车站同步实施。与城市道路规划红线的控制一样，城市轨道交通系统规划确定的走向线路及其两侧的一定控制范围（包括车站控制范围），必须严格地进行规划控制，以保证今后工程的顺利实施。

4）城市桥梁、隧道、立交桥等交通工程的规划控制。城市桥梁（跨越河道的桥梁、道路或铁路立交桥梁、人行天桥等）、隧道（含穿越河道、铁路、其他道路的隧道、人行地道等）的平面位置及形式是根据城市道路交通系统规划确定的，其断面的宽度及形式应与其衔接的城市道路相一致。桥梁下的净空应满足地区交通或通航等要求；隧道纵向标高的确定既要保证其上部河道、铁路、其他道路等设施的安全，又要考虑与其衔接的城市道路的标高。需要同时敷设市政管线的城市桥梁、隧道工程，尚应考虑市政管线敷设的特殊要求。在城市立交桥和跨河、跨线桥梁的坡道两端，以及隧道进出口 30m 的范围内，不宜设置平面交叉口。城市各类桥梁结构选型及外观设计应充分注意城市景观的要求。

5）其他。有些市政交通工程项目的施工期间，往往会影响一定范围的城镇交通的正常通行，因此在其工程规划管理中还需要考虑工程建设期间的临时交通设施建设和交通管理措施的安排，以保证城镇交通的正常运行。

6.4.3　市政交通工程规划管理程序和操作要求

6.4.3.1　管理程序

1）申请程序。市政交通工程的申请程序，一是建设单位申请核定市政交通工程规划设计要求和划示道路规划红线；二是建设单位送审市政交通工程设计方案；三是建设单位申请市政交通建设工程规划许可证。

2）审核程序。城乡规划行政主管部门应针对于建设单位的申请进行审核：一是在核定规划设计要求和划示道路规划红线；二是审核市政交通工程设计方案；三是审理建设工程规划许可证。

3）核发程序。经城乡规划行政主管部门审核同意的，核发市政交通工程的"建设工程规划许可证"。

上述程序见图 6.4.3 所示。

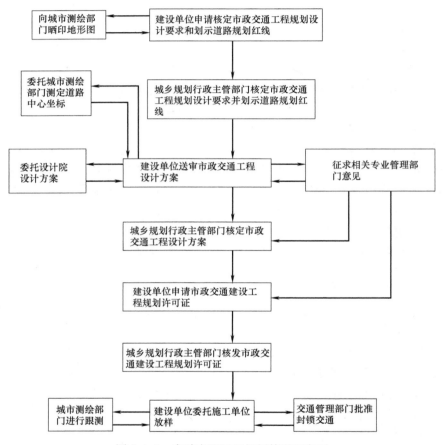

图 6.4.3　市政交通工程规划管理程序图

6.4.3.2　操作要求

1）申请建设工程规划许可证的市政交通工程：

① 新建、改建城市道路和郊县公路及其桥梁（含人行天桥）、隧道（含人行地道）工程；

② 改为水泥路面的城市道路大修工程；

③ 高架道路、高架轻轨和地下轨道交通工程。

2）建设单位申请市政交通工程的规划设计要点和划示道路规划红线的操作要求。申请时一般应报道下列图纸、文件：

① 填报市政交通工程规划设计要求申请单；

② 市政交通工程可行性研究报告及工程计划批准文件；

③ 市政交通工程建设范围的地形图（向城市测绘部门晒印，比例为 1：500～1：2000，一般为两份），建设单位应在地形图上标出工程位置及范围；

④ 需要划拨、征用土地或拆迁房屋的市政交通工程，加送城乡规划行政主管部门批准的市政交通工程建设项目选址意见书和建设用地规划许可证。

3）城乡规划行政主管部门核定规划设计要求并划示道路规划红线的操作要求。

① 应审核建设单位送审的图纸、文件是否齐全和有效；

② 根据城镇道路交通规划、交通工程专项规划和相关详细规划及有关法规、规章、技术规范按照市政交通工程规划管理内容核定该工程的规划设计要求。其中涉及市政管线的市政交通工程，还应根据道路和管线计划综合、核定规划设计要求；

③ 在规定时限内审理完毕，核发市政交通工程规划设计要求通知单和盖有审核章的道路规划红线地形图。

4）建设单位送审市政交通工程设计方案的操作要求。建设单位应报送下列图纸、文件：

① 填报市政交通工程设计方案送审单；

② 工程设计总平面图、道路工程的纵断面图、横断面图，其他交通设施的平、立、剖面图（比例一般为 1：500～1：2000，一般为两套）；

③ 设计单位的资质证明；

④ 如属设计招投标工程，应送中标通知书。

5）城乡规划行政主管部门审核市政交通工程设计方案的操作要求。

① 审核建设单位送审的图纸、文件是否齐全和有效；

② 审核设计方案是否符合所核定的规划设计要求和道路规划红线的控制范围以及其他相关法规、规范的规定；

③ 对于规模较大和重要的市政交通工程的设计方案，规划部门应组织有关单位和专家进行会审；

④ 在规定的时限内完成对设计方案的审理，经审核同意的批复市政交通工程设计方案审核意见单和盖有审核章的设计方案图纸一套。

6）建设单位申请市政交通工程的建设工程规划许可证的操作要求。建设单位应报送下列图纸、文件：

① 填报市政交通工程规划许可证申请单；

② 市政交通工程施工图（一般为两套）；

③ 相关管理部门的意见；

④ 涉及征用、划拨土地或拆迁房屋的尚需加送土地管理部门批准的土地使用、房屋拆迁等文件；

⑤ 市政交通工程可行性研究报告批准文件。

7）城乡规划行政主管部门核发市政交通工程的建设工程许可证的操作要求。

① 审核其送审图纸、文件是否齐全和有效；

② 复核市政交通工程施工设计是否符合审定的设计方案，并与相关管理部门的审理意见是否符合等；

③ 在规定的时限内完成审核工作，经审核同意的，核发"建设工程规划许可证"和

盖有审核章的施工设计图一套，并附工程开工验线通知单。

6.5 规划实施监督检查

城镇规划实施的监督检查，是指城乡规划行政主管部门为了实现城镇规划管理的目标，依照城乡规划法律和法规、批准的城镇规划和规划许可，对城镇的土地使用和各项建设活动实施城镇规划的情况，进行行政检查并查处违法用地和违法建设的行政执法工作。在行政检查中，对违法用地和违法建设的处理，又依法行使行政处罚和行政强制措施。因此，城镇规划实施的监督检查主要有三种行政行为：即行政检查、行政处罚和行政强制措施。本章内容着重市政管线工程和市政交通工程的相关工程规划批后行政检查，对其他规划实施行政检查的详细内容可参阅其他相关资料。

6.5.1 规划实施监督检查的任务与依据

6.5.1.1 实施监督检查的任务

1）城市土地使用情况的监督检查。城市土地使用情况的监督检查包括两方面内容：一是对建设工程使用土地情况的监督检查，二是对规划建成地区和规划保留、控制地区的规划控制情况的监督检查。

① 建设用地使用情况的监督检查。建设单位和个人领取建设用地规划许可证后，应当按规定办妥土地征用、划拨或者受让手续，领取土地使用权属证件后方可使用土地。城市规划行政主管部门应当对建设单位和个人使用土地的性质、位置、范围、面积等进行监督检查。发现用地情况与建设用地规划许可证的规定不相符的，应当责令其改正，并依法作出处理。

② 对规划建成的地区和规划保留、控制的地区规划控制情况的监督检查。城市建设按照城市规划建成了很多居住区、工业开发区以及具有不同功能作用的综合开发地区。城市规划行政主管部门应当对上述地区规划控制情况进行监督检查。特别是对于文物保护单位和历史建筑保护单位的保护范围和建筑控制地带，以及历史风貌地区（地段、街区）的核心保护区和协调区的建设控制情况要进行严格的监督检查。

2）对建设活动全过程的行政检查。城市规划行政主管部门核发的建设工程规划许可证，是确认有关建设工程符合城市规划和城市规划法律规范要求的法律凭证。它确认了有关建设活动的合法性，确定了建设单位和个人的权利和义务。对其建设活动情况的行政检查，是监督检查的重要任务之一。具体任务有两项：一是建设工程开工前的订立红线界桩和复验灰线。二是建设工程竣工后的规划验收。

3）查处违法用地和违法建设

① 查处违法用地。建设单位或个人未取得城市规划行政主管部门批准的建设用地规划许可证，或者未按照建设用地规划许可证核准的用地范围和使用要求使用土地的，均属违法用地。城市规划行政主管部门应当依法进行监督检查，并会同土地管理部门，按照各自职权依法进行处理。

对于建设单位或个人未取得城市规划行政主管部门批准的建设用地规划许可证，而向土地管理部门申请用地且已获批准的，按照《中华人民共和国城市规划法》规定，属于违法审批。应当向县级以上人民政府报告，由县级以上人民政府责令其收回土地。

②查处违法建设。建设单位或者个人根据其需要，时常会发生未向城市规划行政主管部门申请建设工程规划许可证就擅自进行建设，即无证建设；或者是虽然领取了建设工程规划许可证，但未按照建设工程规划许可证的要求进行建设，即越证建设。按照城市规划法律、法规的规定，无证建设和越证建设均属违法建设。城市规划行政主管部门通过监督检查，及时制止并依法做出处理。

4）对建设用地规划许可证和建设工程规划许可证的合法性进行监督检查。建设单位或者个人采取不正当的手段获得建设用地规划许可证和建设工程规划许可证的；或者私自转让建设用地规划许可证和建设工程规划许可证的，均属不合法，应当予以纠正或者撤销。城市规划行政主管部门违反城市规划及其法律、法规的规定，核发的建设用地规划许可证和建设工程规划许可证，或者作出其他错误决定的，应当由同级人民政府或者上级城市规划行政主管部门责令其纠正，或者予以撤销。被撤销的建设用地规划许可证和建设工程规划许可证批准的建设用地和建设工程，按照违法用地和违法建设依法处理。城市规划行政主管部门在这项监督检查活动中，如发现问题应及时向核发"一书两证"的行政管理部门反馈情况，并及时纠正，促进城市规划管理依法行政。

5）对建筑物，构筑物使用性质的监督检查。

6.5.1.2 实施监督检查管理的依据

1）法律、法规依据。《中华人民共和国城乡规划法》及其配套法规，如《城市国有土地使用权出让转让规划管理办法》、《城建监察规定》等，以及各地城市制定的城乡规划法规、规章等为其执法依据。

2）城镇规划依据。依法定程序批准的城镇总体规划、详细规划及其他专项规划，以及城乡规划行政主管部门核发的建设用地规划许可证、建设工程规划许可证和其他决定，为其监督检查规划依据。

3）事实依据。对建设用地、建设工程的实施情况，违法用地、违法建设的实际情况，以及相关方面的证据，是其查处结论的事实依据。

6.5.2 市政管线工程与市政交通工程规划批后行政检查

6.5.2.1 行政检查内容

前述市政管线与市政交通工程与建设工程是三大类主要建设工程。建设工程的市政管线与市政交通工程规划批后行政检查内容包括以下方向：

（1）道路规划红线订界。建设工程涉及道路规划红线的，才有这项工作内容。城乡规划行政主管部门一般委托城市测绘部门订立道路红线界桩。

（2）检查市政管线或道路的中心线位置

（3）市政管线工程竣工规划验收内容：

1）中心线位置；

2）测绘部门跟测落实情况；

3）基地规划要求。

（4）市政交通工程竣工规划验收内容：

1）中心线位置；

2）横断面布置；

3）路面结构；

4）路面标高及桥梁净空高度；

5）其他规划要求。

6.5.2.2 行政检查程序

建设工程规划批后行政检查的程序如图 6.5.2。

（1）申请程序。包括：一是申请订立道路规划灰红线界桩（仅限于建设工程涉及道路规划红线的）；二是申请复验灰线；三是申请建筑工程竣工规划验收。

（2）检查程序。对照于上述申请程序，分别进行行政检查。

（3）核发程序。建设工程竣工并经城市规划行政主管部门规划验收合格的，核发建设工程竣工规划验收合格证明。

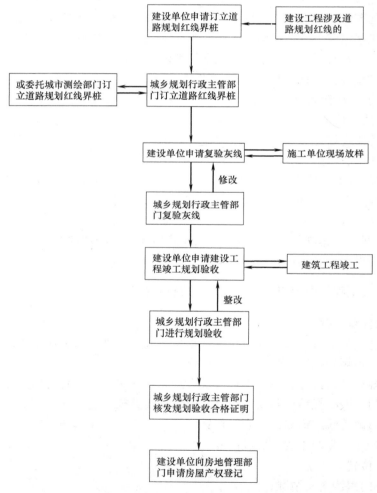

图 6.5.2 建设工程规划批后行政程序图

6.5.2.3 行政检查程序和操作要求

（1）建设工程复验灰线的操作要求。城乡规划行政主管部门收到建设单位复验灰线的申请后，应在规定时间内复验完毕。经复验合格的，签署复验灰线合格意见；复验不合格的，提出修改意见，要求建设单位整改后，再重新复验。复验灰线记录一式两份，一份交建设单位，另一份留档备查。

（2）建设工程竣工规划验收操作要求。城乡规划行政主管部门收到建设单位的竣工规划验收的申请后，监督检查人员安排时间赴现场验收。验收不合格的，提出整改意见，整改合格后再验收；验收合格的，报规划行政主管部门有关领导审批后，发给建设工程竣工规划验收合格证明。

思考题：

1. 从规划管理全过程考虑如何理解市政工程规划管理综合性要求与规划统筹要求的对应性？
2. 试述市政管线工程规划管理的主要内容与基本要求。
3. 分析比较市政管线工程规划管理与市政交通工程规划管理的主要异同。

7　综合防灾及市政工程应急管理

提要： 市政工程是城镇生命线工程。就市政管理而言，本章综合防灾及市政应急管理与第 6 章市政工程规划管理都是城镇市政管理或城镇管理的重要组成部分。

本章内容包括综合防灾应急体系建设、综合防灾管理信息系统与评价体系建设、应急管理概述、市政管网应急管理体系与管理机制，以及相关灾害系统工程综合防治与应急对策。重点要求理解和掌握市政管网工程相关的应急管理知识。

7.1　综合防灾管理

7.1.1　综合防灾应急体系建设

（1）国家应急预案体系

我国的应急预案体系由国家突发公共事件总体应急预案、105 个专项和部门预案以及绝大部分省级应急预案组成，全国应急预案体系初步建立。

1）应急预案对应突发公共事件分类

自然灾害：包括洪涝、干旱、地震、气象等诸多灾害。包括国家减灾委（30 个部委组成）、国家防汛抗旱总指挥部、水利部、民政部、农业部、国土资源部、地震局、气象局、林业局、海洋局等从事减轻自然灾害工作。

事故灾难：包括航空、铁路、公路、水运等重大事故；工矿企业、建设工程、公共场所及各机关企事业单位的重大安全事故；水、电、气、热等生命线工程、通信、网络及特种装备等安全事故；核事故、重大环境污染及生态破坏事故等。国家建有国家生产安全委员会及生产安全监督管理局，涉及住房和城乡建设部、交通运输部、民航总局、工业和信息化部、商务部以及各大工矿企业、各大城市市政管理部门等。

公共卫生事件：包括突发重大传染病（如鼠疫、霍乱，肺炭疽、SARS 等），群体性不明原因疾病，重大食物及职业中毒，重大动植物疫情等危害公共健康事件。涉及卫生部、人口计生委、食品药品监督局、红十字会、爱国卫生委员会、艾滋病委员会、血吸虫病委员会以及各级医院、卫生院等。

社会安全事件：包括恐怖袭击事件、重大刑事案件、涉外突发事件、重大火灾、群体性暴力事件、政治性骚乱；经济危机及风暴、粮食安全、金融安全及水安全等。前一部分，建有中央政法委、中央反恐领导小组等，涉及公安部、安全部、司法部等；后一部分，建有中央财经委员会，涉及发改委、财政部、农业部、水利部、商务部、银行、证券公司、保险公司、银监会、证监会、保监会等。

2）预警分级

根据预测分析结果，对可能发生和可以预警的突发公共事件进行预警。预警级别依据突发公共事件可能造成的危害程度、紧急程度和发展势态，一般为国家突发公共事件总体应急预案、105个专项和部门预案。目前已经公布的专项应急预案主要有：国家自然灾害救助应急预案；国家防汛抗旱应急预案；国家地震应急预案；国家突发地质灾害应急预案；国家处置重特大森林火灾应急预案；国家安全生产事故灾难应急预案；国家处置铁路行车事故应急预案；国家处置民用航空器飞行事故应急预案；国家海上搜救应急预案；国家处置城市地铁事故灾难应急预案；国家处置电网大面积停电事件应急预案；国家核应急预案；国家突发环境事件应急预案；国家通信保障应急预案；国家突发公共卫生事件应急预案；国家突发公共事件医疗卫生救援应急预案；国家突发重大动物疫情应急预案；国家重大食品安全事故应急预案。

部门应急预案是国务院有关部门根据总体应急预案、专项应急预案和部门职责为应对突发公共事件制定的预案。

（2）地方应急预案体系

地方应急预案包括：省级人民政府的突发公共事件总体应急预案、专项应急预案和部门应急预案；各市（地）、县（市）人民政府及其基层政权组织的突发公共事件应急预案。这些预案在省级人民政府的领导下，按照分类管理、分级负责的原则，由地方人民政府及其有关部门分别制定。

（3）应急管理体系

应急管理体系是指在坚持中央和国务院统一领导下，整合中央国家机关在各地单位和驻地部队单位的应急资源，在与国家减灾中心互通互联大前提下构建的综合应急管理体系：大致包括应急指挥系统、应急技术支撑系统、应急管理法律和规范系统与应急资金物资保障系统。

1）应急指挥系统：包括省、市和区县三级政府的综合应急指挥系统及若干个单种灾害或职能部门的应急指挥系统。

省综合应急指挥系统是各地区公共危机应急管理的最高权威机构。其领导决策层由各市主要领导，中央和国务院机关事务管理局、驻地部队和各市有关职能局、委的领导组成应急减灾委员会或领导小组，下设综合应急指挥中心和应急专家组。

市应急指挥系统，作为二级综合应急指挥系统，主要负责各市内的公共危机事件的综合应急管理；县区应急指挥系统，作为三级综合应急指挥系统，主要负责本区县内的公共危机事件的综合应急管理。

专业应急指挥系统，是指由市政府职能部门组建的针对单种灾害的专业性应急指挥系统。其特点是具备对单种灾害的监测、预警、救援等能力技术水平较高，有的还是本地区应急救援专业队伍的骨干力量。包括：消防、交通、公共卫生、公用设施、安全生产、抗震、人防、反恐、动植物疫情、防汛等方面。

社会应急救助组织，这是各企事业单位、群众团体以及社区等基层组织，在专业防灾部门或区县政府指导和支持下组建的义务防灾减灾志愿者组织。他们接受一定的安全减灾科普教育或减灾技术培训，在发生突发事件和灾害时他们作为灾害事件的第一目击者，在第一时间组织最初的自救互救措施，为后来的专业救援队伍提供准确的灾害事件初始信息，协助专业救助行动，这对了解灾害发生的初始信息、灾害源判断、准确实施应急救援措施，最大限度减轻灾害损失是十分重要的。

2）应急技术支撑系统：包括网络通信子系统、信息数据库子系统、数据分析评估模型子系统、对策预案子系统和专业救援子系统。

3）应急管理法律和规范系统：建立各地区相应的应急管理法律体系；编制各地减灾规划及相应的实施计划纲要；在"市民道德行为规范"中加进防灾、救灾内容。

4）应急资金物质保障系统：将应急指挥系统建设资金列入每年财政预算或建立专项基金专款专用；加快应急救援装备、器材现代化、高科技化步伐如超高楼层救火救生设备等；通过政策引导和扶持发展民营减灾用品产业，如家庭、个人备灾应急包、小型救灾器材等；做好应急物资储备，建立市财政支持的应急物资生产基地。

我国的应急管理遵循的是"条块结合，以块为主"的属地管理原则，各地方，特别是大城市将处在应急管理的第一线，具体实施以上应急预案。中央政府除了完成灾害和事故预报预警等方面工作外，将适时提供各种援助和救助。根据部门职能和资源调配权限，在专项预案和部门预案中都对预案启动程序、责任人和联系方式做出了详细规定，并采取措施保证信息的及时更新。

7.1.2 综合防灾管理信息系统建设

城市灾害是自然变异和社会失控给人类造成的伤亡和经济损失，现代城市防灾是一种社会行为，有效的防灾决策与控制有赖于灾害的监测、预报、防灾、抗灾、救灾、援建等一系列规划与措施，而灾害信息的提取往往又是实施可靠防灾控制的首要环节。

（1）城市综合防灾管理信息系统建立原则与内容

1）基本原则

树立现代城镇综合防灾情报意识；

确立各类城镇灾害信息资源共享观念；

形成保存城镇灾害历史记录责任观念；

保障城市规划、建设、决策等用户利用现有数据库的权利；

解决计算机技术问题，形成软件和硬件相结合的信息可靠性支撑条件；

解决城市综合防灾数据库投资经费来源问题；

健全城市综合防灾数据库管理体系，并形成中央、省市（或计划单列市）、市县级城镇综合防灾数据库三级网络。

2）内容要点

由于城市灾害系统的时空尺度大，因素众多，结构复杂，沿用经典的分门别类的单因素信息管理模式显然难以奏效，而必须依赖于现代自然科学方法与社会人文科学方法的交叉而非简单叠加。建立现代城市综合防灾管理信息系统的出发点在于，要求所建立城镇同时考虑灾害条件下经济、社会、科技文化、生态环境各子系统的适应模式。任何一项管理都要具备管理者、管理对象、管理范畴、管理系统及其法规四大要素，而城市灾害管理还要贯穿灾前预测、评估、灾时预警、实施应急预案、灾后恢复重建技术经济可靠决策全过程。所以，典型的 UDMIS 应包括以下内容：

建立城市灾害信息与评估系统。系统涉及城镇历史灾情、致灾因素与环境，城市灾害现状与相关灾害前兆监测数据，监视区域人口、经济分布数据，城市灾害防御工程分布、数量、标准与能力，城市灾害评估数据库与城市灾害管理数据库（含防灾预案）设计的动态分析模型，并根据成灾环境、防灾能力、输入灾害强度，确定城市灾害风险区的类别，优化防灾预案。

编制城市灾害风险图谱。城市灾害风险主要取决于城市灾害强度、人口经济密度、城市灾害防御能力与承灾能力等。

制定城市土地利用规划与城镇灾害防御规划。规划包括避害趋利原则、制定非工程性防灾措施，以便报灾、查灾、赈灾工作可靠实施。

建立救灾指挥系统。救灾是一项准军事化的社会协调行动，它有赖于城市灾害快速跟踪评估系统、城市灾害传输与预警系统、政府职能部门救灾决策指令系统和社会救灾行动系统的建立。

城市灾害信息管理先导性工作。工作包括历史与现今城市灾害监测信息综合调研，城镇灾害特征、规律、趋势综合研究，重大突发性灾害应急反应计划细则研究与预案设计。

城市灾害监测。借助科学预测技术对行将发生城镇灾害可能性及危害程度评估。城市灾害监测过程可分为监视、信息处理、灾害评价、监界判断和实施控制五个阶段。其中，信息处理是重要中介，其核心贵在筛选可靠信息，即剔除失真与错误信息，同时寻找异常信息。这需要进行信息分类，力图在整体上反映城镇灾害及灾害系统综合特征。

（2）城市综合防灾管理信息系统设计

城市综合防灾管理信息系统是一个空间信息和非空间信息相结合的集成系统。它应具备数据采集处理、模拟仿真、动态预测、规划管理、决策支持、模式识别、图像处理和图形输出等功能。其设计目标是为了最大限度地防灾减灾。其典型系统组成是：

1）数据库和管理系统。包括基础底图库、遥感调查成果库、防灾规划专项库、防灾管理档案及文献库。

2）模型库及其管理系统。如建立以空间分析为特征的分析模型库（含多元灾度分析、地形致灾因子分析等）、以系统工程为基础的系统模型库（含建模、决策、管理、控制等）、以专家系统为技术手段的智能型故障诊断模型库（引入人工智能方法，建立城市灾害专家知识库，通过多级推理，实现分析、评价、预测、规划、制图智能化等）和系统的人—机接口界面模型。

3）制图方法库。含图例符号库、系统制图方法库。

4）数理模型库。指城市地理单元检索、各种坐标体系的互算。

5）城镇灾害地理编码体系。如城镇方位码、道路代码、路口码、街坊代码、城市生命线系统及市政管线类代码。

6）防灾系统决策库以及城市灾害预警系统。它包括城市灾害前兆与灾害因素观测，对城市灾害发生、发展过程的监测和灾情传达体制、行动命令发布体制等。

7）市民避难系统。包括外部情报系统、诱导控制系统、避难行动系统。

实现城市综合防灾管理信息系统的关键是信息控制系统的可靠性，而信息控制可靠的关键是控制信息的提取与传输的可靠性。它取决于各子系统的可靠性及子系统之间的结构耦合关系，尤其应关注作为"控制与决策"主体的人—机—环境系统工程中人的可靠性问题，实现人与计算机系统的"共生"。

7.1.3 综合防灾管理评价体系建设

7.1.3.1 综合防灾管理评价体系研究

防灾管理水平是衡量城市发展能力的重要因素。高水平的防灾管理能有效地减轻城市灾害损失，保证城市的可持续发展。相反，由于人为因素造成防灾管理上的不足，则会扩大灾害对城市的影响，增加灾害损失。这种影响和损失，在城镇化和城市现代化进程不断加快的今天，必将扩展到社会、经济、文化等诸多方面，使整个社会蒙受巨大损失。因而，防灾管理水平的高低，直接影响着城市自身的发展能力。而对城市决策者来说，要进一步提高城市防灾管理水平，增强抵御灾害能力，就必须掌握和了解城市防灾管理基本状况和综合水平。因此，有必要建立一个有关城市综合防灾管理的评价体系，其意义在于：

防灾管理评价体系研究，可为防灾管理提供客观反馈信息，有助于决策者进一步调整防灾对策。防灾管理是一项具有反馈功能的系统工程，客观信息有利于防灾管理的优化。而防灾管理评价体系正是通过对城市致灾环境、人文、经济特征及城市防灾措施的综合分析、评估，系统、全面地反映出城市防灾管理中存在的优势与不足。这种反馈信息，可以为正确制订城市防灾决策提供科学依据。

防灾管理评价体系研究也能为不同城市防灾管理水平横向比较提供条件。防灾管理评价体系是一种普遍适用的评价体系，对于不同城市防灾管理的同一方面而言，它所采用的评价标准是一致的。此外，评价体系以量化分析为基础，这就大大增强了城市之间防灾管理水平的可比性。

总之，通过对防灾管理评价体系的研究，我们可以对城市防灾管理进行客观的、量化的分析，这样可以减少主观认识所带来的不确定因素对防灾管理的干扰，有利于城市防灾管理的科学化与系统化。

7.1.3.2 城市综合防灾管理评价体系主要结构

城市综合防灾管理评价体系以城市防灾管理为评价对象，它是在对相关指标集进行定量分析基础上，根据一定的评价模型，对城市防灾管理体系进行综合评价。城市综合防灾管理评价体系由以下三部分组成。

1）评价指标集

它是评价体系的主要组成部分。它由一系列有内在联系的、有代表性的、能够概括城镇防灾整体水平的要素所组成。评价指标集不但能较全面地反映城市防灾管理发展水平，还能对城市防灾管理与城市经济、社会、科技等领域是否能够持续协调发展作出客观、全面的评价。

2）基础数据集

这是定量分析评价指标的基础，它包括分析评估指标所需要的有关数据。这些数据一般为原始统计数据。

3）评价模型

它是一种量化分析模型，是运用数学模式去描述系统诸要素之间的关系，通过一定的演算方法，给出定量结果。评价模型的分析对象是评价指标集，根据指标集中于不同子集的特点，可采用不同评价模型。合理的评价模型对于客观地分析城市防灾管理系统的特征有着重要意义。

7.1.3.3 综合防灾管理评价指标选择与分析

（1）评价指标选择原则

代表性。评价体系涉及城市灾害系统、城市防灾管理系统和城市社会经济系统 3 大系统，而且每一系统相关因素都十分复杂。选择所有因素作为评价指标，既不现实，也没有必要。我们只能选择少数指标来说明问题。因此，所选指标必须具有代表性，以便全面地反映城市客观情况。

可操作性。评价指标要能为实际工作所接受，并反映城市的特点和实际情况，每一项指标都应有据可查，并易于量化分析。同时，评价指标应当与我国现行统计部门指标相互衔接，尽可能保持一致，这样才便于测量与计算。由于防灾管理研究刚刚起步，城市防灾管理及相关方面统计资料还十分零散，很不完整，这就要求我们最大限度地利用现有各种情报源，包括城市历年经济资料、年鉴和各种历史文献，并从中提取相关信息。

可比性。评价指标集中的每一项指标都应当是确定的、可比的，以实现不同城市之间防灾管理水平的比较，因此，在选择评价指标时，要充分体现出可比性，以便客观地反映出城市之间整体减灾水平的差异。

相容性。评价指标集中的每一项指标不仅概念要科学、简明，而且各项指标所反映的特征也不能重复，不能发生冲突。

（2）评价指标类型

从统计形式上划分，可分为定性指标和定量指标。

1）定性指标：用来反映城镇防灾及其相关现象质的属性，一般不能或难以用具体数值来描述。比如，城市灾害危险性等级、易损性等级，可描述为一级、二级、三级、四级和五级等。

2）定量指标：用来反映城市防灾及其相关现象量的属性。其特征可以用数值大小来描述，比如人口密度、经济密度等均属此类。

定性指标与定量指标都很重要。但对于量化评价体系而言，定量指标更易于进行比较以及进行计算处理与评估，所以定量指标应该是评价指标集的主体部分。定性指标通过必要的量化处理，也可以转化为定量指标来加以处理。

定量指标按其作用的不同，可以划分为绝对指标和相对指标。

① 绝对指标：用于反映在一定时间、地点条件下，防灾及其相关现象所达到的总规模与总水平，比如城市总人口数、城市消防站（队）总数等。

② 相对指标：用来反映城市灾害强度与城市防灾工程质量与效率，比如灾害发生频次、防灾标准等。

从功能上来划分，分为描述性指标和分析性指标。

① 描述性指标：一般由原始统计变量构成，是对防灾及其相关现象实际调查、测量的直接结果，它们是构成分析指标的基础。

② 分析性指标：一般是为了一定的研究目的，对描述性指标进行分析加工，它们是由描述性指标派生出来的指标。

从内容上来划分，可分为城镇灾害危险性指标、城市易损性指标和城市承灾能力指标。

① 城市灾害危险性指标：是为城市灾害危险性评价而设计的，用来描述和评价城市受灾环境特征，反映城市灾害时空分布。

② 城市易损性指标：是为城市易损性评价而设计的，用来描述和评价城镇一旦发生灾害所可能遭受的损失程度。因为城市受灾损失与城市社会经济发展状况成正比，所以可以利用城市经济社会发展指标来反映城市易损性。

③ 城市承灾能力指标：是为城市承灾能力评价而设计的，用来描述和评价城市防灾、抗灾、救灾与恢复能力，反映城市抵御灾害的综合能力。

（3）评价范围的确定

防灾管理评价体系中的"灾"，主要是指对我国城市危害较大的地震、洪水、风灾和火灾。之所以选取这四种，一是因为它们比较常见，是对城市威胁与危害最大的灾害。这4种灾害中，既有自然灾害如地震、洪灾和风灾，也有人为灾害如火灾。因此，对它们进行研究具有一定的概括性和代表性。而且，城市灾害种类繁多，将研究范围主要局限于少数几种灾害，还有利于评价体系的简化。二是因为这几种灾害属于常见灾害，有关它们的统计资料较为全面、详细，而其他城市灾害尤其是一些新出现的城市技术灾害相关资料较少，不利于数据收集、分析和研究。基于此，研究围绕这4种灾害展开。

（4）评价指标集体系结构

城市综合防灾管理评价指标集可分为综合评价层、评价子系统层（即评价要素层）和评价指标层三个层次。城市灾害危险性、城市易损性和城市承灾能力形成评价子系统层，评价子系统层中的要素是由它们各自评价指标构成的。

（5）评价指标分析

1）城市灾害危险性评价指标分析

自然灾害危险性评价。采用"自然灾害综合分区等级数"，它是以自然地理面貌分布状况为依据的。众所周知，自然灾害的发生主要源于自然变异，而自然变异的能量主要来自两个方面：一是地球的运动和变化；二是太阳的活动。地球的运动和变化在地球表层造成的最突出改变是构造与地貌形象。影响地球表层对太阳能量吸收的最主要因素是纬度、地貌和海陆分布。也就是说，导致各种自然灾害发生的能量分布可由自然地理面貌集中反映出来。这样，便从理论上提供了以自然地理为基础进行自然灾害综合分区的可能性。需要说明的是，此项指标仅对城市灾害环境的危险性进行初步的、粗略的划分。

① 地震危险性评价指标。采用"地震基本烈度"。地震基本烈度是指一定地区在今后一定时期内（一般以未来100年为期限），在一般场地条件下可能遭受的地震最大烈度。它要根据《中国地震烈度区域划分图》对城市的地震基本烈度来评定。

② 台风危险性评价。采用"台风频次"。根据台风发生区域和台风移动路径来看，沿海地区受台风影响程度严重，出现风灾频次最高。由于台风登陆一般都会造成较大灾害，台风出现频次多的地区，风灾也十分严重。每年台风出现频率最多的是我国台湾省，其次为广东、海南和福建。因而，这些地区也是我国台风灾害最严重的地区。这就说明，可以利用台风的频次来反映一个地区台风灾害的危险性。

③ 洪灾危险性评价指标。采用"年平均大暴雨日数"。城市由于大面积铺设道路和修建房屋，增加了不透水程度，减弱了自身滞洪能力，在经常受到暴雨袭击的地区，这些因素也进一步加大了由大暴雨引发城市洪灾的可能性。由此可见，洪灾与暴雨关系密切；在暴雨频发的地区，洪灾也十分严重。因此，我们选取能反映一定地区暴雨发生状况的年平均大暴雨日数作为洪灾危险性的评价指标。

根据气象部门的规定,大暴雨是指日（24 小时）降水量超过 100mm 的降雨。年平均大暴雨日数,将通过对一个城市地区多年大暴雨日数的统计求其年平均数而计算得出。

④ 火灾危险性评价指标。火灾发生率：即以每 10 万人口火灾发生次数作为评价火灾发生率的标准。

$$火灾发生率＝城市年平均发生火灾总数（起）/城市人口数（10万）$$

大风时日：因为火灾发生和火势大小与城市气候条件有一定关系,因此,对火灾发生、发展有影响的气候因素指标大风时日及干燥度作为城市火灾危险性评价的指标。根据气象部门的规定,风力大于或等于 8 级的风记为大风；这一天不论大风持续时间长短,均作为大风日。大风时日是统计一个城镇地区年平均大风日数。

干燥度：最大可能蒸发量与同期降水量之比。它反映了一个地区气候干燥程度。根据干燥度,可以进行气候分区。

⑤ 地面沉降危险性评价。采用"地面最大累积沉降量"。人类的工程活动对环境的改造,是地面沉降等地质灾害的诱因,它们给城市建设带来严重威胁。一般选取的地面最大累积沉降量可以对这些灾害的危险性进行评价,它指城市至统计期限为止所累积的地面最大沉降量。

评价指标评级标准。上述参评指标的取值差异较大,为直观地说明不同指标值所代表的灾害危险性程度,对参评指标取值范围进行了等级划分,并列出了相应评级标准。

2）城市易损性评价指标分析

城市易损性是通过对城市规模、发展状况的评价来反映城市在遇到灾害时所可能受到的损失程度。

① 城市社会状况评价指标。人是社会的主要因素,人口数量与密度在一定程度上反映了城镇规模和社会发展状况,因而可选取"人口密度"作为城镇社会状况的评价指标。

人口密度是指城市每平方公里面积上的人口数量,计算公式为：

$$人口密度＝城市人口总数（人）/城市总面积（km^2）$$

② 城市经济状况评价。可以采用"经济密度"作为城市经济状况的评价指标。

所谓经济密度,就是单位面积上城镇的国内生产总值（GDP）,公式如下：

$$经济密度＝城市国内生产总值（亿元）/城镇总面积（km^2）$$

③ 城市交通运输状况评价。采用"城市年货运算"。城市年货运量的多少,可以反映这个城镇在全国交通运输方面的地位。它又由陆路货运量、港口货物吞吐量和管道运输量三个部分组成（单位为万吨）。

④ 城市建筑状况评价。建筑物是城市灾害的主要承灾体,建筑物数量越多、密度越大,灾害所造成的损失就可能越大。此外,对地震灾害而言,建筑密度大,城镇空旷地带少,也会给地震发生后人员疏散和安置问题带来不利影响。因此,可采用"建筑密度"来作为评价指标。

⑤ 城市生命线状况评价。城市生命线即城市供水、排水、煤气、电力、电信等管网设施。这些设施纵横交叉,十分密集地分布在城市的地上或地下；它们增加了城市灾害复杂性。因此,城市生命线状况评价也是评价城市易损性应当考虑的重要因素。下面,即以两个具有代表性的指标来说明城市生命线的易损性。

煤气管道长度：灾害发生时,煤气等易燃易爆物质运输管道对城市的威胁最大,因此可选择煤气管道作为城市生命线易损性的评价指标之一。所谓煤气管道长度是指城市单位面积的煤气管道长度。

全年用电量指标：它是反映城市用电量大小的一项指标。城市用电量越大，则对电的依赖性就越高，它从一个侧面反映城市输电网络规模。

城市承灾能力评价：城市承灾能力是指城市对某一种或多种灾害预测、防抗、救护及恢复的综合能力，它反映了城市抗御灾害的整体水平。它是城市政府及社会各方面借助于管理、科技、法律、经济等多种手段相互协调、共同努力的结果，也是城市防灾管理措施发挥作用的集中体现。

根据城市承灾能力定义可以看出，城市承灾能力是由对城市灾害预测、防抗、救护及恢复等能力组成的，下面即从这4个方面来评价城市的承灾能力。

① 城市预测灾害能力评价。地震预测能力指标：采用"地震台网监控能力"进行评价。地震台网的监测结果是进行地震预测、预报的重要依据。地震台网监测能力高低，取决于地震台网中台站数量与分布。由于台站分布具有不均匀性和不合理性，它对全国不同地区地震观测能力和精度是不相等的。因此，有必要对地震台网在不同城市区监测能力进行评价。

火灾报警能力指标：火灾报警在城市消防中的地位十分重要，报警能力强，有助于快速发现火情，防止火势蔓延。火警线和火警调度专用线为提高火灾报警能力提供了物质设施上的保障，因此可采用"119"火警线和火警调度专用线达标率作为城市火灾报警能力评价，公式如下：

"119"火警线和火警调度专用线达标率＝["119"火警线已开通数（对数）＋

火警调度专用线已开通数（对数）]/"119"火警线和火警调度专用线应开通数（对数）

② 城市防灾、抗灾能力评价。城镇防灾、抗灾能力是城市防灾工程及受灾体抗御某一灾害的综合能力，它与城市防灾措施是否完善有效密切相关。因此，可以采用间接的方法，通过对城市防灾管理措施评价来反映城市防灾、抗灾能力。城市防灾措施有两类：一类是工程性防灾措施；另一类是非工程性防灾措施。

工程性防灾措施是防御灾害的重要措施，可通过适当工程手段来削弱灾害源能量，限制或疏导灾害载体影响范围，提高承灾体防灾能力，减少灾害对城市的影响。

a. 防震能力评价。一个城市的建筑物防震达标率，反映了该城市建筑物整体抗震能力。建筑物防震达标率是指符合城市建筑设防标准建筑物占该城市总建筑物比例。符合城市建筑设防标准建筑包括以规范为标准建设的新建筑和巩固后达标的老建筑。

b. 防洪能力评价。城市下水管道长度。下水管道作为城市主要的泄洪渠道，其建设状况直接影响到城市泄洪能力。统计城市下水道总长度即具有汇集和排除雨污水作用，埋在地下各种结构的明沟、暗渠的总长度（单位为 km）可用来评价城市防洪能力。

城市防洪标准。一般依据被保护对象遭受洪水时产生的经济损失及社会影响来分析和确定。城市防洪标准合理与否，直接反映出城市的防洪能力。防洪标准一般为几年一遇，几十年一遇，百年一遇。年限越长，表明城市防洪能力就越强。

c. 防火能力评价。工程消防设施达标率指城市现有高层建筑、地下工程和石油化工企业火灾自动报警、自动灭火、安全疏散等消防设施符合有关防火规范和维护保养规定的达标程度。公式为：

工程消防设施达标率＝抽查达标项目数(项)/抽查项目总数(项)

城市消防站布局达标率。城市消防站布局从一个侧面反映城市消防基础设施状况。一个城市须设置消防站数应根据我国有关部门的规定来确定，公式为：

城市消防站布局达标率＝已设置消防站数(个)/应设置消防站数(个)

非工程性防灾措施是通过政策、规划、经济、法律、教育等手段，削弱或避免灾害源，削弱、限制或疏导灾害载体，保护或转移受灾体，保护或充分发挥工程性措施的作用，减轻次生灾害与衍生灾害，最大限度地减轻灾害损失。非工程性防灾措施有利于改善城镇财产和各类活动对灾害的适应性。

a. 减灾教育评价。通过教育，提高城市居民灾害意识，增加面对灾害的自我保护、自我救助能力，可以大大减少人员伤亡和灾害损失。而多数城市对防灾教育尚未重视，防灾教育仅停留在一种零散的、不系统的水平上，多数居民防灾知识贫乏。因此，有必要对城市防灾教育工作加以合理评价，并将其列为城市综合防灾管理评价体系中的一项指标。

防灾知识教育普及率。由于防灾教育目前尚未正式列入我国的学校教育体系之中，公众防灾知识来源是多方面的、不确定的。因此，公众防灾知识水平是参差不齐的。为了客观地反映公众整体的防灾知识水平，可采用调查问卷方式，对公众防灾知识教育普及率进行测评。方法是采用统一问卷方式进行调查，把及格率作为测评结果，计算公式为：

普及率＝及格人数/调查人数

b. 防灾立法评价。防灾立法为防灾管理多个方面包括防灾计划、机构设置、防灾准备措施及响应行动等提供了正式的依据。它的健全与完善有利于保证防灾机构圆满地执行职责，也有利于保证一系列有关防灾政策、制度和措施顺利实施。防灾法规既可以是全国性的，由国家统一颁布，在全国范围内实行；也可以是地方性的，由地方政府结合本地区特点制定。地方性防灾法规是全国性防灾法规的必要补充，其完善程度反映了该地区防灾法制化程度，从而也从一个侧面反映出城镇防灾管理水平。

防灾法规完善率评价。防灾法规完善率是指地方防灾法规条文累计数占国家防灾法规数的比例。地方防灾法规条文累计数是指其所在省、自治区、直辖市人大和政府颁布实施的各个防灾法规按条文累计的总条数，计算公式为：

防灾法规完善率＝地方防灾法规条文累计数/国家防灾法规数

③ 城市救灾能力评价。城市救灾能力是指城市受灾后维持社会治安、抢修被毁生命线工程和交通枢纽、抢救受灾人员，从而使灾害损失减少到最低限度的能力。城市救灾能力大小取决于灾害发生后各级防灾管理机构是否能迅速组织、指挥和协调起社会各方面力量，及时地启动应急性救灾行动系统。

a. 通信能力评价。有效的通信网络可以及时沟通灾区(或灾害发生地点)与外界的联系，使外界了解和掌握灾区基本情况，进而采取有力措施，对灾区实行救助。此外，畅通的通信网络还有利于协调多方面行动，使救灾过程有条不紊。我们可以选取"城市电话普及率"作为城市通信能力评价指标。电话普及率为城市中每百人拥有电话数，有关数据可以从统计年鉴中获得。

b. 交通能力评价。城市公路交通状况对城市灾害救援工作影响很大。在地震、火灾等灾害发生时，若交通线路少，道路狭窄，拥挤不畅，会延误救援时间。"道路面积比例"是城市公路交通状况的综合反映，因而可选取它作为评价指标。公路交通状况良好（公路线多、路面宽）的城市，该项指标值较大。公式为：

道路面积比例＝城市实有铺装道路面积/城市总面积

c. 医疗能力评价。医疗队伍是城市救灾的一支重要力量，对其进行评价，可以从一个侧面反映城市灾后救援能力。可选用"每万人拥有医生人数"作为评价指标，公式为：

每万人拥有医生人数＝城镇医生总人数（人）/城镇总人口（万人）

④ 城市灾后恢复能力评价。城市灾后恢复能力是指城市受灾之后恢复生产、重建家园的能力。保险业是城市积累救灾基金的主要力量，保险业务越发展，积累资金就越多，城市灾后迅速恢复能力也就越强。因此，选择灾害保护能力作为城市灾害恢复能力的评价内容。

灾害保险具有分散危险、补修损失的功能。由于灾害保险涉及范围广，且综合险体制已成为今后保险业发展趋势，因此我们可以通过评价一个城市整体保险水平来间接反映该城市灾害保险能力。可选取人均承保额作为评价指标，公式为：

人均承保额＝城镇总承保金额（元）/城市人口总数（人）

上述指标评价范围涉及城镇灾害危险性、城市易损性及防灾管理的预测、预报、防灾救灾及恢复的重要环节，可作为综合防灾管理评价体系的基础。

7.2　市政工程应急管理

7.2.1　应急管理相关概述

7.2.1.1　我国应急管理回顾

在"非典"之前，我国上海等地已经开始了应急管理体制建设的尝试性工作。2001年初，上海就启动了《上海市灾害事故紧急处置总体预案》的编制工作，经过两年的努力，编制完成《总体预案》，并成为我国省级政府中最早编制的应对灾害事故的预案。"非典"事件引起无论是政府还是普通民众，对加速应急机制建设的普遍关注。

2003年7月，全国防治"非典"工作会议上指出，我国突发事件应急机制不健全，处理和管理危机能力不强；一些地方和部门缺乏应对突发事件的准备和能力。因此要高度重视存在的问题，采取切实措施加以解决。2003年党的十六届三中全会提出要提高公共卫生服务水平和突发性公共卫生事件的应急能力。2004年党的十六届四中全会上，进一步提出了要建立健全全社会预警体系，形成统一指挥、功能齐全、反应灵敏、应急高效的应急机制，提高保障公共安全和处置突发事件的能力。按照党中央、国务院的决策部署，全国的突发公共事件应急预案编制工作有条不紊的展开。

2003年7月，国家提出加快突发公共事件应急机制建设的重大课题。

2003年12月，国务院办公厅成立应急预案工作小组。

国务院在安排2004年工作时，把加快建立健全突发公共事件应急机制，提高政府应对公共事件的能力，作为全面履行政府职能的一项重要任务做出了部署。

2004年1月，召开发国务院部门、各单位制定和完善突发公共事件应急预案工作会议。

2004年5月，国务院办公厅将《省（区、市）人民政府突发公共安全事件总体应急预案框架指南》印发各省，要求各省人民政府编制突发公共事件总体应急预案，并在 9 月底前报送国务院办公厅备案。

2004 年底，全国大部分省市都推出了各自的突发公共事件总体应急预案，大部分省会城市、部分市推出了市突发公共事件应急预案。各个省市陆续推出了一些部门和专项预案。

2005 年 1 月，《国家突发公共事件总体应急预案》经国务院常务会议讨论通过。

2005 年 2 月，中央政治局常委会听取并原则同意国务院关于国家突发公共事件应急预案编制工作的报告。

2005 年 2 月底，国务院向全国人大常委会报告突发公共事件应急预案编制情况。

2005 年 4 月，国务院做出了关于实施国家突发公共事件总体应急预案的决定。

2005 年 5～6 月，国务院印发四大类 25 件专项应急预案，80 件部门预案和省级总体应急预案也相继发布。

2005 年 7 月 22～23 日，国务院召开全国应急管理工作会议，标志着中国应急管理纳入了经常化、制度化、法制化的工作轨道。

2006 年 1 月 8 日，国务院发布《国家突发公共事件总体应急预案》。

2006 年 1 月 10 日，国务院发布 5 件自然灾害交发公共事件专项应急预案。包括：《国家自然灾害救助应急预案》、《国家防汛抗旱应急预案》、《国家地震应急预案》、《国家突发地质灾害应急预案》、《国家处置重、特大森林火灾应急预案》。

目前，国务院已经发布的国家专项应急预案《国家自然灾害救助应急预案》、《国家防汛抗旱应急预案》、《国家地震应急预案》、《国家突发地质灾害应急预案》、《国家处置重、特大森林火灾应急预案》、《国家安全生产事故灾难应急预案》、《国家处置行车事故应急预案》、《国家处置民用航空器飞行事故应急预案》、《国家处置城市地铁事故灾难应急预案》、《国家突发环境事件应急预案》、《国家突发公共卫生事件应急预案》、《国家重大食品安全事故应急预案》、《国家重大动物疫情应急预案》、《国家核应急预案》、《国家处置大面积停电事件应急预案》、《国家通信保障应急预案》、《国家海上搜救应预案》等。

对中国就目前应急预案而言，各类预案的制定、发布工作还在继续，实践的检验也在继续。虽然预案建设几经初具规模，但仍然是草创时期。

7.2.1.2 市政应急管理现状及发展趋势

我国是一个自然灾害多发的国家，由自然灾害和人为灾害直接造成或链发的城市市政管网系统突发事故灾害也比较多，随着城镇化进展加快和城市建设快速发展，近些年突发事故灾害也更为频繁，2005 年松花江硝基苯水污染事故造成哈尔滨地表水水厂供水中断，2006 年南方雨雪冰冻自然灾害引发的大范围电力通信设施倒杆倒塔灾害，较早的济南暴雨大面积排水受阻、房屋浸水等等灾害常有发生，以及 2010 年连续大雨诱发杭州、宁波、台州水管连环爆，6 月 27 日台州供水干管爆裂就导致至少 50 余万人无水可用。上述灾害及抢险暴露了相关建设规范和管理体系机制存在的诸多问题。城市市政管网突发事故灾害应急抢险、救援是城市公共安全中一项非常重要工作，与城市安全关系也越来越紧密。我国许多城市已建立了市政管网专项应急体系，但大多各自为政，仅针对各自的领域，专业技术手段、管理措施、应急预案都不具兼容性，一旦特大事故超出各自的职权范围时，就暴露出反应速度慢、应变能力差、信息失真、决策不力等问题，造成事故火害救援准备不足。处置成本过高等弊端。同时，分而治之的应急救援体系不能适应协调联动应急救援的需要，加快建立健全统一的事故灾害应急救援体系提到了紧迫的议事日程。

7.2.1.3 公共安全管理体系借鉴

城市市政管网突发事故灾害应急预案体系是其安全管理体系的重要组成部分。而后者又归属城市安全管理体系。

城市公共安全管理体系的建立与完善，提高城市应对包括城市市政管网突发性重大事故及灾害在内的快速反应与应急抵御能力，为城市持续、稳定、和谐的发展提供切实保障。

城市市政管网突发事故灾害应急体系与预案体系应依据和借鉴城市公共安全管理体系构建，这对城市市政管网突发事故灾害应急预案编制能够系统、全面、更高层次考虑问题是完全必要的。

（1）城市公共安全管理模式的全新概念

城市所特有的生产要素的空间集聚性和流动性，使其公共安全问题具有多样性、复杂性、突发性等特征，包括城市市政管网安全在内的城市公共安全管理必须从上述基本特征出发，结合不同城市的实际情况考虑。

城市公共安全管理模式的全新概念强调城市公共安全管理以集中指挥、统一调度、信息集成、资源共享、专业分工、分层负责、快速高效、科学管理为原则，以公共安全整体治理能力为基础，通过法制化的手段，将高效的核心协调机构、完备的危机应对计划、全面的危机应对网络和成熟的社会应对能力包容在内，实现以规则创新为基础的制度创新；通过建设先进的信息管理系统，将各种分离的信息与通信资源进行全面的系统集成，为包括城市管网突发事故灾害应急预案体系在内的城市防灾应急预案体系，城市公共安全管理体系的运行奠定必要的技术基础，根据城市公共安全管理工作的需要，充分考虑现有相关机构的职能特征和分工，从更高层次整合现有的公共安全资源，实现在技术、创新基础之上的组织结构创新；塑造与创新技术相适应的行为主体，打破条块分割的传统公共安全运行管理机制，实现在组织创新基础之上的机制创新，从而形成集中统一、层次分明、序列协调的新型城市安全管理模式，更好承担为全社会提供系统全面的公共安全服务职能。

全新的城市公共安全管理模式建立一个包括法规保障系统、决策指挥系统、组织实施系统、物质保障系统、技术支持系统在内的多层次多序列管理体系，形成既有专业分工又能集中统一的城市安全管理框架，实现集中指挥、统一调度、信息集成、资源共享、专业分工、分层负责的管理目标。同时，进一步加强公安、消防、救护、防疫、环保、地震、公用事业、市政管网等生命线工程重要部门的公共安全信息管理系统建设，强化对各自业务范围内重大危险源和重点保护目标的动态管理，制订专门业务内的突发公共安全事件应急处理预案，建立本部门的公共安全危机处理系统，形成完备的人、财、物应急反应机制和安全保障体系，并与全市公共安全管理系统联接。

（2）相关公共安全管理的组织体系

城市公共安全管理的组织体系由城市安全领导机构、城市安全事务专家委员会与安全事务管理办公室、各专业部门组成。

1）城市安全领导机构

城市安全领导机构是城市安全管理的最高层次。由市长任组长，成员由政府各有关部门组成。

职能是研究决定城市安全战略及总体规划，决定城市安全重大项目，协调处理跨地区、跨行业、跨部门的重大公共安全关系。

2）城市安全事务专家委员会与安全事务管理办公室

城市安全事务专家委员会与安全事务管理办公室是城市安全管理的第二层次。其中，前者是城市安全领导机构的决策咨询机构，负责提供科学、及时、准确、有效的城市安全决策咨询服务；后者是城市安全领导机构常设下属办公机构，纳入政府行政序列，是政府指令与各单位安全管理部门的纽带。下设突发事件应急管理中心、战略研究与预警评估处、规划处、政策法规处、人力资源与宣传教育处等部门。其职责是对城市安全进行目标管理、过程管理、项目管理和职能管理。除负责编制城市安全总体规划、制订安全有关法规政策等日常工作外，重点通过建立突发事件应急管理中心，以事件救援为主线，以快速准确应对各种突发事件为核心，以协调优化各类公共安全资源和加强快速反应能力为目标，通过编制包括城市管网突发事件在内的全市范围内的公共安全交发事件应急预案，将各类空间数据及其属性数据与其执行紧急任务时所需的各类资源的信息相链接，协调政府各职能部门进行有效的数据采集、管理、分析与共享、确保对突发事件的快速反应和正确应对。

3）各专业部门

各专业部门是城市安全管理的第三层次，包括公安、地震、医疗、防疫、农林、环保、安监、交通、气象、水利、水务、热力、燃气、电力、电信等。其职能除履行日常业务管理职能外，均应承担对各自业务范围的安全状态进行预报、预警分析、危害评估、工程建设、社会宣传的任务，并建立各部门自己的突发事件应急处理系统，组建专业救援队伍，配备专业处理装备，编制专业处理预案，并将本专业系统的所有信息与全市突发事件应急管理中心联接。

（3）城市公共安全管理体系结构

城市公共安全管理体系由承灾体防灾体系，灾害防灾体系和城市安全制度体系组成，其各构成要素分别沿承上述体系的三维展开。

1）承灾体防灾体系

沿承灾体防灾体系为展开的各类实体要素，是针对城市、城区、工程系统、单体等不同层次，考虑用地，市政设施、防灾设施、重大灾害源、建筑等各类承灾体的综合防灾要求。包括城市安全相关的城市建设安全用地、避灾疏散场地、应急交通系统、生命线系统保障、应急救灾物资保障、建筑物防灾减灾设施、救援器材与装备、通信保障系统、资金保障系统等。

2）灾害防灾体系

沿灾害防灾体系展开的是各类防灾体系要素，综合考虑自然灾害、事故灾难、突发公共卫生事件和突发社会安全事件，考虑各种灾害的交叉连锁影响，从单灾种设防逐步走向综合防灾，全面规划、统一设防。

3）城市安全制度体系

沿城市安全制度体系展开的主要是各类制度要素，完善城市综合防灾与公共安全的法制、体制、机制建设，从法规、技术标准、机构、财政、科技、演习、教育、管理监督等方面逐步建立完善的实施保障体系。主要包括城市安全管理的法律法规、规章制度、组织机构、技术标准、演习、教育、培训、城市安全规划、公共危机管理机制、应急处置与救援预案等。

7.2.2 市政管网应急管理体系

7.2.2.1 应急预案体系

2006 年 1 月 8 日公布的《国家突发公共事件总体应急预案》中，对我国应急预案体系的构成作了以下明确的规定：

（1）突发公共事件总体应急预案。总体应急预案是全国应急预案体系的总纲，是国务院应对特别重大突发公共事件的规范性文件。

（2）突发公共事件专项应急预案。专项应急预案主要是国务院及其有关部门为应对某一类型或某几种类型突发公共事件而制定的应急预案。

（3）突发公共事件部门应急预案。部门应急预案是国务院有关部门根据总体应急预案、专项应急预案和部门职责为应对突发公共事件制定的预案。

（4）突发公共事件地方应急预案。具体包括：省级人民政府的突发公共事件总体应急预案、专项应急预案和部门应急预案；各市（地）、县（市）人民政府及其基层政权组织的突发公共事件的应急预案。上述预案在省级人民政府的领导下，按照各类管理、分级负责的原则，由地方人民政府及其有关部门分别制定。

（5）企事业单位根据有关法律法规制定的应急预案。

（6）举办大型会展和文化体育等重大活动，主办单位应当制定应急预案。

各类预案将根据实际情况变化不断补充、完善。

对应国家应急预案体系，城市突发公共事件应急预案体系应由城市突发公共事件总体应急预案，突发公共事件专项应急预案，以及突发公共事件部门应急预案组成。

同时作为市（地）、县（市）人民政府，尚有相应突发公共事件地方应急预案，并应在省级人民政府领导下，按照分类管理、分级负责的原则，由地方人民政府及其有关部门分别制定。

城市市政管网突发事故灾害应急预案是城市突发公共事件专项应急预案之一。城市市政管网突发事故灾害应急预案体系遵循城市突发公共事件应急预案体系的框架构成原则。

城市市政管网突发事故灾害应急预案体系包括：

1）城市总体应急预案

总体应急预案是城市应急预案体系的总纲，是市政府应对包括城市市政管网突发事故灾害在内的城市公共安全事件的规范性文件。

2）城市市政管网专项应急预案

市政管网专项应急预案是城市市政行政主管部门为应对城市市政管网系统及给水、排水、供电、燃气、供热、通信等单项工程管网突发事故灾害而制定的应急预案。

3）城市市政管网部门应急预案

市政管网部门是城市供水、排水、燃气、供热（供电、通信）部门根据城市总体应急预案、专项应急和上述市政部门职责为应对城市单项市政管网突发事故灾害制定的应急预案。

7.2.2.2　应急组织体系

（1）应急组织体系基本要求

城市市政管网突发事故灾害应急处理应建立和强化应急处理的决策机构、执行机构、横向工作机构协调统一的组织体系。

城市市政管网突发事故灾害应急预案应在其应急处理组织行为、决策系统及决策过程分析的基础上，提出建立统一的应急救援组织体系框架。

组织行为分析主要应对城市市政管网突发灾害最大限度限制和避免给民众利益及城市生命线工程相关的城市基本秩序造成危机的角度，重点分析政府行为和市政管网各专项专业部门的作用以及相关社会救援等公共政策在灾害应急管理中的地位和作用。

应急决策系统应包括相应的应急决策结构、决策目标、决策环境和行动策略。应急决策系统重点分析相应应急决策系统的构成，明确应急决策的主体、客体和目标，以及相应的应急预案。

应急决策过程分析应重点基于市政管网突发灾害的监测、告警、突发事故信息定位和系统控制、安全评估等决策支持系统的应急预案启动和系统的联动过程。

城市市政管网突发事故灾害应急救援组织体系应有利发挥政府应急决策中枢、分类分级应急平台和信息流转平台，以及监测预警、应急决策、快速处置、联动协调、资源调配、社会监督、评估总结等救援功能。

（2）应急组织体系构成

城市市政管网突发事故灾害应急救险（救援）组织体系由管理机构、功能（职能）部门、应急指挥系统和救险（救援）队伍等组成。管理机构是指维持应急日常管理的市政管理负责部门，功能（职能）部门是指与应急活动有关的市政管网专项给水、排水、供热、燃气、供电、通信部门及救援相关的公安、医疗等部门；应急指挥系统是应急预案启动后，负责应急救援活动场外与场内的指挥系统；而救险（救援）队伍则由专业和志愿人员组成。

（3）应急组织体系结构选择

由于不同灾害等级有不同应急救险（救援）要求，其相应的应急处理组织体系框架结构应考虑不同的选择。

对应于城市市政管网Ⅲ级较严重突发事故与灾害和Ⅳ级一般突发事故与灾害主应急预案编制的相应应急救援组织体系宜采用图7.2.2-1以政府为主体，不同专项、专业部门直接负责的应急处理组织框架结构。

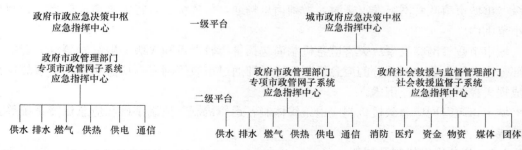

图7.2.2-1　应急组织体系结构
（一）政府为主体不同专项
专业部门直接负责的应急处理

图7.2.2-2　应急组织体系结构（二）
政府为主体全社会救援的分类分级处理

对应于城市市政管网Ⅰ级制别严重突发事故灾害和Ⅱ级严重突发事故灾害，由于其对城市公共安全构成的危害和影响较大，应急涉及社会求援与相关部门联动，其应急救援组织体系宜采用图7.2.2-2以政府为主体，全社会救援的分类分级的应急处理组织体系框架结构。

（4）应急组织体系的分级分类及职能

城市市政管网突发事故灾害应急抢险（救援）采取分级分类负责体制，一般分为以下二级管理：

1）一级管理中心：城市政府应急决策中枢（城市应急指挥中心）

2）二级管理中心：专项市政管网子系统应急指挥中心和社会救援监督子系统应急指挥中心

其中专项市政管网子系统分为给水、排水、燃气、供热、供电、通信6类不同专项，社会救援与监督中心分为消防、医疗、资金、物资、媒体、团体6类不同专项。

城市政府应急决策中枢的职能是发挥政府对包括城市市政管网等突发事故灾害在内的城市公共安全事件应急处理中的决策主导作用和联动救援的组织协调功能。

政府应急决策中枢保障政府应急救援指挥领导小组依托其指挥平台，实施统一的决策指挥。政府应急指挥中心的指挥长、副指挥长应由政府主要领导担任，负责包括城市市政管网突发重大事故灾害在内的城市公共安全事件应急处理的调度与指挥。

专项市政管网应急指挥中心职能应在政府应急决策中枢的指导下，承担各自业务范围内的事故灾害监测预报、预警分析、危害评估、报告通报、应急指挥、应急抢险与救援、社会宣传等职责，同时应编制各自应急抢险处置预案、组建专业抢险队伍、配备专业应急抢险装备。职能应突出城市某市政专项管网突发事故灾害应急处理的专业部门直接负责功能。

社会救援与监督指挥中心职能主要是在市政管网突发重大灾害情况下，落实社会资源协同应对的社会救援功能。

7.2.3 市政管网应急管理机制

7.2.3.1 应急机制目标与组成

从城市公共安全影响考虑，城市市政管网突发事故灾害的应急救援侧重于需要应急联动的Ⅰ级特别严重和Ⅱ级严重突发灾害，其应急机制目标就是整合社会各种应急救援部门的行政资源、装备资源、信息资源、技术资源和管理资源，使政府在处置Ⅰ级特别严重和Ⅱ级严重城市市政管网突发灾害时，做到信息畅通，指挥统一，将灾害造成的损失控制在最小范围内。

城市市政管网突发事故灾害应急机制尚包括Ⅲ级较严重和Ⅳ级一般突发事故灾害的应急部分也有与上述共同部分的应急机制目标，即通过市政管网专项应急机制，将事故灾害造成损失控制在最小范围内。

城市市政管网应急救援机制应由组织体制、运作机制、法制基础和应急保障系统等方面组成。

7.2.3.2 应急运行机制及创新

（1）应急运作机制

城市市政管网突发事故灾害应急抢险救援活动一般分为应急准备、初级反应、扩大应急和应急恢复 4 个阶段。应急运作机制应考虑上述活动不同阶段的要求。城市市政管网突发事故灾害应急运作机制统一指挥、分级响应、属地为主和公众动员四个部分组成。统一指挥是城市公共安全应急指挥系统运行机制，也是城市专项市政管网应急指挥系统运行机制应遵循的主要原则，城市应急指挥中心负责整个指挥系统的指挥调度，并和城市专项市政管网等应急子系统指挥中心按照职能和应急预案的规定分别行使相应的统一指挥权。应急指挥一般可分为集中指挥与现场指挥，或场外指挥与场内指挥几种形式，无论哪一种形式都必须实行统一指挥的模式。分级响应机制是指城市市政管网突发事故灾害在初级应急到扩大应急的过程中实现分级响应的运行机制，根据事态发展和应急需要，扩大或提高应急级别的主要依据是事故灾难的危害程度、影响范围和控制事态发展的能力，而后者是"升级"的最基本条件。扩大应急救援主要是提高指挥级别，扩大应急范围等。城市市政管网突发事故灾害应急采取二级平台四级处警，分市级应急指挥平台和专项市政管网等子系统应急指挥平台。一级平台建于城市应急指挥中心，二级平台建于专项市政管网等子系统指挥中心；四级处警即红、橙、黄、蓝四个等级处警，其中红、橙两个等级的处警需启用市级应急指挥平台，由市级应急指挥中心负责指挥。黄、蓝两个等级的处警需启用专项市政管网子系统应急指挥平台，由其应急指挥中心负责指挥。相应应急指挥的作业流程参照应急预案执行。

属地为主机制强调"第一反应"的思想及以现场应急和现场指挥为主的原则。依据属地管理原则，市政府市政等相关职能部门和属地管理部门按应急专项不同，对响应的应急救援和处置对象分工实施相应的抢险救援行动，提供支持和相互协调，并对其行动负责。

公众动员机制是应急机制的基础，也是整个应急体系的基础，城市市政管网突发事故灾害原则上红、橙两个等级的处警需社会动员机制予以配合。

（2）应急法制基础

应急法制基础是应急救援体系的基础和保障，也是开展各项应急活动的依据。相关法规包括以下四个层次：

1）相关法律

如紧急状态法、公民知情权法、紧急动员法。

2）政府颁布的相关规章。

如应急救援管理条例等。

3）相关政策法令、规定

如应急预案。

4）相关标准或管理办法

如地震灾区集中式饮用水水源保护技术指南（暂行）中华人民共和国环境保护部 2008-5-20

（3）应急保障系统

应急保障系统包括以下组成部分：

1）信息通信保障系统；

2）物资与装备保障系统；

3）人力资源保障系统；

4）财务保障系统。

其中信息保障系统是首要保障系统，构筑集中管理的信息通信平台是应急体系最重要的基础建设。应急信息通信系统要确保所有预警、报警、警报、报告、指挥等应急活动信息交流的快速、顺畅、准确及按规定共享，城市应急指挥中心通过城市公共安全应急指挥平台，能以语言、文字或视频图像等形式直接向各管理和职能部门发出统一的指挥调度指令和应对措施，实施快速救援、城市专项市政管网等子系统应急指挥中心与城市应急指挥中心连接，上下对接外，还同时考虑区域互连，应急指挥中心的通信信息网络实现与国家、省业务垂直领导关系的上下级部门相应指挥中心的联系和联动，保证应急信息共享。

应急物资与装备保障系统除保证有足够资源外还应确保快速及时供应。

应急人力资源保障系统包括专业队伍加强和抢险及志愿人员的培训。

应急财务保障系统建立专项应急基金等保障应急管理运行和应急反应中各项活动的开支。

7.2.4 市政管网应急管理系统工程综合防治与应急对策

7.2.4.1 系统工程综合防治对策

如前分析，城市市政管网突发事故灾害特别是Ⅰ级特别严重和Ⅱ级严重的城市市政管网突发事故灾害，一方面灾害危害严重甚至特别严重，另一方面灾害发生多有重大灾害链发特征，往往需要调度全社会的资源和力量应急抢险救援，专项或单项灾种部门的应急管理为主的体系，不能适应社会救援应急管理需要，必须上升为多灾种的综合防灾减灾管理体系，进而上升到城市公共安全危机综合管理体系，形成防灾减灾—危机管理—城市安全保障三位一体的系统。

另一方面，城市市政管网突发事故灾害本身是一项系统工程，市政管网本身是系统工程，其突发事故灾害更需要从系统工程角度，实施综合防治，包括以灾害监测、数据采集、信息传输、预警发布、预防控制、应急抢险、社会救援、灾后恢复全过程的统一协调，从单纯采取灾害救灾的消极被动状态转变到综合开展灾前、灾时和灾后主动防御和减灾的多项活动。同时城市市政管网突发事故灾害系统工程综合防治，还对灾害应急管理体制建设、运行机制、减灾立法、预案制定、风险评估及公共安全文化素质教育，减灾科技开发等方面按系统工程学进行一体化的设计与规划。

采取相关的对策与措施包括：

1）强化政府统一领导下的综合防治与应急处理的分级管理与分区管理，充分发挥城市政府，专项部门，社会团体和民众的作用，推进综合防治社会化。

2）采取工程性防治与非工程性防治并重，推动综合防治系统工程实施。

3）加强突发事故灾害应急的法律法规建设，修改补充完善城市市政管网突发事故应急的各项相关法律法规、标准规范，使综合防治和应急处理各项工作有法可依，有章可循。

4）根据不同地区不同受灾影响，制订与完善不同的城市市政管网系统规范建设标准，增强防御抵抗其受灾害能力。

5）强化不同灾种综合统筹防治，特别是加强易链发诱发城市市政管网等二次灾害的地震等严重自然灾害的综合防治，增强政府相关财政投入，使综合防治工程投入增长略高于经济增长速度，同时广泛开辟资金来源，实现投资多元化。

6）落实相关国家科技支撑计划：城市市政管网运行系统关键技术研究、市政管网规划设计与技术标准、市政管网预警决策与系统控制研究、检测与安全评价技术、信息管理系统及可视化动态管理系统、新型管网系统关键技术研究与开发、市政隧管道自行走式施工技术和装备研究与开发、市政工程综合管廊技术研究与开发、市政管网系统科技示范工程等成果应用,加大城市市政管网突发事故灾害综合防治和应急处理的科技支撑力度。提高城市市政管网灾害勘查、评估、预测、预报、防治和应急处理管理水平。

7)加强城市市政管网应急抢险救援队伍建设和专业技术培训,加强综合防治减灾宣传教育,提高全社会减灾意识和普及防灾、救灾知识。

7.2.4.2　完善应急体制与应急机制对策

如前所述,城市市政管网突发事故应急机制由组织体制、运作机制、法制基础和应急保障系统等方面组成。这些应急机制组成部分是改革与完善城市市政管网应急体制与应急机制的重要方面,也是城市市政管网预防应急的主要对策之一。

前述市政管网突发事故灾害应急机制目标与组成,不同等级事故灾害的应急组织要求,应急组织体系的分级分类及职能规定,以及应急运作机制、法制基础、保障系统在内应急运行机制的创新与完善,这些都为城市市政管网应急提供重要对策及依据。

事故灾害,应急决策是关键,应急决策机制是城市市政管网突发事故灾害应急机制的核心。因此构建与完善应急决策机制也是关键对策,主要包括以下方面:

1)完善法律法规机制。完善法律法规机制是改变仅依靠行政手段,忽视法制管理,法制建设滞后,管理缺乏充分的权威性和科学性状况,使城市市政管网突发事故灾害应急管理与应急决策走向规范化、制度化和法制化轨道的保证。

2)健全组织机构,明确分工,细化职责,建立制度化的组织机制,强化应急决策机制的关键环节。

3)加强城市市政管网突发事故灾害应急决策支持系统基础建设,特别是应急决策支持系统关键技术研究,为城市市政管网突发事故灾害应急预案编制和应急决策机制构建与完善提供关键技术支撑。

7.2.4.3　综合防治规划,分区防灾和分区应急对策

城市市政管网突发事故灾害在许多情况下属于链发次生灾害,与城市原生自然灾害人为灾害在致灾因素和灾害应急方面部有很大程度关联。城市综合防灾规划不仅根据城市灾害的特点,结合城市总体规划对城市自然灾害与人为灾害、原生灾害和次生灾害的防御作出全面规划,采取综合防灾对策和措施,而且充分考虑自然灾害和人为灾害之间、原生灾害和次生灾害之间存在的某种联系,制定长期的、系统的城市防灾规划。同时,鉴于日本等发达国家防灾对策体系,如地震防灾体系是基于灾害对策基本法,通过进行制定防灾规划展开的(引用资料来源:日本地震防灾对策体系),这对于城市市政管网突发事故灾害的预防和应急来说,也是很好的源头防治对策与防治规划。

由于城市往往受到多种灾害的威胁,而一种灾害又往往引发其他次生灾害,如此灾害相继,破坏更为严重。因此,各种防灾规划之间的相互协调是十分重要的。如若各种防灾规划之间自行其是,条块分割,甚至相互矛盾,必然会无所适从,贻误防治时机,造成大量浪费。

综合防灾规划优化,便于对多种灾害发生后的各项救灾,减灾措施作出统筹考虑与安排,也便于和有利制订综合性的、行之有效的防治对策。

综合防灾规划优化应着重考虑以下方面：

1) 城市建设用地应避免自然易灾地段，不能避开的必须采取特殊防护措施；

2) 城市规划应避免产生人为的易灾区。应地制灾，采用组团式用地结构布局形式，有利实现较优系统防灾环境；

3) 根据城市规划功能分区和路网系统、管网布局，划分城市防灾分区，确定综合防灾单元和市政管网专项防灾单元，防灾单元之间以城市主干路及绿化带分隔，优化综合防灾环境。在此基础上实现城市市政管网突发事故灾害等的分区防灾和分区应急；

4) 综合防灾统筹规划防灾疏散场地，面积较大、人员较集中疏散场地应布局水电等市政管网设施；

5) 每个防灾分区应保证在各个方向至少有两条防灾疏散通道，市政管网布局应考虑有利应急恢复供水、电、气的双向水源、电源、气源。同时，应设立防灾应急指挥中心、急救医院、通信、消防专业队伍市政专项工程抢险专业队伍和物资储备设施，以利城市市政管网等突发事故灾害的分区应急抢险和应急救援。

7.2.4.4　专项防灾预防规划与救灾规划对策

城市市政管网专项防灾规划也是市政管网突发事故灾害应急对策之一。结合城市综合防灾规划，并在综合防灾规划基础上考虑专项防灾规划有利多种灾害防灾规划的相互协调和规划优化。

城市市政管网专项防火规划按灾害发生的前后时间分预防规划和救火规划。并包括事故与灾害预防系统、预警系统、应急反应系统抢险与救灾系统、灾后恢复系统等规划内容。

（1）预防规划

城市市政管网突发事故灾害预防规划侧重城市市政管网突发事故灾害预防与预警，并主要包括以下内容：

1) 分析事故灾害可能发生的频率、大小、原因及可能产生的后果，提出预防与预警依据；

2) 在事故灾害风险识别评价的基础上，提出防灾对策与措施；

3) 防灾分区与相关市政管网布局规划优化与调整；

4) 适于市政管网防灾和应急处理的市政管网单元结构布局规划优化；

5) 防灾知识教育和专业救灾队伍技术培训。

（2）救灾规划

城市市政管网突发事故灾害救灾规划侧重城市市政管网突发事故灾害的应急抢险与救援，并主要包括以下内容：

1) 灾害预测；

2) 救灾程序、方法与计划，包括救灾响应级别、应急启动、救灾行动、扩大应急恢复和应急结束；

3) 救灾对策，包括市政管网各专项间不同灾害的灾情估计与分类，编制灾害轻重分析区划图，提出不同灾害的救灾应急对策措施。

7.2.4.5　复合市政管网工程系统的地震灾害应急优化对策

生命线工程系统的地震灾害响应存在相互耦联作用，表7.2.4为若干典型城市地震生命线工程破坏及相互耦联影响。

典型城市地震中生命线工程的破坏及相互耦联影响　　表 7.2.4

城市地震	供水系统	供气系统	供电系统
1995 年阪神大地震 ($M_W=6.9$)	110 万用户断水,一周后仅修复三分之一,全部修复持续两个半月;主干供水管网发生 1610 处破坏; 缺水严重阻碍了救火	85.7 万用户被中断供气;中压线路破坏 106 处;主干供气线路破坏 5190 处;修复工作持续了 3 个月	100 万用户断电;修复工作持续了 1 周; 过早恢复供电加重了地震次生火灾(供气系统破坏); 275kV 和 77kV 变电破坏严重
1994 年洛杉矶大地震 Northridge ($M_W=6.7$)	1400 处需修复,其中 100 处在主干供水管网上	在全系统范围内漏气高达 15 万处;供气系统破坏引起火灾	110 万用户断电;破坏集中在 500kV 和 230kV 变电站;输电塔因沙土液化而损坏
1989 年旧金山大地震 Loma,Prieta ($M_W=6.9$)	350 处需修复的严重破坏;供电中断严重影响了旧金山市的供水;供水管网的破坏严重延缓了次生火灾的扑救	在全系统范围内漏气达 1000 处;软土地基上的油罐大量破坏	由于输电站破坏,140 万用户断电;500kV 和 230kV 电站破坏最严重;供电线路破坏较轻

　　国内外学者相关研究表明上述生命线工程的耦联影响,一方面给城市防灾带来复杂性,另一方面这种耦联影响也给灾害响应控制带来契机。相关研究延伸到震灾响应和复合市政管网工程系统尤其是城市市政共同沟水、电、气、暖多种管网的相互耦联作用,不难分析和得出通过复合市政管网工程系统的灾害响应仿真模拟与单一市政网工程系统的可靠性分析与优化,复合市政管网工程系统灾害应急优化,提供城市复合市政管网灾害预防应急措施某种更佳选择。

思考题:

1. 试述综合防灾管理的信息系统与评价体系建设。
2. 试从城镇防灾安全体系视野分析,市政管网工程应急组织体系的构成、分级分类及职能要求?
3. 如何应用基础知识和相关调查,思考并提出市政管网工程的应急运行机制创新?

主要参考文献

1. 杨剑波. 多目标决策方法与应用. 长沙：湖南出版社，1996
2. 魏世孝. 多属性决策理论方法及其在 C^3I 系统中的应用. 北京：国防工业出版社，1998
3. J．P．依格尼西奥. 目标规划及其应用. 哈尔滨：哈尔滨工业大学出版社，1988
4. 管楚度. 交通区位论及其应用. 北京：人民交通出版社，2000
5. 陈航. 中国交通地理. 北京：科学出版社，2000
6. 张立. 运输布局学. 北京：中国经济出版社，1988
7. 高荣进. 跨世纪公路交通发展战略. 北京：人民交通出版社，1998
8. 丁一中. 交通运输网络规划. 大连：大连海事大学出版社，2000
9. 陆化普. 交通规划理论与方法. 北京：清华大学出版社，1998
10. 杨兆升. 交通运输系统规划. 北京：人民交通出版社，1998
11. 杨涛. 公路网规划 ［M］. 北京：人民交通出版社，1998
12. 赵家麟. 交通规划设计. 北京：人民交通出版社，1998
13. 中国城市规划设计研究院、中国建筑设计研究院、沈阳建筑工程学院编著，刘仁根、汤铭潭主编
    小城镇规划标准研究. 北京：中国建筑工业出版社，2003（电子版）
14. 李勇涛. 小城镇交通系统布局优化理论和方法. 万方学位数据库
15. 才永莲. 小城镇交通特征探析. 武汉船舶职业技术学院学报，2005．6
16. 汤铭潭，张全. 我国小城镇道路交通规划的优化基础. 北京：《城市交通》，2005．3
17. 颜仁. 小城镇道路交通规划的探讨. 《科技与产业》，2005．4
18. 李琳，肖贵平. 浅析我国小城镇交通安全现状及对策. 《山西科技》，2006．1
19. 王元庆，周伟. 停车设施规划. 北京：人民交通出版社，2003
20. 张全，汤铭潭. 小城镇道路交通组织与系统优化比较. 北京：《工程建设与设计》，2006
21. 汤铭潭，张全. 小城镇道路交通规划技术指标体系研究. 北京：《工程建设与设计》，2004
22. 严煦世，范瑾初. 给水工程 ［M］. 北京：中国建筑工业出版社，1999
23. 黄富国. 小城镇与大中城市乡村的规划比较及认识 ［J］. 城市规划，199
24. 陈礼洪. 小城镇给水工程规划中需水量的预测及水源选择 ［J］. 福建建筑高等专科学校学报，2002
25. 戴慎志主编. 城市工程系统规划. 北京：中国建筑工业出版社，2008
26. 汤铭潭主编. 小城镇基础设施统筹与专项规划. 北京：中国建筑工业出版社，2013
27. 车武，李俊奇. 从第十届国际雨水利用大会看城市雨水利用的现状与趋势水. 给水排水 No.3，2002
28. 汪慧贞，车武，胡家骏. 浅议城市雨水渗透. 给水排水，2001，4～7
29. 孙嘉，杨万东，史惠祥. 用 BOT 方式建设我国小型污水处理厂的探讨 ［J］. 给水排水 （10）：16～19
30. 张杰，李捷，熊必永. 城市排水系统新思维. 给水排水. 28，11，2002
31. 陈仁宗，李士畦，陈仁仲. 雨水贮留供水系统简介　水信息网. 2002
32. 张忠祥，钱易. 城市可持续发展与水污染防治对策. 北京：中国建筑工业出版社，2000
33. 郝明家，王莹. 城市水污染集中控制指南. 北京：中国环境科学出版社，1996
34. 王锡凡主编. 电力系统优化规划. 北京：水利电力出版社，1990
35. 汤铭潭. 开发区用电负荷预测. 上海：《供用电》1991．4

36. 汤铭潭. 城市新区规划用电负荷预测. 北京：《城市规划》1992. 3

37. 汤铭潭. 开发区供电规划的几个问题.《河南电力》1992. 3

38. 汤铭潭. 城市供热规划的热源、环境分析与对策研究. 北京：《城市规划》1993. 5

39. 汤铭潭. 工业城市电力网电力系统难题破解.《走向新世纪》. 中国致公出版社，2001.

40. 汤铭潭. 小城镇电力、通信规划技术指标探析.《工程建设与设计》2002

41. 洪向道主编. 小型热电站实用设计手册. 北京：水利电力出版社，1989

42. 霍宏烈. 李全中. 农村电力网规划. 北京：水利电力出版社

43. 陈锡康等. 经济数学方法与模型. 北京：中国财政经济出版社，1983

44. 汤铭潭. 城市通信需求动态定量预测和设施用地研究. 中国城市规划设计研究院. 1999. 12

45. 汤铭潭. 城市和小区现代信息网规划设计.《工程建设与设计》，2001

46. 唐叔湛，汤铭潭. 县域小城镇的环形接入主干光缆网规划探讨——以曹县光接入主干网规划为例，《工程建设与设计》，2001

47. 我国接入网规划建设若干问题的研究. 邮电部规划研究院，1996. 12

48. 汤铭潭等. 现代城市信息通信网综合规划. 北京：机械工业出版社，2010

49. 汤铭潭. 新型工业城市公用网与专用网统筹规划.《电信工程技术与标准化》，1992. 3

50. 汤铭潭. 论城市规划的多方法多方案预测研究.《工程建设与设计》，2002. 1

51. 煤气设计手册编写组. 煤气设计手册. 北京：中国建筑工业出版社，1987

52. 邓渊主编. 煤气规划设计手册. 北京：中国建筑工业出版社，1997

53. 姜正侯主编. 燃气工程技术手册. 上海：同济大学出版社，1997

54. 哈尔滨建筑大学等合编. 燃气输配. 北京：中国建筑工业出版社，1986

55. 城镇燃气热力工程规范. 北京：中国建筑工业出版社，1997

56. 詹淑慧. 燃气供应［M］. 北京：中国建筑工业出版社，2004

57. 曾志诚主编. 城市冷·暖·汽三联供手册. 北京：中国建筑工业出版社，1995

58. 贺平，孙刚. 供热工程. 北京：中国建筑工业出版社，1993

59. 赵由才主编. 实用环境工程手册——固体废物污染控制与资源化. 北京：化学工业出版社，2002

60. 国家环境保护总局污染控制司. 城市固体废物管理与处理处置技术. 北京：中国石化出版社，2000

61. 赵由才，朱青山主编. 城市生活垃圾卫生填埋场技术与管理手册. 北京：化学工业出版社，2001

62. 赵由才主编. 城市生活垃圾资源化原理与技术. 北京：化学工业出版社，2001

63. 汤铭潭. 小城镇市政工程规划. 北京：机械工业出版社，2010

64. 汤铭潭. 小城镇防灾与减灾. 北京：中国建筑工业出版社，2014

65. 汤铭潭. 刘亚臣. 张沈生、孔凡文. 小城镇规划管理与政策法规（第二版）. 北京：中国建筑工业出版社，2012